我参与美国驻外使馆的设计已是多年前的事了，由于当时特殊的历史年代，安全性曾是美国驻外使馆最重要的，这对建筑设计的制约很大。使馆建筑是非常有意义的，它既要代表一个国家的尊严及文化，又需尊重所在国的人文环境，是两种文化的完美结合。使馆建筑也是国与国之间外交关系的写照：新建成的中国驻美国大使馆新馆便体现了日益增强的美中关系。我很高兴有机会参与了美、中两国驻外使馆的设计，时代不同，国籍不同，形式不同，而其建筑的特殊性是它们的共性。

贝聿铭

外交与建筑

——美国海外使领馆建造实录

（美）简·洛菲勒　著
袁海滨　译
赵雪斓　校

中国财政经济出版社

图书在版编目（CIP）数据

外交与建筑：美国海外使领馆建造实录/(美）洛菲勒著；袁海滨译．—北京：中国财政经济出版社，2010.8
书名原文：The Architecture of Diplomacy：Building America's Embassies
ISBN 978-7-5095-1319-4

Ⅰ.①外… Ⅱ.①洛…②袁… Ⅲ.①大使馆-建筑史-美国
Ⅳ.①TU243.5

中国版本图书馆 CIP 数据核字（2009）第 038669 号

责任编辑：吴 敏　　责任校对：张全录
封面设计：九州博雅设计室　　版式设计：李香杰

中国财政经济出版社出版

URL：http：//www.cfeph.cn
E-mail：cfeph@cfeph.cn

社址：北京市海淀区阜成路甲 28 号 邮政编码：100142
发行处电话：88190406 财经书店电话：64033436
北京富生印刷厂印刷 各地新华书店经销
787×1092 毫米 16 开 19 印张 36 插页 324 000 字
2010 年 8 月第 1 版 2010 年 8 月北京第 1 次印刷
定价：59.80 元
ISBN 978-7-5095-1319-4/F·1118
图字：01-2009-0830
（图书出现印装问题，本社负责调换）
本社质量投诉电话：010-88190744

目　　录

序

使馆是特殊类型的建筑。作为一个国家的外交代表机构，它们关乎国家的核心利益，负有特殊的功能和使命。使馆的形象同一个国家的政治地位、经济实力、外交政策有着密不可分的关系。

使馆是重要的建筑。使馆的建造要满足外交人员的工作和生活需求，保证人员和财产安全；使馆的建造代表一个国家的对外形象，反映一个国家的外交战略，体现一个国家的文化历史，其象征意义之巨大，远非一般类型建筑所及。

使馆又是常常被人忽视的建筑。它们远离国土，又和普通大众的生活相去甚远，人们往往想不起它们的存在，即便是出国旅行，也很少有人会把使馆当作既定的游览目标。正因为如此，使馆往往成为神秘的建筑，它们的形象鲜为人知，它们的建造不被关注，它们的格局封闭严密，很少有人了解使馆是什么样子，普通百姓如此，绝大多数职业建筑师亦是如此。

基于上述几个原因，加上安全等特殊因素的制约，使得长久以来，针对使馆建筑的研究敏感而困难，对使馆建筑独有的外交内涵更鲜有著述，美国如此，中国亦是如此。本书是一部全面揭示美国使馆建设历程的专著，由于美国的超级大国地位和强悍活跃的国际形象，使得对其使馆建筑的解析非常令人期待。该书以外交为背景点评建筑，从建筑的角度解读外交，对各个时期代表性的美国使馆建筑风格和建筑形态进行了充分论述，对围绕使馆建筑的外交风云进行了回顾，为读者勾画了外交与建筑这两个领域的交集。

本书译者袁海滨是我院2002届建筑设计及其理论专业硕士毕业

生，他研究生期间的导师是我院名誉院长彭一刚院士。毕业后他进入外交部从事我国驻外使馆的建设管理工作，并在美国工作多年，参与了驻美使馆和常驻联合国代表团的馆舍建设工作。建筑学专业的知识背景加上使馆建设的亲身经历，相信他可以准确把握和充分展示原著的内涵。作为院长，很高兴看到他在自己的工作领域取得研究成果，也期待不断有更多校友在各自领域有所建树。

他山之石，可以攻玉。美国使馆建设的经验教训，对中国有着积极的借鉴意义。据我所知，许多校友曾经或正在参与中国使馆的设计工作（如崔愷主持设计的中国驻南非新使馆就刚刚落成）。随着我国综合国力的不断提高和国际地位的日益提升，中国的驻外使馆建设将面临前所未有的机遇，希望越来越多的优秀建筑师，特别是我们的校友，积极投身这项事业，提高中国使馆建筑的品质和影响力，同时希望中国使馆建筑可以得到更多的关注。

张　颀

天津大学建筑学院院长，教授，博士生导师

全国建筑学专业指导委员会副主任委员

中文版序

致中国读者：

本书首次出版后世界即经历着剧烈变动。就在1998年夏本书出版后的几天，恐怖分子袭击了肯尼亚首都内罗毕和坦桑尼亚首都达累斯萨拉姆的美国使馆，造成220多人死亡，超过4000人受伤。这些袭击对使馆建设产生了深远影响。《克罗报告》在评估上述爆炸袭击的责任时，特别指出外交机构均缺乏足够的安全防范，再次呼吁大规模重建那些易受攻击的使领馆。美国驻外机构评估小组在独立进行的一次评估中，检查了美国国务院设在全球范围的使馆，发现许多使馆，包括驻华使馆，都不够安全，而且过于拥挤、陈旧。

作为对上述恐怖袭击事件的回应，国会设立了一项长期的、耗资数十亿美元的一揽子方案，旨在重建180个海外使领馆，并且在1999年通过了《保障使馆建设安全和反恐法案》，以法律形式确立了建筑退线100英尺的规定，同时强制要求各驻外部门建在同一块地皮内。为更好地完成不断扩展的建设任务，2001年国务院将外交建筑局（FBO）改组为海外建设局（OBO）。“9·11”事件使升级美国驻外机构安防能力的需求变得尤为紧迫。

在2001—2008年这短暂的七年间，海外建设局在全球范围新建成56个使馆，并有34个以上的项目在建，包括高墙壁垒环绕下的科特迪瓦首都阿比让和尼日利亚首都阿布贾的使馆建筑群。为加快建设步伐并控制成本，从2003年至今，海外建设局创立的新的“标准化美国使馆设计”成为美国驻外机构的统一形式，这些设计被应用在加纳首都阿克拉、哈萨克斯坦首都阿斯塔纳、马里首都巴马科和喀麦隆首都雅温得的新使馆。

这些将是今后数十年最主要的使馆建筑类型。它们标志着美国在某一方面对国际参与做出了务实的退让和后撤，但在其他方面则承担着更加持久的责任。如何看待这些新使馆在很大程度上取决于人们想从建筑中解读出什么。

诚然，并非每一座新使馆都遵循标准化设计的要求，美国驻柏林和北京使馆就是鲜明的特例。两个项目的建筑师都是通过设计竞赛产生的，方案都很明显地适应当地具体环境。柏林使馆由 MRY 公司设计，位于柏林市中心的巴黎广场，邻近勃兰登堡门。北京使馆建筑群由 SOM 公司设计。两座使馆均于 2008 年落成。

事实证明，标准化使馆设计的时代或将很快结束，至少海外建设局已经开始计划将工作重心更多地转移到出类拔萃并具有持续性的设计上，在确保安全的同时，让美国驻外形象更典型且更平易近人。

作为对承认美国文化资产所做的一种努力，美国国务院在 2000 年创立了“重要文化价值房产登记制度”。已列为历史房产的包括伯士宫（布宜诺斯艾利斯大使官邸）和玛格丽塔宫（罗马使馆办公楼）；同时，还列入了爱德华·斯东设计的新德里使馆办公楼，这是一座 20 世纪 50 年代 (我形容这一时期为使馆建设的“全盛期”）的标志性使馆建筑。登记造册是一项具有重要意义的举措，因为海外建设局已经计划取代本书中介绍的一些现代主义大师设计的重要使馆，像埃罗·沙里宁设计的伦敦和奥斯陆使馆、马塞尔·布劳耶设计的海牙使馆，而哈里·维斯设计的阿克拉使馆已经被取代。因此，记录下那些曾经对树立美国海外形象发挥过关键作用的使馆建筑就显得尤为重要。

我从未打算写一本有关安全的书，但在本书中，安全主题很自然地凸显出来。我写此书的初衷是记述一段鲜为人知的建设项目的历史，记述在冷战高峰期那些象征美国民主和理想主义却又常被人们忽视的建筑。为更好地理解建筑，我选择从政治角度加以研究。读者能从此书中觅得有用之处令我深感满足。美中两国近期在北京和华盛顿落成的大使馆是两国关系重之又重的最佳证明。我很高兴本书终于得以和那些希望更多地了解使馆建筑及其独特历史重要性的中国读者见面。

简·洛菲勒

2008年10月12日

于美国华盛顿特区

英文版序

参观华盛顿新落成的芬兰驻美国使馆，让我联想到二战后早期的美国使馆建筑那些备受关注的特质。芬兰新使馆位于副总统官邸对面的使馆区，在邻近的多座外表庄重的外交建筑中绝对引人注目。绿色的玻璃幕墙建筑由紫铜、青铜和高度抛光花岗岩装饰，周围环绕着高大的树木，正立面的金属格架覆盖着鲜花盛开的藤蔓。这座极为精致的建筑由芬兰建筑师米科·海基宁和马库·科莫宁设计，被喻为“耀眼的珠宝盒”，在1994年开馆时，人们称赞它为地标性建筑。此后，华盛顿人争相希望能获邀参观这座与众不同的新建筑——享受从它玻璃幕墙内探望出去的景致，沿宽敞的中央楼梯拾级而下，坐在奇异的帆布雨篷下，探寻久负盛名的桑拿浴。所有人都认同这座建筑体现了芬兰的外交“成功”。游览过新使馆的人都会立刻意识到芬兰是个完全现代的国家。新使馆的每一细节都体现着高科技，令人惊叹于芬兰的施工工艺和卓越的设计水平，它所起到的立竿见影的宣传效果完全可以取代一大堆宣传册、书籍、电影、旅游海报以及交流项目。

与芬兰新使馆扮演着芬兰艺术和文化展示场的作用相同，美国使馆也是美国艺术、文化、政治理念的展示场。参观芬兰新使馆让人回想起20世纪50年代参观美国使馆的感觉，那时开放性既是设计的首要追求，又是外交目标。20世纪60年代中期，使馆项目感受到变化的、更具威胁性的世界的影响，设计重心转移。1964年落成的美国驻都柏林使馆是最后一个能让建筑师将设计本身置于影响使馆建筑的诸多因素之外的项目。

美国使馆和大多数国家使馆最大的区别之一在于1954年首次提出的一项政策，即美国使馆应该“融入”并反映其所处的环境。尽管在华盛顿新建的外国使馆没有刻意表现“美国化”，但美国建筑师却在美国使馆设计中努力捕捉遥远驻地的“异域特色”。一些美国官员不切实际地认为有必要如实表现驻地特色，因为这样的使馆建筑能赢得驻在国的认可。同时，他们还想避免美国使馆纯粹是“外来品”的指责。造成美国建筑师关注当地建筑（如泰姬马哈陵）的另一个原因是，建筑师和艺术家一样，总是在探寻创新的途径，最敢于把自己的职业命运建立在大胆的设计上。这些因素和其他一些因素混杂在一起，使对建筑含义的解读变得复杂化。

本书旨在为今后研究外交建筑及其历史提供基础。它为许多争论提供了素材，包括对文化帝国主义的热议，以及美国外交建筑项目是否是一种统治手段等。有人会说美国主张“融入”当地环境的政策是对自己世界强国状态感到不安的真诚或自觉的表现，当然肯定也有人会说这一政策只不过是一种轻视他国、视别人的文化如主题公园展览的傲慢表现。如果建筑真的是国家实力的展示，那么外交建筑项目的确是一种征服的方式，但没必要带有威胁性，也不应该是事先精心策划好的。预先设定的方式太幼稚了。正如书中所写，政府内外许多人都对外交建筑项目进程施加各自的影响。而且，如果说输出（电影、时尚、外援）是文化征服的组成要素，那么输入（石油、汽车、电脑）也同属一类。有些输出对国家利益是必不可少的，但有些不是。

在研究美国使馆建筑含义的过程中，我试图透过表面探寻制约建筑形成的政策和程序。使馆建筑的业主并不是一位，而是很多位，建筑含义随不同业主的声音而异。例如，1969年落成的由山崎实设计的波士顿洛根机场东航航站楼，与众多美国使馆建筑有着明显的相似之处（见图54）。《波士顿环球报》评论员罗伯特·坎贝尔形容它是“自负和愚蠢的建筑”，是传达“自恋主义”的“傲慢”声明

（1993年8月13日），但他并非指整个波士顿都是傲慢或自恋的。同样，对整个国务院做出评价也是困难的，更不要说美国政府或人民对使馆建筑的不同理解了。使馆建设的整个历史还是有许多值得探究的地方。

除了增添争论的素材外，我还希望本书可以促进对使馆建筑更加深入的研究。这一领域还有许多有待探索的空间。对韦恩·海斯的历史评价将是有助的，前国会议员弗朗西斯·博尔顿、约翰·鲁尼、索尔·布鲁姆也值得研究，还有那些我们知之甚少的建筑师们。可现实情况是，没有几位建筑师留下了传记，这一点是令人遗憾的；并且此类传记更关注建筑作品而非建筑师的人物个性，这同样也是种缺憾。对财政部建筑监督员办公室和哈佛设计研究生院的历史研究都正在进展之中，这些都将受到欢迎。

使馆是否应受到保留政策的庇护也关乎国家利益。由于国际形势的不断变换，改善安防的合理需求也在改变或影响着使馆建筑，外事经费的相对短缺，以及随之而来的、以出售现有使馆来资助新建项目的需求，使得将使馆建筑作为历史成就加以“保留”的努力没有了意义。但它们是美国的历史建筑，它们确实需要得到这样的承认。在更多的使馆被出售、流失或遗弃之前，至少应对它们进行记载。这样，国务院才能保存住这段历史，今后的历史学家也才能得以更好地解释外交的这一领域。

致　　谢

假如我父亲不是建筑商，我也许不会对建筑如此痴迷。正是目睹了他在波士顿及周边地区的建设项目，我才对建筑有了长久的兴趣。本书即是这种热情的产物。

真诚感谢乔治·华盛顿大学美国文明专业教授理查德·朗斯特雷思始终如一地支持我的事业。在众多提供过宝贵协助的人当中，特别感谢以下四人：国务院历史文献办公室的威廉·斯拉尼，他从本项目启动伊始就给予支持；历史文献办公室特别项目处处长保罗·克劳森，他是我忠实的支持者；外交建筑局总建筑师帕特里克·柯林斯，他竭尽所能为我提供资料，确保这段历史的准确和完整；外交建筑局前总建筑师查尔斯·赫尔曼，他为我提供了以前未曾审定过的文件和纪要。

感谢建筑师罗伯特·亚历山大、劳伦斯·安德森、爱德华·巴恩斯、罗伯特·贝蒂、让·保罗·卡良、艾伦·雅各布斯、约翰·约翰森、乔治·哈特曼、罗德曼·汉德尔、弗朗西斯·莱斯布里奇、斯图亚特·努普、威廉·梅特卡夫、宫田信昭、大仓达也、约瑟夫·帕森努、拉迪斯拉夫·雷铎、雷夫·雷普森、克罗希尔·史密斯、休·斯塔宾斯、谷口吉生、约翰·卡尔·沃内基、吉罗德·温克勒等人，与我分享了他们的记忆。感谢玛乔丽·贝鲁斯基、多罗茜·古德曼、唐·霍姆塞、凯瑟琳·雅各布斯、唐娜·雷铎、菲利普·威尔的帮助。特别感谢建筑师雷夫·雷普森和约翰·约翰森借给我原始图纸的复印件，感谢 SBRA 事务所和谢普利家族的慷慨协助。

我非常幸运地得以和外交建筑局的七位前任局长交谈过，他们是：利兰·金、詹姆斯·约翰斯东、拉尔夫·斯卡里特、威廉·斯雷顿、理查德·德塔迪安、杰罗姆·托尔森和约瑟夫·塞克斯。曾经给予我帮助的现任和前任外交建筑局官员有詹姆斯·卡宾、萨尔·迪吉亚科莫、威廉·加拉格尔、杰·霍勒兰、阿妮塔·莱尔德、詹妮弗·劳埃德、威廉·麦卡洛、劳·米卡、威廉·迈纳、米歇尔·明顿、罗伯特·帕克、卡尔·派特奇克、保罗·塞雷、凯文·斯宾塞、约瑟夫·托塞特，还有凯文·萨凌，本书的案例分析中融入了他的艺术修饰。与前大使尼古拉斯·萨哥以及三位负责外交安全的助理国务卿——谢尔登·克莱斯、安东尼·奎因顿和埃里克·博斯韦尔的交谈让我获益匪浅。感谢他们以外交官的优雅心境从头至尾回答我无休无止的问题。

由衷感谢国务院驻外事务处官员和协助我旅行与实地考察的人们，包括罗马的格罗瑞娅·博贝那和玛莎·佐伊；伦敦的布莱恩·卡尔森和史蒂芬·罗伯兹；布鲁塞尔的维多利亚·科尔多瓦；巴黎的杰丽·考恩；慕尼黑的凯瑟琳·库勃和尤金·塔汉；都柏林的让·瑞兰德；东京的威廉·布瑞尔、罗伯特·麦卡勒姆、乔纳森·麦克黑尔、唐娜·赖特；新德里的威廉·帕克和约翰·惠特尼；海牙的亚瑟·伯杰和丹·黑吉曼。感谢前大使罗纳德·帕默，前助理国务卿帮办威廉·克罗基特的特别助理托马斯·斯特恩，他们在国务院和国会的关系方面提供了建议。

帮助过我的同事、老师和朋友们有劳拉·罗珀、莎莉·卡特勒、彼得·希尔、卡罗尔·克林斯基、理查德·威尔森，以及最早把我引入这一课题的贝茨·劳里。感谢理查德·阿诺德、苏珊娜·贝内特、西蒙·布尔金、克里斯汀·科加、洛伊斯·克雷格、沃尔特·克里斯、加斯顿·雷耶斯、诺玛·埃文森、彼得·费尔古森、约舒亚·弗雷德、埃利奥特·弗罗斯特、威利·希尔、查尔斯·肯尼迪、里奥纳多·金、贝蒂·金、麦格丽·克莱恩、莫妮卡·克拉博、西伯利·詹宁斯、朱迪思·莱纽斯、劳伦斯·拉金、卡米尔·拉森、安托瓦内特·利、米歇尔·马卡斯、莎伦·麦考利、詹姆斯·米勒、杰弗里·米勒、亨利·米伦、安妮·尼森、露丝·罗斯、罗布·罗、安德鲁·史德曼、罗达·特鲁波夫和彼得·特鲁波夫。感谢图书馆和档案馆管理人员——哈佛大学的玛丽·丹尼尔斯，美国建筑师学会的托尼·韦伦。感谢劳伦斯·维尔、伊丽莎白·格罗斯曼、杰夫·科迪、罗恩·鲁宾在调查美国海外机构形象方面做出的先驱性努力。还要感谢我母亲布兰奇·坎特的教诲，感谢苏珊·弗尔斯出色的索引和专业的编辑工作。

格雷厄姆美术研究基金会给予了慷慨赞助，为我在书中收集和再现众多优秀的实例提供了资金。还有韦尔斯利学院的哈里特·肖研究生奖学金和乔治·华盛顿大学的美国研究校友奖学金为本项目提供了经济和道义上的支持。

此外，还要感谢外交研究与培训协会前主席史蒂芬·劳给予本书的肯定。很荣幸能入选外交研究与培训协会、退休外交官联谊会丛书，感谢外交研究与培训协会出版协调员马杰里·汤普森如此恰当地展现了本书和作者。我还要感谢普林斯顿建筑出版社和编辑马克·兰姆斯特，很高兴能和如此具有想象力和责任心的专业人士合作。

最重要的，感谢我的家人，他们对我的支持使得这一切变成可能。书中最好的照片中有部分出自我丈夫鲍勃·洛菲勒之手，我的儿子吉姆和查尔斯也为此付出了巨大的努力。最诚挚地感谢他们给予我的耐心、智慧和鼓励。

绪　　论

1946 年 3 月，当温斯顿·丘吉尔警告“铁幕”正笼罩整个欧洲时，冷战思维已在政治家和政策制定者们的头脑中成型。很快，形势就明朗了。苏联的举动驱使美国卷入了一场没有传统战争边界的冲突。旨在遏制苏联在欧洲扩张的杜鲁门主义是美国应对冷战挑战的一个举措，此外还有美国新闻署（USIA）的成立以及大大扩张的外交建筑项目。本书以 1926 年以后美国在海外建设的使馆为重点，通过外交建筑来寻踪勾勒美国的外交史。书中考察了美国建立驻外机构的最初历程；二战后信心十足的年代，那时的外交建筑项目在规模和关注度上都达到了巅峰；动荡的 20 世纪 60、70 年代, 政治困惑和不断上升的安全隐忧是那一时期的标志；还有近期恐怖袭击和制约冷战后外交格局的千变万化的国际使命的发展情况。

外交建筑项目过去是，现在仍然是美国界定其世界角色的一种努力。一如旨在增进国际理解并因其友好姿态而广受赞誉的富布莱特教育交流项目一样，新使馆也被外界誉为美国良好意愿与承诺的现实体现，而那些 20 世纪 40 年代末开始进入人们视线的现代使馆建筑，亦成为美国公共外交开放性的象征。

使馆是具有独特象征意义的建筑，是国内政治、国际事务及一系列复杂的外交需求共同制约的产物。作为办公建筑，使馆区别于普通建筑之处不仅在于非同寻常的设计要求和位置，还在于使馆常常有多位业主，而不仅仅是一位。国务院、外交官、国会中的监管委员会、驻在国政府、个别大使，以及美国纳税人都把使馆看做是自己的所有。真正生活工作在使馆中的外交官却常常是对使馆建设进程影响力最小的那部分人。毫不奇怪，使馆项目的建设史充满了竞争与妥协。

美国的民选国会对外交政策至关重要，这与独裁政权不同，与大多数民主国家议会监督外交实践但影响力无几的情况也不同。使馆选址、造价，甚至外观形象的外交决策取决于行政部门和国会之间的角力。要想考察外交建筑项目或使馆建筑，就必须了解民选官员们所起的作用及其行为方式，了解那些看似无关的事件是怎样被政治牵连到一起的。

国会起初采用非税收资金来支付二战后的外交建筑项目，这是对研究外交建筑史有重要意义的线索。1946 年至 1958 年，国务院用二战后的国外信贷资助了绝大多数外交建筑项目，这些信贷来自租借协议、出售剩余房产、战争资产协议，以及经济合作总署的对应基金。这种新颖的资金安排，最初是由国务院外交建筑局（FBO）局长弗雷德里克·拉金提出的，它激活了数以亿计的“冻结”资金，资助了美国使馆、领事办公楼、外交官住房等项目的购地和建设。那时国会的监管极其有限，为建筑创新提供了良机。随着国会越来越多地将这些资金用于军事用途，可供建设使用的资金不断减少，造成新建项目萎缩，产生了针对建筑风格和品味的尖刻论战。

直到 20 世纪 20 年代晚期，美国国会才首次意识到有必要改善其海外的外交机构，此前，美国只是建造了寥寥无几的使馆建筑。对外交建筑的需求在二战前就有，但直到二战结束，美国才意识到巨大增长的全球利益，也就是在那时才有了大规模进行外交建筑项目的资金。面对二战后对外交办公建筑的急迫需求，外交建筑局建造了数目可观的现代化使馆办公楼，即人们通常所称的使馆*。

二战以后，现代主义建筑与自由思想联系在了一起，美国建筑师成为现代主义运动的倡导者。外交建筑局彻底背弃了国内政府建筑的模式，在二战后首批主要项目中展示了现代建筑。作为世界上最强大的国家，美国在为其取得的成就感到自豪的同时，也为不断扩张的世界地位和不断增长的国家实力感到矛盾。在现代建筑和艺术中同时体现出了骄傲和内疚两种

---

* 遵循习惯叫法，本书将使馆办公楼称作使馆。使馆一词可以指一个国家所有的驻外代表机构，可以指大使官邸，大使办公室，还可以指大使。在本书中它特别指办公楼，包括领事和外交办公室。书中对办公和居住用房的区别做了交代，官邸也加以了注明。

情绪。既渴望设计出高品质的建筑，又担心外表炫耀的建筑会带来消极影响；既想展示和鼓励美国艺术家的自由和独创精神，又怀疑这种艺术及其所表达思想的正确性。

建筑史和艺术史间泾渭分明的对比使二战后早期岁月尤为引人关注。例如，1946 年，为了与世界各地民众分享其最新的、最激动人心的美国艺术成果，国务院下属的国际新闻和文化事务办公室采买了美国艺术家的大量画作。这一年恰是外交建筑局转舵，宣布其全新外交建筑项目的年份。国务院官员勒罗伊·大卫森选择了 4.9 万美元的作品，其中包括斯图亚特·戴维斯和马斯登·哈特利的作品。这些作品于 1946 年 10 月在纽约大都会艺术博物馆首次展出，广受艺术界赞誉。《纽约时报》撰文说，"人们祝贺国务院选择了一批先锋画作，审慎避免了那些稳妥保守、令人生倦的典型作品"[1]。根据《纽约时报》记载，此次展品的一半赴巴黎展出，还有一半到哈瓦那展出，所到之处，皆受到了热情追捧。

几个月后，当这两个展出分别在布拉格和太子港举办时，国会强烈的反对声浪达到高潮，勒令国务院召回画作、取消展出、解雇博物馆馆长，并拍卖作品。此举打击了艺术表现的自由，是艺术史上众多破坏性事件的开端。此次争论的焦点是绘画的风格，这些作品被形容为"歪曲的"、"莫名其妙的"、"不真实的"、"丑陋的"。弗雷德·巴斯贝议员称它们是"怪异的"，甚至连杜鲁门总统也取笑这些画作。[2] 争论转为恶意，不久，批评家们便把先锋画作及艺术家同政治颠覆联系了起来。毕加索、马蒂斯、夏加尔等人"形式主义"的作品和其他"立体派"的作品被谴责是共产主义宣传的武器，艺术家们，特别是其中的外来移民，被称为共产主义者。1947 年，国务卿乔治·马歇尔声称国务院将"不会再为现代艺术花费纳税人的金钱"。[3] 当乔治·唐德罗议员协同赫斯特报业和一系列其他主流刊物，以及大声抱怨的传统主义艺术家们共同发起对现代艺术和国务院文化项目的攻击战时，现代画展亦被指责声包围。唐德罗公然抨击现代艺术是破坏传统艺术和价值观的共产主义阴谋，特别攻击现代艺术馆和哈佛大学福格艺术博物馆。但有趣的是，他并没有攻击艺术博物馆的邻居——哈佛设计研究生院，当时的设计研究生院正忙着培养美国的第一代现代主义建筑师，包括约翰·卡尔·沃内基、爱德华·巴恩斯、约翰·约翰森、贝聿铭和保罗·鲁道夫。这些建筑师连同他们声名远播的导师，包豪斯大师沃尔特·格罗庇乌斯和马塞尔·布劳耶，仍继续从国务院赢得重要的使馆设计任务。

当国务院在里约热内卢、哈瓦那、安特卫普建设大理石外表的塔楼和玻璃盒子建筑，并准备在马德里、斯德哥尔摩、哥本哈根建造类似项目时，唐德罗却并没有把敌意转向海外使馆，其他那些大声谴责现代艺术是文化堕落的人也没有这样做。对这一现象最显而易见的解释是使馆距离美国实在太远了。其实唐德罗就曾对首都华盛顿中心地带的现代建筑发表过反对意见。尽管国会中的批评者把一些使馆形容为浮华或轻佻，但他们从未将其与共产主义联系起来，从未指责过建筑师本人或是把建筑师同政治颠覆联系起来，也没有试图追踪现代建筑在德国的社会主义根源。

《建筑论坛》提供了一条线索，可以用来解释为何海外的现代使馆没有像其他现代艺术一样遭到抵制。1953 年 3 月的一篇文章明确指出使馆可作为一种外交工具，杂志编辑大肆夸赞了外交建筑局的外交建筑项目。这是关于外交建筑局项目的第一篇重要文章，其副标题是“现代设计在海外最好地代表了美国”。文章重点强调：

> 一个无法在世界上施展一定文化领导力的国家，就无从在世界上施展其政治领导力。无论有意还是无心，美国政府已经将美国建筑作为代表我们文化领导地位的载体。[4]

在所有的建筑期刊中，《建筑论坛》最积极地成为冷战的论坛。它是时代公司的出版物，老板亨利·卢斯用他影响力颇广的杂志《时代》、《生活》和《财富》来传播其主张。卢斯本人对建筑的偏好促使他投资建筑出版物，并且毫不讳言对现代主义的热情。《建筑论坛》中的文章不仅是对政治目的的背书，更是对设计方向的背书。

到20世纪50年代初，视察过海外新使馆的国会议员们与卢斯的观点出现了强烈分歧。迫于国会的尖锐批评，国务院转而削减外交建筑局的自主权，并要求其放弃对现代主义的痴迷。令人吃惊的是，事情的发展结果并非如此。相反，二战后的使馆设计秉持了其既定路线，甚至向新的美学情趣扩展。

这一事态转变的最重要原因是现代主义建筑在二战后被定义为民主。通过主流的建筑院校、一系列影响广泛的设计竞赛和展览，现代主义逐步在美国得到了承认。当然，20世纪40年代末美国只有为数不多的现代建筑。当私人公司愿意采用现代建筑形式时，绝大多数美国业主，首当其冲的是美国政府，仍对在国内使用现代建筑有所顾虑。

1946年国务院迁入新址，这是一幢庞大的、缺乏特色的建筑，主入口是四层高的柱廊，两侧对称设置各层办公室。这座实用的、使用传统平面布局的建筑是1941年为陆军部设计的，但陆军部已决定另建五角大楼——一座更缺乏亲切感和体积更为庞大的建筑。《外交期刊》的编辑说，国务院的搬迁标志其"由享受维多利亚姜味面包和旋转门的安逸状态及孤立主义情绪向节奏更快的功能化建筑、空调和外交事务领导地位转变"。[5]就设计而言，这座新建筑在美国建筑师看来是谨慎而保守的，但其庞大躯体却显示出美国扩张的外交使命，标志着美国外交事务的全新时代。出于对冷战和随之而来的东西方竞争的充分估量，建筑成为创新的一部分。

当苏联建筑师转向传统形式的"斯大林式建筑"，追求壮丽宏大、古典风格、奢华，或是沉重的建筑装饰时，美国建筑师却正急于转向相反的方向。他们不再对民主与古希腊或罗马的联系感兴趣，而发现把民主等同于新颖、开放、抽象、含糊、技术创新是有效和恰当的。专业刊物为建筑师在这一方向上的进步而欢呼雀跃。《建筑论坛》在1953年的一期封面上，对比刊登了埃罗·沙里宁*设计的美国驻赫尔辛基使馆方案和苏联驻赫尔辛基新使馆的照片，比较了SOM公司设计的完全现代的不来梅

---

* 埃罗·沙里宁和他的父亲埃利尔·沙里宁都是芬兰著名建筑师。如无特殊说明，后文中的"沙里宁"均指埃罗·沙里宁。——译者注

领馆与古典手法的苏联纪念碑（建在柏林)。论坛呼吁人们关注外交建筑局如何向世界展示“一个年轻、进取、具有现代观念的美国的多彩画卷”，它写道，“对于那些受苏联宣传影响而持不同观念的人而言，这是不可或缺的一课”。[6]

美国使馆成为美国的象征，它让世界视美国为精力充沛、面向未来型的国家。使馆本身成为了文化广告，或是宣传工具，反映了建筑理念和政治需求的结合。并不奇怪，作为美国象征的使馆建筑是形式多变的——有的优雅精致，有的装饰艳丽。尽管使馆建筑表面经常被木材、金属或石材覆盖，但其通透的玻璃幕墙、整体的平易近人和鲜明的新颖特质还是吸引了人们的注意。

虽然一些外交史学家已经研究过与使馆相关的文化交流、音乐会、广播、语言培训等项目，但没有人触及使馆建筑本身的外交内涵。评论家们在 20 世纪 60 年代形容美国在海外的教育和文化政策是外交事务中“被忽略的部分”，直到今天这些方面仍被忽视。国务院历史学家威廉・斯兰尼说，“20 世纪 50 年代的外交建筑项目是美国炫耀其超级大国实力的标志。其后果是社会、文化、金融、官僚政治和心理等多方面的。美国在海外的综合形象鲜有研究，也未被世人很好地理解”。[7]

迄今为止，在外交和建筑历史上没有对这一领域进行过专门系统的研究，没有人调查过国内政治与外交建筑之间的联系，也没有人对海外美国标志性建筑的历史或杰出成就做出过评价，就连外交建筑局也没有细心保存足以组成其机构历史的项目建设记录等资料。本书在提供这段历史方面迈出了一步。

第一章：早期岁月。本章揭示了美国商人如何为美国驻外机构的状况大声疾呼，促使国会通过立法，用公共基金购买和建设外交建筑。在此之前，美国外交和领事官员都要自己支付住房和办公费用。1926 年的《波特法案》创立了外交建筑委员会（FSBC）并开创了外交建筑项目，1936 年之后由拉金领导。

第二章：战后扩张。本章表现了在战争债务资助下的外交建筑项目何以在二战后迅速成长；外交建筑局如何购买历史房产，如何为未来项目购买土地，如何在早期建设传统外观的官邸和使馆，以及如何转而开始建设现代使馆办公楼。1948 年，拉金聘用的总建筑师利兰·金打破政府建筑的传统，聘请知名的现代主义建筑师华莱士·哈里森和迈克斯·阿伯拉莫维茨设计美国在里约热内卢和哈瓦那的使馆。

第三章：国务院的现代主义。本章展示了上述使馆项目以及为何众多国会议员反对这些项目，并经常将它们与纽约的联合国总部大楼相提并论。本章介绍了两位年轻的美国建筑师雷夫·雷普森和约翰·凡·德·默伦的作品，他们由利兰·金聘用并被派到欧洲设计了多个新使馆办公楼和外交官公寓。尽管这些项目赢得了设计业界的赞誉，但国会批评者们还是很快就指责它们与环境相割裂，进而加以抨击，包括里约和马德里项目，说它们未能正确代表美国形象。面临培养强大盟国和抗衡苏联的任务，美国起身迎接新的挑战，在前敌对国——德国和日本重建和促进民主。

第四章：美国输出民主。本章重点阐述促进外交建筑项目的努力和途经；介绍了雷蒙德和雷铎设计的东京外交官公寓如何象征性地传递了美国对现代日本的承诺，总预算达 1 900 万美元的 40 个德国项目如何同样证明了美国对德国的承诺。1952 年国会对外交建筑项目的调查仅是一系列麻烦的开始，它们最终导致了利兰·金的下台并威胁了整个外交建筑项目。

第五章：现代建筑受到攻击。本章审视了围绕 1952 年共和党胜选发生的一系列事件及其对外交建筑项目的影响。尽管利兰·金在 1952 年大选前成功获得了 9 000 万美元的新授权，但他却缺乏国会强有力的支持，新任命的国务院官员收紧了对外交建筑局的控制权。在麦卡锡参议员造成的政治迫害氛围中，利兰·金背负了管理失职的罪名。新任命的国务院官员谴责“所谓的国际风格”，并要求回到文艺复兴时期宫殿的设计原型。随着外来官员涌入并执掌外交建筑局，进行中的项目被延误。

第六章：权力更迭。本章研究了外交建筑项目为何会取得扩张，建筑师为何成为外交建筑项目的坚定参与者，国会的批评者为何如此担忧炫耀的使馆。本章还介绍了变化中的外交政策如何影响外交建筑项目，政治和美学力量如何在决定公共政策的不同机构和个人之间进行分配：国会议员、国务院行政官员、白宫官员、外交官、大使、外国领导人、建筑师、当地规划官员，以及国内国外的普通大众，都把自己当成外交建筑项目的“业主”。作为政治重组的一部分，国务院组建了由知名“专家”构成的设计审查委员会，以保护外交建筑项目免受国会批评。

第七章：建筑咨询委员会。本章介绍了委员会的第一批成员及其如何为众多新使馆项目选择建筑师，如何评估方案，以及委员会主席所作的贡献。本章还关注了建筑师如何为外交建筑项目增加了准则，即一如既往地保持他们工作的“非政治性”。在委员会的指导下，外交建筑局得以继续建造卓越的现代建筑。本章重点介绍了新的建筑政策草案的重要意义，如何通过创造既代表美国形象又反映遥远驻地“异国特色”的“友好的”、“有吸引力的”美国使馆，来推进美国外交目标的实现。外交建筑局新的建筑政策指导建筑师在方案中仔细考虑气候、场地、当地习俗和历史。建筑应该“融入”场地而非突兀的外来入侵者。

第八章：鼎盛时期。本章总体回顾了 1955 年、1956 年、1957 年的项目，解释了为什么在接下来的一年里外交建筑项目走向滑坡。本章对建筑师究竟在多大程度上真正考虑了环境条件，以及如何让现代主义的玻璃建筑适应热带气候提出了质疑；展示了建筑师如何在设计中与当地习俗格格不入。现代主义者摒弃折中主义理论，在协调国际风格与地区差异时，欣然借鉴当地传统。他们是否创造了“纯粹的”当地特色建筑？还是仅仅漫不经心地卖弄了异国风情的主题？具有国际风格的建筑能否恰当地表现当地环境呢？

第九章：建筑师坚持己见。本章详细介绍了爱德华·斯东、埃罗·沙里宁和马塞尔·布劳耶的案例。斯东把握历史和富有创意的手法将新德里使馆塑造成 20 世纪 50 年代美国对印度履行承诺的象征，也成为他自己的标志性作品。外交建筑局希望在伦敦重现新德里使馆的“辉煌”，邀请八家设计公司参加伦敦使馆设计竞赛，沙里宁获得第一名，但他的方案同时受到过于大胆和不够大胆两种批评意见的困扰。城市文脉是布劳耶在海牙使馆项目上面临的主要问题，因为使馆将建在一个具有历史意义的广场对面。俄亥俄州民主党议员韦恩·海斯强烈反对约翰·约翰森的都柏林使馆方案，并挟此项目来寻求他个人对国务院，特别是外交建筑项目的影响力。

第十章：都柏林项目僵局。本章详细说明了外交建筑项目如何卷入与建筑本无干系的权力斗争，项目资金的日益枯竭如何演变成财政危机，外交建筑局不得不转向国会寻求新的资金。本章介绍了约翰森的都柏林使馆方案，海斯对这一方案的反对，以及约翰·肯尼迪总统如何最终打破这一僵局。1961 年，为了回应对驻外机构的安全顾虑，外交建筑局修改了建筑政策。本章关注了新建筑政策及其内涵，国内政治如何在外交建筑项目中扮演日益重要的角色。

第十一章：恐怖袭击对象。本章追溯了安全对使馆建筑的影响，以及新的安全标准如何将使馆变成了现代堡垒。本章揭示了吉萨（开罗）和莫斯科项目的丑闻，它们玷污了外交建筑局的形象，并使之丧失了国会的支持；还介绍了在新独立的前苏联加盟共和国建成的一系列美国新使馆。由于缺乏预算，美国驻渥太华使馆可能是其最后一个在建的重要项目。尽管驻柏林新使馆的设计竞赛赢得了广泛好评，但该项目仍在等待资金。安全因素的约束以及资金的匮乏，严重制约了国务院外交建筑项目发展的可能性。

正如后记中提到的，外交建筑项目再次走到了十字路口。在经历过冷战的挑战后，外交建筑项目面对的是充满敌意、严格要求削减外援和外交建筑项目支出的国会。老使馆纷纷搬到更加安全的地段，作为冷战的结果，一些使馆开始被出售或遗弃，还有一些使馆遭受攻击或是废弃。世界经济的全球化趋势需要更多国际间的相互依存，贸易和政治要求新的交易途径及国家间更加密切的合作，想要将美国与其他国家利益剥离也变得愈发困难。有鉴于此，使馆的重要性与日俱增。

要理解建筑和外交如何相互作用，以及正在发生的、影响深远的变革的意义，就有必要回顾 20 世纪初美国国会首次同意为美国外交官提供办公和官邸用房的那段历史。从那以后的外交建筑，无论奢华或内敛，开放或封闭，靓丽或平庸，皆是本书各章将要讨论的主题。新的制约因素在重新定义外交建筑，新生国家在迅速涌现，民族主义正日益成为国际事务中的潜在力量，外交建筑的历史将有助于我们更好地理解现实。

注 释

1. 艾琳·鲁斯海姆："政府和我们的海外艺术"，《纽约时报》，1948 年 5 月23 日。
2. 霍华德·德维里："现代主义受到攻击"，《纽约时报》，1949 年 11 月 11 日；简·德·哈特·马修斯："美国冷战中的艺术和政治"，《美国历史评论》81 期，1976 年 10 月，第 777 页。
3. 马修斯："美国冷战中的艺术和政治"，第 778 页。
4. "海外的美国建筑"，《建筑论坛》98 期，1953 年 3 月，第 111 页。当时，论坛的编辑是亨利·卢斯的同窗皮里蓬特·普伦蒂斯。普伦蒂斯的话在国会证言中被引用，《建筑论坛》也受到称赞。参见众议院拨款委员会国务院、司法部、商务部小组委员会《1955 年拨款案》，H. R. 8067 听证会，83 届国会第 2 次会议，1954 年 1 月29 日，第 338 页。斯万博格：《卢斯和他的帝国》，戴尔出版公司，1972 年版，第 711 页。
5. 《外交期刊》32 期原文摘要，1955 年 8 月，华盛顿国家建筑博物馆档案。1980 年，作者以展览策划者的身份开始在国家建筑博物馆搜集关于使馆建筑的资料。1982 和 1983 年，展览策划者朱迪思·莱纽斯和安妮·尼森与建筑师和外交官们进行了一系列录音访谈。尽管展览的计划取消，但文字和录音磁带仍保存在博物馆档案中。
6. "海外的美国建筑" 第 111 页。1953 年, 沙里宁的项目已经到了设计准备阶段，但项目被中止，新使馆未能建成。亚历克斯·塔克汉诺夫和谢尔盖·卡夫塔拉德泽：《斯大林时代的建筑》，里佐利出版公司，1992 年版。
7. 威廉·斯兰尼致作者的信，1990 年 7 月 12 日。查尔斯·弗兰克尔：《外交事件中被忽视的方面：海外的美国教育和文化政策》，布鲁金斯研究所，1965 年版。

第一章

早期岁月

1821 年，摩洛哥苏丹赠送给美国一幢位于丹吉尔的房产，它成为美国公使馆，也是美国拥有的最古老的外交房产（图 1）。其实丹吉尔公使馆只是个例外。[1]1821 年以前及其之后很长一段时间，美国在海外并没有自己的外交房产，也未向其驻外使节提供官方住所，加上使节的工资和津贴少得可怜，以至于经常有人因经济负担而拒绝从事驻外工作。美国国务院海外建馆的历史始于 1926 年外交建筑委员会的成立。此前，美国外交房产非常稀少且零散。

乔治·华盛顿总统向法国（1779 年）、西班牙（1779 年）、英国（1785 年）、葡萄牙（1791 年）和荷兰（1792 年）派出外交官。但正如国务卿托马斯·杰弗逊向参议院解释的那样，那些外交官拿着“所能允许的最低级别的”薪金来维持最低消费水平。[2] 美国派往巴黎和伦敦的使节称作公使，而非大使，这是由于新生的美国选择了不为其代表冠以贵族气十足的头衔。美国很快又向普鲁士（1797 年）、俄国（1809 年）、瑞典（1814 年）派驻使团。鉴于使馆系和大使相关的官方场所，而美国外交官直至 19 世纪晚期才设有大使头衔，故此前未曾有真正意义的美国使馆。美国属于由次一级外交官，通常是公使，来领导驻外使团的国家，公使的工作和居住均在公使馆内。

为了节约，国会甚至质疑派出常驻外交代表的必要性，但外交使团的数量仍在缓慢地稳步增长。1823 年至 1827 年间，美国向阿根廷、巴西、智利、哥伦比亚、丹麦、墨西哥、秘鲁和中美洲联合体派出了代表。1840 年以前，已在两个西西里岛、比利时、奥地利、土耳其设立外交代表，甚至在1837年向当时独立的得克萨斯州派驻了代办。

众多著名的公众人物曾在美国建国初期就职海外，包括本杰明·富兰克林、约翰·亚当斯、约翰·昆西·亚当斯、托马斯·杰弗逊和约翰·杰伊，文化名人包括小说家华盛顿·欧文和诗人乔尔·巴洛。欧文曾在驻伦敦公使馆任秘书（1829—1832年），后来任驻西班牙公使（1842—1846年）。在西班牙期间，其部分旅行生涯在格兰纳达著名的摩尔人城堡阿罕布拉宫度过。而作为外交官，政府当然没有为他提供官邸，与其他人一样，他靠租房来满足生活所需。曾有人猜想，对于美国外交官来说，除去最低限额的租房费用，还应有一笔独立的资金来源支付其娱乐、旅行和其他外交生活所需。比如，被誉为“出色的外交官和全权公使”的卢修斯·富特，1883年携夫人和少量随从抵首尔赴任时，成为首位在首尔设立官邸的西方外交官。富特年薪为5 000美元，其房租补贴、支付秘书及翻译的薪水以及其他公使馆开销是3 000美元。由于缺乏外国人使用的合适住房，他最初可能住在国王提供的客房里。如果指望国会来为其购买官邸，无疑将大失所望；当1884年国会未能批准这笔购房资金后，富特自己出钱买下了官邸和公使馆。他的官邸可追溯到300年前，那里或曾居住过皇室妻妾。国会在1887年通过了一项在首尔购买房产的特别决议，富特于1888年将其购置的房产转让给了政府。[3] 没有充足个人财产的美国使节们可就没那么走运了。

外交和领事业务直到1924年还是分开的。外交官们关注代表事务，领事们则负责处理护照、签证以及相关的商务问题。领事点设立在美国人参与商务活动或商机已经成熟的地方。1840年已经有了145个领事点，20个外交驻地。1860年，领事点数量上升到了279个，外交驻地数量亦上升到33个。领事通常都是商人，热衷于自己的商业利益，在允许的范围内积攒财富。一旦资金充足，他们就可以在海外享受舒适生活。美国作家纳撒尼尔·霍桑于1853—1857年在利物浦任领事，在这四年多的时间里积攒了足够他日后在意大利度假两年的财富。[4]

1893年，参议院核准了格鲁夫·克里夫兰总统对托马斯·拜亚尔就任驻英大使的提名，拜亚尔成为首位拥有大使头衔的美国外交官。拜亚尔是克里夫兰首个总统任期内的国务卿，但克里夫兰不想再委任他相同的职务。经过协商，克里夫兰委任拜亚尔为首位驻外大使。尽管大使本人仍要或买或租自己的住所和办公地，但伦敦却因此成为了美国首个大使馆所在地。同年的晚些时候，美国在巴黎、柏林、罗马建立了使馆。

贸易的扩展和保护美国基督教传教士的双重需要促使美国政府开始为驻外使节在远东地区购买和租用官邸。到1895年，美国政府已经在东京和厦门拥有房产，但都不能长久适应外交机构的需要。接下来的1896年，美国又获赠两处房产：一处在大溪地（社会群岛女王所赠），一处在曼谷（泰国国王所赠）。同年，克里夫兰总统呼吁在海外重要国家的首都购买官邸，他说：

> 一个国家外交代表所发挥的作用毫无疑问在很大程度上依赖于他住所的环境条件，像我们这样的国家，在避免不必要的奢华炫耀的同时，应该确保不因外交机构的简陋寒酸而有损与其他国家的关系。[5]

克里夫兰分别在1895年12月2日和1896年12月7日两次向国会传达了考虑为使节提供官邸的信息，但国会并无意接受总统的呼吁。

鉴于几乎所有美国外交代表都要自己购买或租用房产，外交工作仅是拥有独立收入人群的选择。生活舒适富足并不是问题，在许多领事点，如何摆脱肮脏的生活环境才是真正的难题。当时这种制度无益于才能施展，而且与民主根本不相适应。1906年，众议长尼古拉斯·朗沃思抨击这种制度是“纯粹以金钱为核心的贵族统治”。[6]朗沃思要对这一问题采取行动，不仅因为他是众议长，而且还是时任美国总统西奥多·罗斯福的女婿。

1900年以后，随着职业化趋势席卷全美，国务卿伊莱休·鲁特将外交和领事业务重组为一个系统，人员均要求入职考试，并根据才能获得升职的机会，最高职位除外。国务院亦首次创设地理区划：拉美、远东、近东和西欧，以反映与美国最大利益和关切的地区。在罗斯福担任总统期间，美国商人在委内瑞拉钻探石油，在墨西哥开采铜矿和银矿，在远东寻辟新市场。政府授权建造沟通两大洋的巴拿马运河，罗斯福将俄日两国外交代表共同召集到新罕布什尔州的朴次茅斯，签署了俄日停战协议。美国感受到了不断膨胀的自信，这种情绪反映在1893年建于密歇根湖岸的世博会馆。古典式白色大理石建筑以其壮观的艺术效果给许多人留下了长久的回忆，它是对其后多年美国商业和政府期望的完美表达。

由于缺少外交建筑设施而带来困扰和不便，1909年，美国商人组织了美国使馆协会（AEA)，旨在“促进和鼓励美国政府在外国首都为其大使获取永久性的住房”。[7] 使馆协会认为要求将个人财富作为从事外交工作的前提是不民主的，同时强烈主张拥有得体的使馆建筑是必要的。1910年，众议员弗兰克·劳丹呼吁他的同僚们要让美国外交官和其他国家外交官在同等条件下工作，选拔外交官要以才能为基础。“任何职位都不应将有能力但却贫穷的人排除在外”，他的话回应了进步运动的主题。“我们在历史上一直自诩为一个由家庭组成的国家。难道要让我们的国家‘无家可归’吗?”[8]

1910年，美国贸易利益已遍及全球，却仍只在四个首都——君士坦丁堡、北平、东京、曼谷——以及国际区域丹吉尔拥有外交建筑。而这其中，只有君士坦丁堡（现伊斯坦布尔）和北平（现北京）的外交建筑被认为是“相配的”或是“足够的”。[9] 由于当时尚无普遍认可的使馆建筑原型，古典形式便被认为是最合适的。北平公使馆由一名政府建筑师设计并亲赴现场监督施工，用于建设的绝大部分材料由美国进口。驻华公使保罗·雷斯池评价这座建筑“简单而不失气度，是庄重的殖民时期文艺复兴建筑形式，建筑内部将官方活动需要的宏大空间和家庭生活需要的休闲环境令人钦佩地结合了起来”。雷斯池感激他所享受的舒适环境，那时许多美国外交官“除了旅馆外无处可去”。[10]

劳丹议员的呼吁终于在国会起了作用。1911年2月11日，国会首次通过了允许政府在海外购买土地并建造外交建筑的议案，即《劳丹法案》，授权政府每年最多支出50万美元，同时每个项目支出不得超过15万美元。首批实施该法案的项目是1914年在墨西哥城和东京购买建设用地。

墨西哥城项目是在财政部建筑监督员办公室指导下完成的，美国建筑师J. E. 坎贝尔设计了宏大的别墅，建筑监督员办公室准备施工图纸，并且监督工程建设。东京项目并没有实施，因为10万美元的拨款对于新官邸或办公用房是远远不够的，尤其是东京的建筑在1923年地震中遭损毁以后。作为1924年世博会计划的一部分，1923年，美国在里约热内卢建造了一座宏大的两层建筑。来自俄亥俄州的建筑师弗兰克·派卡德设计的这座建筑最终被用作使馆办公楼，但这个项目只是一个例外。[11]尽管需求无处不在，但自《劳丹法案》通过至1924年间，美国仅增加了六处使馆和公使馆地皮或房产。

巴黎、奥斯陆、哈瓦那、圣何塞、圣萨尔瓦多、圣地亚哥等地的房产陆续得以购买。用于这些项目的拨款总计将近100万美元。在巴拿马城、巴黎和伦敦又免费获得了三处房产：1916年，陆军部将巴拿马城一幢建筑交给国务院作为公使馆；前美国钢铁公司老板麦伦·赫里克大使住在巴黎伊纳大街宽阔的酒店里，对面就是特洛卡迪罗广场，1917年，他把这幢房产捐给美国政府作为大使官邸（前法国总统府，直到1970年以250万美元售出时，它一直是美国大使官邸）；1921年，J. P. 摩根将他位于伦敦王子门13号和14号的住宅捐给美国政府作为永久官邸。

由于美国同远东地区的经济联系不断增强，加之成为列强掠夺目标的中国对外国人的敌视情绪，使得美国公民不断呼吁要求庇护，这些促成了美国政府对远东地区的外交和领事需求给予特殊关注。尽管当时的中国内忧外患，却早已被视作具有潜在价值的市场。早在1916年，领事官员就请求国务院给予设施更好的领馆。同年，在《外交和领事拨款议案》听证会上，上海被描述成未来的“东方伦敦”，国会迫切需要批准在那里购买房产。在参议院未能通过上海项目的拨款之后，国务卿罗伯特·兰辛恳求韦特梅尔·马丁参议员，要让美国在上海拥有总领馆、领事法庭和其他政府用房，强调美国是唯一在上海没有永久而又合适的领馆建筑的大国。兰辛指出，美国政府当时租用并且可以购买的临江的房产将于1916年7月到期，而它很可能落入他人之手，“那样，领馆将不得不从与其他大国领馆毗邻的地方搬出，迁入美国人没有特权，甚至是不受欢迎的地方。这个结果不仅将让领馆和领事法庭颜面扫地，更为严重的是，将影响到美国同中国的经济和政治关系”。[12]很快，国会为上海项目拨款35.5万美元，并为中国南方港口城市厦门、奉天（现沈阳）和日本港口城市横滨的领馆提供了资金。

这些驻地糟糕的房产状况需要得到改善。和其他国家，尤其是英国、法国、日本和德国相比，美国的外交和领事房产让人深感难堪。在奉天，日本人“富丽堂皇的”领馆使其引以为豪；英国人也建造了“完美的”总领馆；而美国人，收入微薄，又缺乏资金购买或租用合适的领馆，只能依靠当地军阀的“施舍”，在临时房屋里工作生活。《中国评论周刊》报道了丹东的美国领馆坍塌的“耻辱”事件，批评国务院和国会对之漠不关心。[13]

尽管国会已授权提供资金改善外交建筑条件，但其行动仍是谨小慎微。每一部批准的资金法案都有年度使用限额，这削弱了国务院对外交事务需求或房地产商机做出快速反应的能力。更有甚者，尽管国会批准了某些项目请求，却也断然否决了另外一些项目。虽然国务院努力在世界范围改善其外交建筑条件，但得不到解决的外交建筑数目还是远远超过购买或新建的数目。1920年，美国的外交和领事驻地数目达到了史无前例的413个，其中包括45个外交驻地和368个领事点。1931年，仅在远东地区，国务院列出的仍严重缺乏办公和居住用房的驻地包括：中国的广州、长沙、烟台、福州、汉口、哈尔滨、南京、汕头、天津、济南、青岛、昆明和大连；日本的神户和名古屋；中国台湾的台北；中国香港。[14]在某种程度上，国会对国务院要求的缓慢回应，反映了美国正在增长的孤立主义情绪。

政府在海外进行项目建设之前，需要得到授权。国会在1911年通过该授权，但却没有项目得以正式实施。一项主要的改革法案——《罗杰斯法案》，在1924年创建了外交人员这一职业。在通过《罗杰斯法案》时，国会意识到，要让外交人员完成使命，提供更好更多的工作和居住设施是极其必要的。两年后的1926年5月7日，第69届国会通过了《外交建筑法案》。尽管美国在20世纪20年代实行孤立主义政策，国会还是意识到了美国在国际上日益重要的外交角色和满足外交事业要求的紧迫性。以法案主要支持者——众议院外交事务委员会主席史蒂芬·波特名字命名的《波特法案》首次建立了指导购买和建设外交建筑的委员会，并为建设项目提供资金。法案授权最高限额1 000 万美元，用于购买、改造、初步修缮外交和领事机构的房地产，同时限定了每年的拨款总额不得超过200 万美元。委员会首批成员包括国务卿弗兰克·凯洛格、财政部长安德鲁·梅隆、商务部长赫伯特·胡佛，以及众议院外交事务委员会和参议院外交关系委员会的高官。由于该法案没有提出设计工作的技术组织，财长梅隆委派财政部建筑监督员为委员会提交的项目准备施工图纸和设计说明。[15]

1926 年5 月25 日，国会通过了《公共建筑法案》，给予政府项目的设计与施工高度的自由。建筑监督员办公室承担该法案的实施，包括在首都华盛顿的5000 万美元的建设项目。私人、非政府机构建筑师对建筑监督员掌控这些新建项目心存不满。由于担心标准化的设计和重复使用相似的设计会大大减少设计工作的机会，美国建筑师协会（AIA）呼吁让更多私人建筑师介入，同时尖锐指责财政部建筑监督员办公室的拙劣工作。作为对美国建筑师协会强烈游说的回应，国会在1930 年通过了《凯斯—埃里奥特议案》，以修正《公共建筑法案》，放宽财政部与私人建筑师合作的授权。[16]职业建筑师和建筑监督员办公室间的激烈竞争更多的是一场经济斗争和争取职业自主权的抗争，而非仅仅是建筑风格上的差异。最终，私人设计公司在绝大多数主要项目上中标，其方案中引人注目的形象和象征性的重要意义得到了高度赞誉。

私人建筑师投入与国内项目同样的精力来对待外交建筑项目。然而，外交项目所面临的问题要远远超出国内项目。仅考察一项就需要协调和计划。外交建筑的处置和归属带来比国内项目更复杂的问题，要求特殊的专业人才来处理。

1928 年，波特议员提出了1926 年法案的修正案，即允许外交建筑委员会处理房地产，并雇佣技术人员提供协助。波特在众议院外交事务委员会准备的一份报告中强调，“一个远程管理众多项目的房地产部门，应该有权根据时机购买、出售或是交换房地产，以保护他们所掌管的资产”。[17]1928年5月29日，国会通过了《586号公共法》，允许国务院交换房地产。[18]由于房地产的情况差异巨大，价格随政治和经济变化波动剧烈，该法案没能授权国务院出售不需要的房产以购买或资助其他项目。国会没把外交建筑委员会当成真正的房地产机构。

波特的报告中主张每年5 000美元的技术经费，他解释说：

> 外交建筑委员会的工作完全没有先例可循。我们是有一些政府所有的房产，但这些皆是分散获得的，在提供政府所有的外交建筑方面没有形成全面完整的政策。[19]

为了支持外交建筑委员会，国务卿在国务院下设外交建筑办公室，首批成员包括从领事部门借调的一名外交官——凯斯·梅芮尔，以及从国务院借调的三名办事员。这些工作人员，而不是委员会，承担起收集信息、准备预算和方案的工作，而委员会成员们，主要是国会议员，则利用暑期休假的机会开始了世界范围的巡视，通常由梅芮尔陪同。

梅芮尔在房地产事务中得到培养和锻炼。他毕业于哈佛法学院，曾任驻伦敦副领事和驻马德里领事，1926年进入国务院，为《外交建筑法案》听证会做准备工作。外交建筑委员会成立后，波特委任他为行政秘书。在回答众议院外交事务委员会索尔·布鲁姆议员的质询时，梅芮尔解释说，财政部负责外交建筑的合同和审计工作，建筑师是从全国范围内选拔的，他们进行项目的初步研究，所需费用不超过项目投资的3%。他说：

> 这些研究成果若被外交建筑委员会认可，则将被提交至财政部建筑监督员办公室，在那里完成最后的图纸和设计说明工作，然后进行招标、签订合同，完成全部工作。根据原先的《外交建筑法案》，建筑和技术服务费用不超过项目投资的5%。如果全部工作都由财政部以外的建筑师完成，则初步研究成果和最终图纸要经建筑监督员审核。[20]

梅芮尔建议外交建筑委员会聘用财政部以外的建筑师，但同时也强调了建筑监督员的作用。

波特说在了解更多有关外交建筑项目及其问题之前，不会动用新资金来支付他的差旅费。1927 年夏天，他自费到许多国家视察地皮，包括危地马拉城、特古西加尔巴、巴拿马、科林托、布卢菲尔兹、圣地亚哥、哈瓦那、马坦萨斯、努埃维塔斯和西恩富戈斯。同年夏天的晚些时候，他赴巴黎为美国使馆新办公楼挑选地皮，并参与了协和广场一块地皮的谈判，这块地皮的获得诞生了《外交建筑法案》下第一个大项目。波特和梅芮尔于 1928 年返回巴黎，之后又去柏林购买了布鲁克宫。除了少数这几个欧洲项目外，外交建筑委员会把注意力放在了“危险的”使馆和南美、远东的使馆上。众议院外交事务委员会的查尔斯·林斯克姆在 1928 年访问了里约热内卢、布宜诺斯艾利斯、圣地亚哥、利马、巴拿马和蒙得维的亚。从商务部借调到外交建筑办公室的罗伯特·菲利普斯在同年检查了里约热内卢、布宜诺斯艾利斯、瓦尔帕莱索、圣地亚哥、拉巴斯、巴拿马、利马和蒙得维的亚的房产。翌年，梅芮尔造访伯利兹城、马那瓜、巴拿马、瓜亚基尔、利马、拉巴斯、布宜诺斯艾利斯、蒙得维的亚、里约热内卢和特列尼达。

1931 年，国务卿亨利·斯廷森列出了外交建筑项目业绩清单，令人印象深刻，包括：在巴黎获得办公楼地皮；在布宜诺斯艾利斯获得办公楼地皮，设计方案获得批准；在柏林购买布鲁克宫用作使馆；批准了厦门领馆设计方案；批准了里约热内卢办公楼设计方案；在利马获得了大使官邸地皮；在横滨开始建设领馆；批准了东京使馆建设方案（1931 年已施工完成 70%）。此外，外交建筑委员会还授权在渥太华购买了办公楼地皮；在亚丁和科林托购买了领馆地皮；在巴拿马和奉天建设领馆；在蒙罗维亚购买了公使馆地皮；在马那瓜和加尔各答购买了办公楼和住房地皮；在德黑兰、马坦萨斯、圣地亚哥购买了地皮和房产；在塞维利亚装修了大使官邸；修复了丹吉尔公使馆 (获赠)。已完成的项目包括购买、修缮并装饰了布宜诺斯艾利斯大使官邸；装饰了伦敦大使官邸 (获赠)；改建了巴黎大使官邸 (获赠)；购买、改建、修复了槟榔屿和长崎的领馆。

当被问及如何甄选建筑师时，梅芮尔说外交建筑委员会正试图从全国范围内挑选建筑师。[21]由于许多项目根本没有完成或者不清楚设计人是谁，很难说到底选哪里的建筑师好。外交建筑委员会也聘请有国外工作经验的美国建筑师。国务卿弗兰克·凯洛格就要求波特批准卡斯·吉尔伯特设计渥太华使馆，称赞他有“卓越的加拿大建设工作经验”。[22]尽管吉尔伯特以前的经验从未被考证或根本不存在，但他还是得到了这份工作，并于1928年6月22日向外交建筑委员会提交了方案。渥太华使馆于20世纪30年代早期建成，位于加拿大国会对面的显要位置，仿效了在华盛顿很受欢迎的古典建筑风格，财政部建筑监督员路易斯·西蒙为该项目准备了施工图纸（图2）。

外交建筑委员会选定曾在远东游历和工作过的建筑师罗伯特·特林波负责检查海外房产。他曾在1929年到过上海、加尔各答、仰光、孟买和亚丁。像特林波一样，埃利奥特·哈沙德也是一位有过远东地区工作经验的美国建筑师。一战后，他来到中国并在上海开始工作。他设计了厦门领馆（1929年建成），并且是该项目的承包商。后来，驻上海总领事要求哈沙德将厦门领馆方案修改后用于奉天（现沈阳）。方案被送到建筑监督员办公室修改立面和平面，但在1928年11月9日，外交建筑委员会却要求一个“韦斯托沃宅邸风格”的全新设计[23]——一种比例优雅的弗吉尼亚庄园式红砖别墅。这要求新方案在给人深刻印象的同时，有更好的比例和更高贵的气质。特林波在1928年到1931年间还设计了上海总领馆，他的方案遭到了哈沙德的质疑，因为哈沙德本人也想得到这个项目。

国务院一直在努力争取上海总领馆项目获得批准，以便能在1935年建成，并强调该项目急需实施。尽管国务院仍有超过72.3万美元的资金使用权限，但在使用前必须得到“审批”。助理国务卿威尔伯·卡尔声称“我们没有在上海这座伟大城市建造合适的领馆，不会简单地被看成不愿意花钱，而是缺乏长期的打算，这将引发人们推测美国对这一地区到底有多大兴趣，能维持多长时间。”为捍卫这个项目，卡尔还强调“在重要地区建设一座雄伟领馆”可以“展示美国的建筑业、制造业和设备”。他举例说，使馆使用的所有机械设备、供暖、给排水、线缆、管材，连同电器设备都将在美国生产，他说：

> 这种展示的实际价值已被事实所证明，布宜诺斯艾利斯使馆在装备了有冰柜、烤箱的电气化厨房后，这座城市后来设计和建造的所有大型公寓都使用了这些美国电器。[24]

原始的生活条件和大范围的电力短缺无疑限制了冰柜在中国的使用。维护美国的声望及强化其贸易强势地位的需求使上海项目变得非常紧迫。20 世纪 20 年代，在世界经济受到震荡和海外扩张受到限制之前，美国的商业利益和外交利益是同等重要的。1935 年，在上海这个通商口岸居住有 4 000 名美国人，大部分是从有利的贸易协议中获利的商人。但无论是否在上海拥有显赫的领馆，美国人都无力影响中国日趋恶化的国内形势。1936 年，上海项目被无限期推迟，其资金被重新分配给了里约官邸和巴拿马、利马、哈瓦那项目。[25]

在美国政府开始建设自己的使馆之前，国务院只能购买官邸和办公楼——通常都是巨大的，甚至宫殿般的住宅。1924 年，国务院在奥斯陆购买了一所气派的郊区别墅（图 3），它曾经是著名瑞典科学家和发明家阿尔弗莱德·诺贝尔的住所，由挪威最著名的浪漫主义建筑师亨里克·布尔设计，建于 1911 年。1925 年，国务院在布拉格购买了一处 17 世纪的勋伯恩宫用作使馆办公楼。可想而知，许多新使馆，包括那些作为礼物接收的，都极其华丽宏大。当美国政府开始设计和建造自己的使馆时，建筑师把它们当作了样板。

当国务院开始建造使馆时，建筑师把那些广为人知和广泛认可的美国住宅当作了范本。除了韦斯托沃宅邸以外，其他一些产生过特别影响的建筑还包括卡特树林住宅（詹姆斯市郡，弗吉尼亚州）、蒙蒂塞洛住宅（夏洛茨维尔，弗吉尼亚州）、霍姆伍德住宅（巴尔的摩，马里兰州）和作为美国建筑代表的白宫。外交建筑委员会成员非常推崇殖民时期传统风格的建筑。波特议员甚至建议所有使馆都用白色，以和华盛顿的地标建筑保持一致。《匹兹堡新闻》认为波特的观点就是号召复制白宫。建于20世纪30年代早期的横滨领馆就是这样一个复制品。外交建筑委员会还请建筑师弗雷德里克·布鲁克仿照卡洛尔住宅（霍姆伍德）设计了布卢菲尔兹领馆（尼加拉瓜），哈里·林德伯格模仿韦斯托沃宅邸设计了赫尔辛基使馆（1936年，图4）。巴格达公使馆也模仿白宫，但不是美国人建造的，1938年一名伊拉克商人设计建造后租给美国国务院。美国首任驻苏联大使威廉·布里特于1934年计划在斯大林许诺给他的列宁山上的地皮复制一座蒙蒂塞洛住宅，但斯大林并未提供这处地皮，布里特的计划未能实施。[26]

当使馆不仅仅只是满足居住功能时，住宅的设计原型不再有用。建筑师面临创造新建筑形式的问题——设计一种多功能的、私密和公共空间共存的、礼节性和普通空间同在的建筑。以巴黎新使馆为例，建筑师被要求将公共空间（如领事办公室）和礼节性空间（包括精细的前厅、雄伟的楼梯间、华丽的会客室）整合到一起。大使办公室和其他重要空间镶裹着法国橡木，装饰着大理石和炫目的水晶吊灯，建筑的其他部分“处理成由可移动的木制或玻璃隔断构成的普通美国办公建筑”。[27]从任何角度看，它都不是典型的办公建筑。巴黎使馆这样的新建筑，还必须在供热、照明、通风和卫生设备中融入最新的技术和创新的系统。

东京和巴黎的使馆是首批重点项目，建筑师在设计中遵循了艺术美学法则，强调平面的清晰、各部分的协调和恰当的表现。在巴黎使馆项目中，德兰诺和阿达奇的文艺复兴式广场的设计理念适应了现代办公需求。在东京使馆项目中，雷蒙德和麦格奈戈尔也沿袭了历史传统，他们的设计包括办公楼、外交官公寓和独立的大使官邸，他们通过设计把这些建筑联系起来。这两个使馆风格迥异，但在设计理念上都遵循了系统有序的原则，都在不同程度上受到古典建筑灵感的启发。

在《波特法案》通过之前，1925年，国会利用一项特别拨款为东京使馆建设提供了资金。从严格意义上讲，东京使馆始于外交建筑委员会成立之前，但使馆建成后，却和巴黎使馆一起被视为外交建筑委员会最早完成的、最成功的项目。东京使馆的建筑师是成绩显赫的纽约人凡·比伦·麦格奈戈尔和安托宁·雷蒙德，雷蒙德于1916年在麦格奈戈尔的事务所工作，之后前往日本开创了辉煌的业绩。麦格奈戈尔被传统主义的同行们高度评价为有前瞻性的建筑师，和他同一时代的人认为他是有礼貌、有修养的绅士。麦格奈戈尔和雷蒙德是一对貌似不可思议但却杰出的组合。[28]

雷蒙德是捷克移民，比麦格奈戈尔年轻许多，人们评价他冲动、感情用事、以自我为中心，但他却是对结构有特殊理解并真正懂得欣赏现代主义的聪明的建筑师。雷蒙德是地道的波西米亚人，他曾就读于布拉格理工学院，1910年到纽约的卡斯·吉尔伯特事务所参加伍尔沃斯大厦项目。1914年，为在他学生时代就已熟悉并崇拜的弗兰克·劳埃德·赖特工作。结束了一战期间在美军的服役后，雷蒙德和赖特重聚，并到东京协助赖特完成帝国饭店项目。在那里，他开始了自己的创业。雷蒙德从一位驻东京的朋友那里听说了使馆设计任务，并下决心参与。使馆地皮购于1925年，就在雷蒙德寓所正对面的一座小山上，可以俯瞰周围景观和山谷对面的议会大楼。[29]1926年，麦格奈戈尔从纽约来东京察看地皮并设计了方案，雷蒙德负责场地设计和全部的施工监督。雷蒙德在自传中写道，他“为了处理抗震问题被迫彻底改变了结构设计”。凭借以往在日本的工作经验，他比麦格奈戈尔更能理解当地建筑的规范和抗震需要（图5、图6）。

东京使馆包括一座三层的办公楼，两侧是风格相似的公寓，它们围合成一个内院。公寓供高级外交官使用。在陡峭的山顶处是“L”型的大使官邸，可通往花园。使馆按照美国的标准设计，使用日本材料（图7、图8）。雷蒙德说，“使馆的设计并不现代，但它们也并不代表任何时代”。[30]实际上，这个设计融艺术美学规划、现代结构、日本传统装饰于一体。建筑师在所有钢筋混凝土外墙表面都使用了白色灰泥，墙头是灰泥预制的精致饰带。这些饰带，虚实交错，使人联想起赖特作品的装饰工艺。小马赛克镶成的彩色带状窗框，从窗台下方的浅蓝色到顶部的深蓝色错落有致。

通往官邸的小入口使用了华丽的青铜门，门框周围也环绕着小马赛克。使馆还有铸铁锻造的精美围栏和镶黑琉璃瓦饰带的屋顶。1931 年完工时，奢侈地用青铜重铸了美国国徽，安放在入口上方由黑白瓷砖和紫色大理石组成的底座上。

虽然有雅致精美的细部设计，但是官邸的首位使用者——卡梅隆·福布斯大使仍然批评它没有提供足够的卧室和浴室，并抱怨照明灯具没有到位，木工活没有完成。这位酷爱马球的波士顿雅士还打电话给建筑师雷蒙德，对“不能像在美国家里那样把坐骑牵到客厅展示给客人”表示惋惜，这听起来简直不可思议。[31]没有建筑师能预料到这样的要求。

除东京以外，外交建筑委员会最辉煌的项目就是巴黎使馆。据梅芮尔讲，外交建筑委员会成立时四个首要大项目是巴黎、柏林、罗马和布宜诺斯艾利斯使馆的建设项目。[32]四个项目之中，巴黎使馆最先实施。该项目伊始，就被看作具有最重要的外交意义。巴黎使馆地皮由波特议员选定，花费了 20 万美元，位于协和广场西北角的黄金位置。

1926 年, 波特议员敦促国会通过了首部《外交建筑法案》，他一直推动这项事业的进展，直至 1930 年去世。此后，索尔·布鲁姆是众议院外交事务委员会最有影响的成员，直到 1955 年韦恩·海斯的加入。布鲁姆曾经是位剧院经理，他将国外舞蹈家引入 1893 年的芝加哥世博会，并首演了著名的“胡奇库奇舞”，吸引了众多观众。布鲁姆于 1870 年出生于伊利诺伊州，是波兰犹太移民的儿子，13 岁时成为一名簿记员，是天才的表演者和企业家，他撰写并制作剧目，19 岁时就拥有了自己的剧院。世博会以后，他在音乐和出版方面开拓事业，举办拳击比赛，积累了大量财富。1910 年移居纽约时，他早已是家财万贯。布鲁姆 1920 年退休，当时他 50 岁，开始投身社会事务。1923 年，在坦慕尼协会的支持下，他赢得了首次议员选举。布鲁姆是性格古怪而又敬业勤奋的议员，被认为是娱乐业的代言人、新政的鼓吹者。他还是外交事务委员会的重要成员，1939 年到 1947 年担任委员会主席一职，1949 年再次当选。同时，他也是外交建筑委员会成员。国务院的所有拨款均需得到众议院外交事务委员会的批准，因此布鲁姆的意见举足轻重。

早在1931年，众议院外交事务委员会就增加外交建筑拨款的提案举行听证会时，布鲁姆的提问和发表的意见已显示出他对外交事务和外交建筑的关切。他总是希望复审外交建筑项目中的微小细节，这一点让那些对项目总体状况满意的同僚感到反感。

布鲁姆尤其关心巴黎使馆办公楼方案，追问梅芮尔有关该项目的问题。他想知道为什么梅芮尔不买下毗邻的地产，因为迟早有一天会用得上。梅芮尔回答说资金有限，并认为买下的地皮面积已经足够。布鲁姆提醒他注意法国法律对这块地皮设计及建筑扩展的限制。莫顿·赫尔议员打断了布鲁姆，指责他浪费委员会时间。布鲁姆仍要明确知道建筑到底需要多大空间，应该包括哪些功能，他坚持让梅芮尔列出建筑大量的功能需求，包括总领馆、商业参事、陆军武官、海军武官、美国海关和公共健康办公室、航空顾问委员会、战争纪念委员会，以及与赔款、租金、申请、索赔有关的办公室、外交会客用房、大使和外交官办公室、大楼经理办公室等。使馆还包括一个大图书馆、餐厅、厨房、宽敞的档案室，以及50个地下车位。这是外交建筑委员会审查过的最复杂的项目。

当另一位议员试图终止有关巴黎使馆的讨论时，布鲁姆被激怒了。对他而言，让外交建筑委员会认识到在历史街区进行建设所面临的真正问题事关重大，他希望会议纪要能够如实反映。他说，“这些先生们在此展示方案，自然就是要委员会提出批评和问题。如果你们不想看，对我也无关紧要”。塞瑞诺思·科尔议员随后问梅芮尔，如果需要扩展空间，是否可以加建。梅芮尔说可以通过退台的方式做到。但布鲁姆对此表示怀疑，他知道梅芮尔错了，并发表了如下言论：

> 我本打算自己买下这处房产，我也清楚它的限制条件。即使再增加两层，也不会扩大面积，当地市政不会允许你那样做。他们对这块地皮非常苛刻，假使方案获得批准，将会让法国人深感不满。法国人非常在意让这个特殊街角与周边环境保持统一。[33]

尽管新使馆方案已获得巴黎政府批准，布鲁姆还是要梅芮尔认识到协和广场设计控制的严肃性和建筑未来扩建的需要。这场发生在1931年的讨论随着林斯克姆议员宣布“我认为那里的空间会一直够用的”而最终转移到了其他事项上，布鲁姆的话就这样被遗忘了。

纽约的德兰诺和阿达奇公司于1929年设计了巴黎使馆，该项目在1931年开工建设，1932年完工。梅芮尔说之所以选这家公司是因为它在华盛顿设计了日本使馆和联邦三角地的邮政部大楼。威廉·亚当斯·德兰诺毕业于巴黎高等美术学院，在法国居住多年。维克多·拉卢曾是德兰诺的老师，在该项目中担当顾问建筑师（图9、图10）。

正如布鲁姆所料，巴黎对这块地皮有着严格的设计控制，制约着建筑师的方案。雅克·安格·加布里埃尔于1753年至1755年在协和广场设计了圣佛洛朗坦饭店，它曾是塔立朗的宅邸，一端靠着丽弗里街，另一端靠着皇家路。1757年的巴黎法律要求协和广场周围未来的建筑都要遵循加布里埃尔已有的设计规划。[34]德兰诺和阿达奇从加布里埃尔的原始方案中得到启示，创造出了有古典细部的学院派建筑，使馆入口两侧由纪念性的美国鹰守卫，围合出一个带围栏的前庭。这座建筑地上五层，地下两层。

巴黎新使馆由钢筋混凝土建造，平面是围合的环形，中央是一个覆盖着玻璃顶的中庭。首层有领事办公室，庭院在这层被当作处理美国公民领事事务的办公空间，对于二层以上的办公室，庭院是一个采光天井。平面图反映出设计的严密性：首层的领事部向公众开敞，两个小入口将人流从街上直接引向办理移民和领事事务的办公室；夹层有书记员、速记员和文员，以及其他从事领事与外交业务人员的办公室；三层有商务办公室和商务参事需要的大量办公室；四层是办公区或者叫外交人员办公室，可通过中央楼梯或是电梯到达，这一层的吊顶和窗户都是最高大的；大使办公室设在四层的西南角，图纸上标的是“接待室”，主接待区在图纸上标的则是“大使办公室”（原方案被修改了，这些空间在建成后都做了调整）；顶层是武官和其他官员的办公室，包括墓地登记委员会和战争纪念委员会。

国务院选择了一家美国承包商来建造巴黎使馆，所有图纸都被转换成公制并翻译成法文，便于法国分包商工作。建筑材料既有美国的，也有法国本土的。电梯、大多数机械设备、瓷砖和绝大部分地板来自美国。重要房间的地板是由当时装修卢浮宫时拆下来的木梁制成的，所有石灰石和大理石都是法国的。当时的报道称赞美国政府使用法国材料，并允许法国工人完成大部分工作。整座建筑坚固、简洁、对称，其永恒和重要的形象受到美法评论家的一致好评，称赞其是送给巴黎的一件礼物，其高贵得体的外观赢得了广泛赞誉。[35]

历史证明，林斯克姆议员是错误的，而布鲁姆是正确的。不到 15 年，美国就需要扩建巴黎使馆。美国官员没有听取布鲁姆对法国人敏感性和保持设计统一重要性的预先警告，为此付出了巨大代价。当后来美国人打算拆除毗邻使馆的一座重要地标建筑并代之以现代办公楼时，法国人做出了强烈反应。1931 年，外交建筑委员会和众议院外交事务委员会并没有考虑方案的长久性或者是建筑的现代外观，他们只有两个目标：提供急需的办公和居住用房，尤其是在被认为卫生条件不好的地区；建造可以和当时其他强国媲美的美国使馆。他们对使馆项目只做短期打算，没有真正考虑到未来的长远发展，而且希望以尽可能低的成本完成任务。亨利·坦普尔用钦佩但又嫉妒的口吻描述英国驻华盛顿大使馆是“最好的，可能也是最贵的使馆或公使馆”。[36]坦普尔及其同僚认为，由埃德温·卢申斯按照传统郊区豪宅设计的英国使馆是使馆建筑的代表（图 11）。

布鲁姆的意见引人关注是因为其具有预见性，还因为他实事求是地指出：没有大规模投入，国务院在使馆建设上将一事无成。1931 年，他强烈要求委员会考虑购买可用房产以备不时之需，还强调购买而非租用外交领事房产的好处，以及将外交与领事办公集中在一地的优势，他坚信这将提高工作效率并减少开销。这些观点的重要性在 20 世纪 30 年代后期得到认可，并在 1939 年布鲁姆成为众议院外交事务委员会主席后变成了一项政策。

建筑监督员办公室从财政部建设局调整到调度局，更名为公共建筑办公室，不久，弗雷德里克·拉金作为检测工程师加入其中。拉金后来领导外交建筑事业取得大规模扩展，1935 年，他的到来标志着外交建筑项目进入新阶段。

1935 年，国会通过了两项授权法案，在七年内为外交建筑项目提供 162.5 万美元的资金。[37]梅芮尔于 1936 年辞职，拉金被任命领导当时还附属于外交建筑委员会的外交建筑办公室。1938 年，国会通过了另一个额度更大的授权法案——总额 500 万美元，每年 100 万美元的支出限额。20 世纪 30 年代末期，由于机构和人事调整，外交建筑委员会承担起大量的顾问职责，拉金领导的人员接管了对外交建筑项目的指导工作。他有了充足的资金来开展工作，把小小的外交建筑办公室发展成重要的房地产管理部门。

拉金的实力增长很快。他曾学习过一些建筑和工程知识并对建筑深感兴趣，但他的才能却展现在了其他方面。他主要的专业经验来自早年国内外的建筑咨询项目。他日后的成就归功于他的人格魅力和与民主党主要国会议员的密切联系。他的影响力来自国会坚定的支持，而非其在国务院的地位和职务，亦非国务卿詹姆士·伯恩斯或其他官员的指令。两个主要的国会委员会始终监督着国务院的预算：外交事务委员会（现国际关系委员会）掌管资金；拨款委员会负责每个财年的拨款。这两个委员会都下设有小组委员会，负责审议提交的法案和预算。拉金在国会中最有力的两个盟友分别是外交事务委员会主席、民主党议员布鲁姆，以及拨款委员会中负责国务院、司法部及相关联邦机构的小组委员会主席约翰·鲁尼。这两人，尤其是鲁尼，经常成为拉金的旅伴。鲁尼在 1943 年至 1953 年以及 1955 年至 1975 年间执掌小组委员会，控制国务院资金长达 30 年之久。他对浪费行为的敌视是众所周知的，但他和拉金的亲密关系确保了对外交建筑项目的资金支持，直至 1952 年拉金退休。鲁尼和他的妻子用着纳税人的钱，由精力充沛的拉金陪伴，检查、评估以及购买外交房产和地皮，有的旅行甚至没有专门目的。

从最早的外交代表机构开始，美国人就对“不必要的”舒适和装饰的花销表现出质疑态度。以东京使馆为例，它被认为是海外最好的美国使馆，以完美形象和实用性受到称赞，但却遭到华盛顿的严厉批评。它宽大的房间、典雅的花园、优美的装饰主题都成了花钱谨慎的国会议员们嘲讽的对象。其丰富的建筑手法得到使馆工作人员和驻在国的高度评价，却在国会遭到指责，被形容为“胡佛的蠢行”。[38]

20 世纪 30 年代，拉金面临的主要问题是改进设计方案，以更好地适应场地、降低建筑标准，以减少国内的批评。他认为，1930 年国务院在布宜诺斯艾利斯购买的使馆办公用地价格过高，还有一条新建的地铁穿过，要求选择“更加合适”的地皮；[39]他还指出蒙罗维亚公使馆的设计方案造价过高。那一时期对项目的修改和重新评估表明，拉金要极力避免过于炫耀和宏大的设计。他明确指示要建设实用而不是精致华丽的使馆。在 20 世纪 30 年代推进的其他一些项目，明显都是传统和简约的：惠氏和苏立文公司设计了地拉那公使馆，它是一座未加修饰的两层建筑，两翼是两座小型单层建筑，围合出开敞的庭院（图 12）。

1938 年 2 月 21 日，外交建筑委员会成员在助理国务卿乔治・麦瑟史密斯家开会，会议认为 1932 年批准的由佩尔林和怀特公司设计的蒙得维的亚公使馆方案“不必要的华丽和昂贵”。[40]招标开始后，便显示出原有预算根本不能完成设计方案，拉金请求将该项目移交财政部。1937 年，外交建筑委员会通过了马那瓜公使馆方案，委员会要求其图纸同时用于特鲁希略城和太子港公使馆，但两地的条件和马那瓜大不相同。拉金认为马那瓜公使馆的设计过于精细，要求委员会授权重新设计后两个公使馆，他建议要建造“更简单、更实用的结构，以减少维护和修理费用，但同时要具有适度的建筑品质和令人印象深刻的外观”。他要求将原位于马那瓜最差地段的建设用地换至另一处条件优越的地皮，把原计划给上海总领馆的资金用于里约热内卢大使官邸（替换原来破败、落伍的建筑）和利马使馆（已有地皮）的建设。上海总领馆项目的其他资金可以用于巴拿马城和哈瓦那使馆购买地皮及建设办公楼。为了呼应国务院确立的改善驻地条件的优先顺序，委员会还考虑为维也纳公使馆的建设出资，并买下一处租用的房产用作墨西哥城的领馆。

1938 年 3 月 22 日，众议院外交事务委员会就外交建筑委员会申请的 500 万美元授权召开听证会，委员会成员和国务院证人都清楚表达了他们希望外交和领事办公合并，以提高效率和节约开支，将分散的外交房产数目降到最少，减少人员和维护费用。[41]

面对布鲁姆的质询，助理国务卿麦瑟史密斯承认许多使馆办公条件恶劣，居住状况差强人意，比如雅典、曼谷、波哥大、加尔各答、哈瓦那、利马、奉天、巴拿马城、罗马、圣地亚哥和德黑兰。布鲁姆要求国务院投资南美地区需求迫切的小使馆，不要只专注巴黎这样的大馆。他对一些驻地的美国使节无法支付生活费的状况进行了严厉批评。在加尔各答，夏季几乎所有的外国人都到山里避暑，只有美国外交官在酷暑中受罪。在与乔治·唐德罗议员的对话中，麦瑟史密斯解释说美国外交官没有足够的租房津贴，不能像其他国家外交代表那样可以随季节更迭而变换住处。他告诉委员会，贝尔格莱德的情况也是这样，当整个南斯拉夫政府都外出避暑时，只有美国外交官留守。到访过海外驻地的国会议员承认美国外交官属于世界上收入最低的外交官之列，因此无法确保适当的住房条件。低收入也证明有必要在利马建设急需的大使官邸，在安卡拉、雅典、曼谷、布宜诺斯艾利斯、加尔各答、哈瓦那、奉天、巴拿马城和德黑兰建设办公、官邸综合楼。[42]

外交建筑委员会准备花费 100 万美元用于柏林使馆，这相当于其一年的拨款。美国政府早在 1931 年就购买了布鲁克宫，根据外交建筑委员会的记录，这块位于市中心，毗邻勃兰登堡门的地皮“可能是柏林最好的地段”。[43]（它是目前美国准备建设新使馆的地皮。）在众议院外交事务委员会听证会上，国务院提出了建设计划：在面临巴黎广场的部分新建一座办公楼，在面临赫尔曼·戈林大街的部分新建官邸，装修原有建筑作为外交官公寓或者拆除重建。麦瑟史密斯告诉布鲁姆，“德国政府有改变柏林的宏伟计划，尤其是市中心”。[44]他说，尽管希特勒想买下这块属于美国政府的地产，但它太具价值，不能出售。外交事务委员会主席塞缪尔·麦克雷诺斯说，他已经要求驻德大使设法和纳粹政府交换地产。麦瑟史密斯告诉委员会，德国人改变柏林的计划产生了效应，许多政府正盯着美国地产对面的一处房产，他说，“法国使馆旁边是一位犹太名流的房产，许多政府都想把它用作使馆”。没有人在听证会上询问那处房产的主人为什么离开。不久之后，法国使馆也腾空了，关于布鲁克宫地产的价值问题也无人问津了。1939 年 9 月 1 日，希特勒入侵波兰，欧洲成为一片战场。军事问题很快取代了外交问题。

两个月前，在一场与欧洲日益恶化的局势无关的行动中，罗斯福总统实施了政府重组计划，将外交建筑委员会转到国务院。[45]外交建筑委员会，这个一度拥有选址、选择建筑师、审批方案大权的机构，失去了独立地位，成为了国务卿和拉金所领导的外交建筑办公室的顾问部门。重组计划是加强拉金地位的一系列步骤中的第一步，但由于战争使许多项目停滞，拉金也无能为力。

如果说拉金为二战后的外交建筑项目提供了房地产方面的专业指导，那么利兰・金提供的就是设计方面的指导。来自亚利桑那州的年轻建筑师利兰・金是拉金的助手，1935 年他在完成了怀亚特诊所设计之后来到财政部工作。这座小建筑在 1935 年 7 月的《建筑论坛》上崭露头角，是当地第一个在焊接的轻钢框架上覆盖金属屋面的建筑，它的整个骨架——窗框、门框、屋架都是预制的，南、东、西三面的窗户由新型的平板玻璃制成，用于吸收太阳能，这可能是美国首个应用这种新产品的建筑。根据《建筑论坛》的记载，这幢建筑的商业价值因其清新、功能化的设计和最新的技术而大获提升。从各个方面讲，它都被认为是一座“现代”建筑。[46]

利兰・金加入了华盛顿建筑监督员的行列，这个部门以设计强烈传统特征的美国邮局而闻名。1937 年 8 月，他加入拉金的团队，成为一名施工监理，土耳其是他首次出国任务的目的地。1937 年到 1940 年间，他在欧洲、中东和拉美地区考察外交建筑。直到 1941 年，财政部建筑监督员负责几乎所有的使馆设计，即使是聘请私人建筑师所做的项目也必须得到他们的审批，建筑监督员办公室一直忙于准备施工图纸和设计说明。1941 年，利兰·金回到华盛顿时，接管了设计指导工作并承担起总建筑师的职责。[47] 20世纪40年代中期，拉金的部门叫外交建筑局（FBO），他和利兰·金还有其他六位同事在毗邻白宫的原国务院、陆军和海军大楼办公。

利兰·金本人很少做设计，但他却负责了美国在海地世博会上的展厅，该项目再次展示出他对现代主义的兴趣远远超过其他同事。像财政部的建筑师一样，利兰·金聘用的总建筑师保罗·弗朗兹·雅克是一位忠诚的传统主义者。当外交建筑项目的重点转移到美洲国家时，雅克设计了许多大使官邸，包括1939年的哈瓦那官邸。利兰·金和雅克合作了亚松森及利马官邸（图13），利兰·金把它们形容为“西班牙式巴洛克”。那一时期的项目还包括蒙得维的亚、马那瓜、太子港、特鲁希略城和巴拿马城的官邸。

当战争在欧洲和远东蔓延时，国务院暂缓了柏林、雅典、安卡拉、罗马、德黑兰、曼谷、加尔各答、奉天和上海的项目。[48]尽管外交建筑项目仍处于成长期，但已确定了它的领域并开始显现出它的作用。随着美国利益和责任的增长，外交建筑势必不断扩展。二战结束后，由于国务院开始应对世界范围的外交建筑需求，利兰·金得以探索应用现代建筑的可能性。

注　　释

1. 已不再作为外交房产使用，丹吉尔老公使馆现在是博物馆，是唯一被命名为美国历史建筑的外交房产。
2. 威廉·巴恩斯，约翰·希斯·摩根：《美国外交：起源，发展，职能》，国务院公共事务局历史文献办公室，1961年版；埃尔默·普利施科：《美国外交官和使团》，美国企业公共政策研究协会，1975年版；沃伦·艾什曼；《美国职业外交，1774—1939》，芝加哥大学出版社，1961年版。
3. 多罗西·沃纳：《美国大使官邸》，1976年8月，第41—48页。
4. 安德鲁·史德曼：《美国外交：防御的第一线》，西方观点出版社，1985年版，第17页。关于霍桑，见查理斯·塞耶：《外交官》，哈珀兄弟出版公司，1959年版，第131页。
5. 格鲁夫·克里夫兰：《总统信件汇编，1789—1897》，詹姆斯·理查森编，政府印刷办公室，1896—1899 年；巴恩斯和摩根：《美国外交》，第 173—186 页。

6. 格雷厄姆·斯图亚特：《美国外交和领事实践》第二版，艾普顿-世纪-克罗夫茨公司，1952 年版，第 47 页。

7.《美国使馆意味着更好的对外贸易》，美国使馆协会，1910 年版，第 3 页。

8. 弗兰克·劳丹议员：《国会记录》，61 届国会第 3 次会议；奥维尔·路易斯："对美国驻外机构适当性的评估"，《外交学会中期论文》，1959 年 12 月 18 日。

9. 斯图亚特：《美国外交和领事实践》，第 46 页。

10. 保罗·雷恩施：《一位美国外交官在北京》，双日-佩奇出版公司，1922 年版，第 19—20 页。

11. "墨西哥城新使馆"，《外交期刊》第 2 期，1925 年 10 月，第 336—337 页；"墨西哥城的美国使馆"，《泛美联合体公告》59 期，1925 年 12 月，第 1247—1249 页；"里约热内卢的美国政府建筑"，《美国建筑师》124 期，1923 年 8 月，第 325—328 页。

12. 罗伯特·兰辛对韦特梅尔·马丁的谈话，1916 年 6 月 10 日，国家建筑博物馆档案。

13. 关于奉天的评论，见外交建筑委员会《历年大事记-奉天-1923 年》装订原稿，外交建筑办公室。关于丹东的评论，见《中国评论周刊》，1923 年 9 月 8 日。

14. 众议院外交事务委员会《外交建筑》，H. R. 15774 听证会，71 届国会第 3 次会议，1931 年 1 月 20 日，第 13 页；史德曼：《美国外交：防御的第一线》，第 124 页。

15. 众议院外交事务委员会《1926 年外交建筑法案修正案》，70 届国会第 1 次会议，1928 年，H. R. 10166 的补充案 H. Rept. 541，第 3 页。

16. 安托瓦内特·李:《国家的建筑师：美国财政部建筑监督员办公室历史》（草稿，1987 年 5 月 29 日）。

17. H. Rept. 541，第 1—2 页。

18.《外交建筑：历史掠影》，国务院公共事务局历史文献办公室，第 9 页。

19. H. Rept. 541，第 4 页。

20. 众议院外交事务委员会《外交建筑》，1931 年，第 7 页。

21. 同 20。

22. 外交建筑委员会《历年大事记》，1928年。

23. 外交建筑委员会《历年大事记》，1929年。

24. 威尔伯·卡尔，《国务院通讯》，1935年5月22日，国家建筑博物馆档案。

25. 《外交建筑委员会第19次会议议程》，1938年2月2日，第5页，又见众议院外交事务委员会《为美国外交和领事驻地房产提供额外资金》，H. R. 5633听证会，75届国会第3次会议，1938年。

26. 关于使馆应该模仿白宫的建议，引用在塞克的文章《一批新使馆》中，见《匹兹堡新闻》，1928年1月1日。乔治·艾伦："巴格达的新公使馆和总领馆"，《美国外交期刊》，1936年；作者对帕克·哈特的采访，1992年12月18日、1993年1月30日、1993年6月1日；对洛伊·亨德森的电话采访，1982年10月19日；罗纳德·斯皮尔斯：《莫斯科使馆报告》，国务院备忘录（已解密），1986年10月27日，第1页。

27. "巴黎的新美国政府建筑"，《建筑》70期，1934年9月，第127页。

28. 麦格奈戈尔还设计了美国建筑师协会的会徽。约翰·伯查德, 艾伯特·布什·布朗:《美国建筑》，利特尔−布朗公司，1961年版，第377页；哈里·坎宁安："麦格奈戈尔讣告"，《建筑》72期，1935年10月，第219页。

29. 安托宁·雷蒙德:《安托宁·雷蒙德自传》，查尔斯·塔特尔公司，1973年版，第119页。

30. "美国在东京的外交和领事机构"，《建筑》66期，1932年8月，第90页。

31. 《安托宁·雷蒙德自传》，第114页。

32. 众议院外交事务委员会《外交建筑》，1931年，第11页。

33. 同6。

34. 本特利·莫特上校："我们无家可归的外交官"，《星期六晚邮报》，1928年10月13日，第26页。

35. "巴黎的新美国政府建筑"，《建筑》70期，1934年9月，第128页。

36. 众议院外交事务委员会《外交建筑》，1931年，第12页。

37. 对PL186的两项修正案得以通过。一项是1935年6月15日通过的PL145，授权30万美元；另一项是1935年8月12日通过的PL260，授权132.5万美元。众议院外交事务委员会《1926年外交建筑法案的修正》，1952年，H. R. 6661补充案H. Rept. 1396。

38. 见《安托宁·雷蒙德自传》；约瑟夫·帕森努：《外交建筑局东京和巴黎考察报告的备忘录》，1970 年，外交建筑局。这是外交建筑局保存的一系列“杂项档案”中的一份。

39.《为外交建筑委员会第 19 次会议所做的关于外交建筑局目前实施项目情况的报告》，收录在众议院外交事务委员会《建房额外资金》，1938 年，第 2 页。

40.《外交建筑委员会会议议程》，收录在《建房额外资金》，第 2—3 页。

41. 同 40，第 17 页。

42. 弗雷德里克·拉金：《拟用 H. R. 5633 法案授权的 500 万美元建设的外交建筑项目正搁置于国会》，1938 年 1 月 3 日，收录在《建房额外资金》。

43. 同 42。

44.《建房额外资金》，第 18—19 页。

45.《1926 年外交建筑法案的修正》，1952 年 6 月 19 日，为外交建筑局准备的内部文件，国务院公共事务局历史文献办公室。

46. 有关利兰·金的信息，来自作者与利兰·金的电话交流、信件及访谈，包括 1991 年 7 月和 1992 年 7 月、1995 年 4 月的采访。另见“怀亚特诊所和实验室建筑”，《建筑论坛》62 期，1935 年 6 月，第 525 页。

47. 利兰·金的职位为“总建筑师”和“建筑监督员”。拉金大部分时间在国外，利兰·金是外交建筑局的执行局长。

48. 同 42，第 1—6 页。

第二章

战后扩张

“美国被置于世界的领导地位。”众议员弗朗西斯·博尔顿如此描述二战后美国所处的位置。[1] 作为众议院外交事务委员会成员，博尔顿在1952年所作的评论中敏锐地注意到地缘政治格局在战后的变化。为确保这一领导位置，美国需要壮大自身及其盟友，改造过去的敌人，并防止苏联扩张。为此，美国通过为其外交人员和与日俱增的政府其他机构及部门派驻海外的代表购买地皮、建造办公楼和官邸来大力扩充外交房产。

1946年到1954年是外交建筑事业的转折期。市场上充斥着物美价廉的房产，购房资金有充足的保障，外交建筑局能够为未来的建设购买土地。外交建筑局从华盛顿一个弱小的部门成长为遍及世界的组织机构，在巴黎、海牙、伦敦、波恩、东京和里约热内卢都设有地区办公室，在东欧、北非和中东另有驻地监督员。尽管二战后的第一批项目是由外交建筑局内部一些谨小慎微、保持守旧观念的建筑师设计，但越来越多的项目被授予给私人设计公司，它们的作品被认为兼具卓越的建筑特质和大胆的现代风格。要想解释20世纪50年代外交建筑事业的骄人业绩，就不得不提及美国面临新形势的那个时期所发生的一些事件。

1947年，杜鲁门总统号召遏制苏联的扩张，显而易见，美国需要动用大量的经济和军事资源来制止苏联的举动和国际共产主义的发展。在苏联凭借军事力量封锁东欧的同时，美国则下大力气在联邦德国、奥地利、意大利和日本推进民主，把这些过去的敌人改造成坚定且有裨益的盟友。除此之外，美国还必须努力做到保持和扩展自由市场经济、增加亲美情绪、争取对其民主样板的全球性支持。军事和外交的目标包括二战后建设大批军事基地、战略性防御公约、经济援助、情报共享等计划。每一个目标对外交建筑都有直接或间接的影响，这些举措构成了二战后美国加强自身及其盟友地位的努力方向。

在二战后外交建筑实施的头几年，也就是遏制苏联成为美国外交政策首要任务的那几年，国务院推进了在德国、希腊、土耳其、伊朗、印度和巴基斯坦的使馆项目，这些国家均与苏联及其卫星国接壤，被视为共产主义渗透的首选目标。杜鲁门主义宣称“解放那些抵抗外族武装或外部势力入侵的人们”，这成为杜鲁门政府全面抗衡苏联动摇西方世界的第一步举措。与之相伴的是向希腊和土耳其提供 4 亿美元的军事援助。毫不奇怪，雅典和安卡拉被要求及早建设新使馆。以中立立场而让美国头疼的印度，成为艾森豪威尔时期首批重点建设使馆的国家。当美国努力在海外传播其主张和精神的时候，印度总理尼赫鲁对新德里使馆的称赞和印度公众对这一建筑的热情，显示出美国持续的外交策略取得了非凡成果。

在二战结束前，军事战略专家就意识到美国需要有控制大西洋和太平洋的两洋战略，呼吁在海外建设一系列的空军基地。五角大楼提议在美属萨摩亚群岛、博拉博拉岛、亚述尔群岛、特列尼达、冰岛、加纳利群岛、加拉帕哥斯群岛、夏威夷群岛、佛得角、达喀尔（法属西非）、蒙罗维亚（利比里亚）、埃德蒙顿和费尔班克斯等地建设军事基地。[2] 基地建设计划从未彻底完成，但该计划的存在却解释了二战后使领馆选址方面许多令人困惑的问题。例如，它可以解释为什么国务院迅速批准在人烟稀少的加勒比岛国特列尼达首都西班牙港建设总领馆办公楼；为什么国务院于同期批准在偏远的雷克雅未克建立使馆。尽管雷克雅未克项目并未完成，但该项目在二战后不久即被批准实施，标志其同布鲁塞尔、马德里、里约热内卢有同等的重要性。基地建设计划还可以解释为什么在众多的非洲城市中，国务院会选择达喀尔和蒙罗维亚作为优先建设使馆的地点。外交建筑局从未直接受命于此项计划，军事因素也从未直接影响外交建筑局的决定，但这些决定皆基于不同驻地的要求，同时也基于国务院地区主管部门的建议，而国家安全因素在决定项目优先顺序时起着关键作用。

外交史学家梅尔文·拉夫勒在分析冷战起因时，不仅具体阐述了基地计划，而且指出了一个鲜为人知却具有同等重要作用的战略倡议。该倡议旨在加强美国的军事实力，包括保护美国飞机在一系列关键城市航空转运权和降落权的计划。这条线路起自卡萨布兰卡，经阿尔及尔、的黎波里，到达开罗，东向达兰、卡拉奇，穿印度至新德里和加尔各答，然后东南向仰光，穿东南亚，经曼谷、西贡，最后至马尼拉结束。这一线路上经由的所有城市都被美国视为拥有重要的战略要义。也许是出于巧合，保护航空转运权和降落权的计划对外交建筑局的外交建筑计划有着影响。利兰·金曾说外交建筑局在二战后没有受到军事决策的影响，但他并未否认这些军事决策有可能会推动国务院高层做出决定。事实上，在国务院后续的外交建筑计划中，上述线路上的 12 个城市全部被立项、新建或是追加使馆项目。20 世纪 50 年代，外交建筑局完成了在达兰、卡拉奇、新德里、加尔各答、曼谷和马尼拉的项目，推迟了阿尔及尔、曼谷和西贡的项目。石油的战略利益让美国对沙特阿拉伯产生了极大兴趣，同样的原因促使美国有了在伊朗建新使馆的计划。

杜鲁门主义发表后不久，国务卿马歇尔公布了旨在为西欧提供更广泛经济援助的马歇尔计划。1948 年，在该计划得到批准后，国会随即又通过了四年内拨款 170 亿美元的促进欧洲复兴方案，以消除丘吉尔对欧洲“瘟疫和仇恨温床”的称谓。在柏林封锁事件（1948—1949 年）等的推动下，美国决意在德国建立领馆、新闻中心和住房。1949 年，北大西洋公约组织 (NATO) 在欧洲实施了规模可观的美军永久驻军，随之而来的是为成千上万驻扎欧洲基地的美军及其家属提供后勤保障。这些举措使美国陷入了后来被称为“冷战”的斗争中。希斯审判和非美活动委员会对国务院内部共产主义分子的追查将这场斗争引到了家门口。

二战结束后，新兴国家的涌现是外交建筑局项目扩展的另一个原因。二战后，美国重申其在欧洲的存在是十分必要的。不久，随着由战争催生的非殖民化运动的快速发展，美国迫切需要增加其在南亚、远东和非洲的存在。尽管美国在这些地区已派有代表，但对独立运动的展望还是促使美国早在1954年就在利奥波德维尔（比利时刚果）、拉各斯（尼日利亚）、达喀尔建设了新的领事办公楼。两年后，外交建筑局开始计划在黄金海岸（欧洲在非洲的殖民地中第一个取得独立的国家，1957年更名为加纳）新建使馆。1948年至1964年间，共有47个非洲独立国家诞生。[3] 1960年，又有包括加蓬、象牙海岸*、布基纳法索、索马里、尼日尔、喀麦隆、多哥在内的许多非洲国家获得独立。同年，比利时刚果独立为扎伊尔，法属西非独立为塞内加尔，拉各斯成为新独立的尼日利亚的首都。

随着一批原先的殖民地宣告独立，即使在缺乏稳定迹象和首都尚未确定的国家，美国也面临要将其外交代表升至最高级别的压力。不论大小，每个新生国家都希望其首都驻有适当级别的美国外交和领事代表，有时还希望在除首都外的其他城市设有领事代表。就人事而言，这意味着外交代表不再是领事或公使，而要派驻大使；就外交建筑而言，这意味着原有领馆要升级为使馆，新的外交建筑还要满足急剧增长的外援项目的需要。美国驻利奥波德维尔总领馆于1954年设计，1957年完工，在利奥波德维尔（后更名为金沙萨）于1960年成为扎伊尔首都后，升格为使馆。

在冷战背景下，建设新使馆被国务院视作抗衡苏联在第三世界影响力的一种举措。有些官员，例如海斯议员，就将苏联颠覆的威胁视为促使美国对非洲进行援助的唯一动机。他说，苏联与那些刚刚成立又尚未稳固的新政权建立外交关系的举动受到了欢迎，但如果美国也认为自己可以或能够那样做就真成“蠢材”了。海斯反对在“不稳定”地区投钱。[4] 在20世纪50年代末到60年代初的非洲建馆高峰期，由于外交建筑局缺乏建设资金，加之分配给非洲新生国家首都的使馆建设资金陷入了国会和国务院之间的斗争，因此不得不减少对一些新首都使馆项目的投入。

随着人员的增加，使馆被扩建以满足不断增加的办公需求。杜鲁门的

---

* 1986年更名为“科特迪瓦”。——译者注

“四点计划”，例如向印度输送大批经济和农业顾问，是旨在向经济贫弱国家提供援助的最早的外援项目之一。顾问大幅增加了新德里使馆的人员编制，而当时租用的使馆规模小且租期将至，急需建设全新的使馆。

在扩展业务的同时，国务院对艰苦条件使馆工作的人员也负有责任。驻外人员的抱怨自然会影响新馆的选址，当然其影响程度可能比他们想象的要小得多。许多使馆陈旧、破败，或者根本不符合使用要求。作为第一要务，国务院将条件艰苦的地区，尤其是那些气候恶劣，基础设施（如空调）都不具备的地区作为改善目标。此外，以官方或非官方形式从海外出差、旅行回来的国会议员们对外交建筑也多存抱怨，因此也支持改善外交建筑的条件。例如，普林斯·普雷斯顿议员在1954年巡视卡拉奇使馆后*，形容其“低于标准”，当时的使馆楼下就是车库和加油站，仅能通过一段楼梯出入，条件破败。他要求立即在已购地皮上建造新馆。[5]普雷斯顿所在的委员会在1955财年批准拨款300万美元，用于投资外交建筑，其中几乎一半的钱用在了卡拉奇新使馆上。

外交建筑在战后初期经历了从分散租房向集中的政府所有房产的转变，从重视大使官邸向重视办公楼的转变。新建的使馆办公楼被设计为防盗防火，由于当时恐怖袭击和自杀式爆炸并不为人知，因此也就未加以考虑。据前美国大使大卫·纽瑟姆回忆，卡拉奇使馆的守夜人夜里照常睡觉，只是偶尔醒来“站一下或是咳嗽几声，以让可能的入侵者知道他们的存在”。1948年，他们甚至雇佣了一支乐队来表演以使他们保持清醒。[6]直接针对美国使馆及其周边的暴力事件极为罕见。1952年，一群暴徒袭击了美国驻巴格达新闻办公室，抗议一项英国和伊拉克之间的条约，该事件被国务院官员当作一起特例简单地处理了。

除了传统的负责处理外交和领事业务的国务院部门以外，新使馆还涉及许多美国政府机构代表，这些代表以国防部为首，包括商业部、农业部、司法部（包括联邦调查局）、公共卫生事务部门、退伍军人管理组织，以

---

* 随着伊斯兰堡成为巴基斯坦首都，卡拉奇已成为总领馆所在地。——译者注

及与科学、经济发展、赔款和战争纪念有关的各种机构。如此众多部门的代表共在同一使馆，意味着使馆经常起到华盛顿之外的微型美国政府的作用，有着自己微缩的五角大楼。如同国内一样，不同部门的代表为争夺优越的办公空间和停车位而争吵打架。

那一时期，中央情报局特工是许多使馆人员膨胀的另一个原因。二战期间反间谍人员在某些美国使馆开展活动，但是对情报的需求和采集并未随着战争的结束而停止，因此中央情报局于1947年应运而生，以协调海外情报部门的活动。外交官或许本不想在秘密活动中扮演角色，但随着约翰·福斯特·杜勒斯和他弟弟艾伦·杜勒斯分别执掌国务院和中央情报局，两个部门合作的机会也达到了顶峰。20世纪50年代早期，中央情报局策划了两次政变，先后驱逐了伊朗（1953年）和危地马拉（1954年）的左翼领导人。里奥纳多·莫斯利在杜勒斯兄弟传记中写道："或许是因为杜勒斯国务卿权势太重，中央情报局才得以更多地获得向美国使馆、领馆和美国新闻署(USIA)渗透的自由。中央情报局从国务院得到那么多的支持，这是空前绝后的"。莫斯利举例说，到1954年，仅在伦敦，就有400名中央情报局特工在使馆开展工作，除此之外，还有38人"持有外交护照，并且拥有使馆的在编职位"。[7]

尖端通讯设备使用的不断增加，要求建设规模更大、设计更复杂的使馆。为了保护机密的政治活动和用来收集、储存、传递机密信息的新通讯装备，新使馆需要一些机要区域。这些区域必须经过特殊设计，隔音、温控和通道等都是需要考虑的，而战略性防御工事尚未被认为是必需的。为安置新设备及进行相关活动，使馆还得在与日俱增的保护机密和自身安全的要求与公众进出领事和新闻部门的需求间做好权衡。有些使馆在军事行动时甚至变成了指挥中心，1958年美国介入黎巴嫩冲突时，黎巴嫩总统卡米尔·夏蒙就求助艾森豪威尔总统拯救其岌岌可危的政权，艾森豪威尔随即派出了海军陆战队。

美国新闻署是使馆人员膨胀的又一因素。工作人员、研究人员、作家、教师、图书馆员和其他一些人员被派驻海外，推介美国新闻、美式民主价值、美国历史、文化和艺术。这种外交被贴上“公共外交”的标签，以区别传统意义的外交。

传统外交多是举止得体的少数外交官间礼貌的交谈（时而是涉密交谈），公共外交与之不同，它涉及大量人群，有时针对一国的精英，有时针对一国或多国的普通大众。1946 年的《富布莱特法案》，即利用国外信贷资助外国和美国学生、研究人员、教师进行旅行或学习，是美国首批交流项目之一。1948 年的《美国新闻教育交流法案》中，国会授权国务院“促进世界人民更好地了解美国，并加强合作性国际关系”。[8] 这项法案，即《史密斯 - 蒙特法案》，创建了美国新闻署及其海外分支机构——美国新闻处（USIS）。美国新闻署起先隶属于国务院，它通过文章、电影、广播来向海外介绍美国。1953 年发展为独立机构，负责掌管所有与新闻相关的项目，包括美国之音广播、图书馆（美国图书馆在二战时的伦敦是最重要的公众新闻来源），还有超出其管辖范围的许多有关美国在德国建房计划的活动。纽瑟姆大使在评论美国新闻署创立的大环境时写道，二战后的信息革命和在国家政策中日显重要的民众意见，使得传统外交已经不能满足需要了。“使馆被视为局限在政府契约下运作”，纽瑟姆说，“被认为与‘民众’距离遥远”。[9] 而美国新闻处的工作人员则可以自由地走出去，接触遥远地区的人们，介绍美国政府及其文化。

美国新闻处的功能被融入到绝大多数新使馆中，除了扩充办公室外，新使馆包括了图书馆、展厅，装备了可进行视听展示的会议厅和可以招待外国客人（如作家、记者、音乐家、艺术家）的空间，他们被邀请来与美国人聚会、交流，构成了美国结交朋友、促进民主的新形式。

20 世纪 50 年代初，杜鲁门总统批准了氢弹项目，并要求对美国外交政策和军事准备进行新的评估。国务院政策规划局局长保罗 · 尼采起草了 NSC - 68 报告，呼吁增加军费开支和强化自由世界的力量，以“挫败克里姆林宫支配世界的欲望”。[10] 4 个月之后，1950 年 6 月 25 日，装备有苏制武器的朝鲜入侵韩国。这场战争发生在二战胜利后的第五个年头，此时全世

图 1

图 2

图 3

图 4

图 1（左上）：前美国公使馆，丹吉尔，摩洛哥（1821 年获得）。现为美国公使馆博物馆。

图 2（右上）：前美国使馆，渥太华，加拿大。卡斯·吉尔伯特设计，1928—1932 年。

图 3（上）：美国大使官邸，奥斯陆，挪威（1924 年取得）。原名奥尔森别墅，曾是诺贝尔的住宅。

图 4（左）：美国使馆，赫尔辛基，芬兰。哈里·林德伯格与财政部建筑监督员设计，1936—1938 年。参照韦斯托沃宅邸。

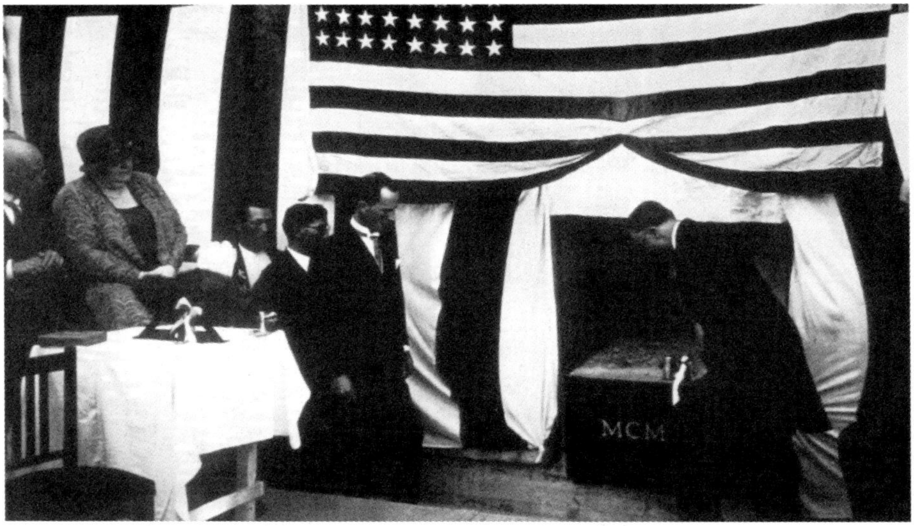

图 5

图 6

图 5（上）：前美国使馆，东京，日本。奠基典礼仪式，出席者包括威廉·卡索大使夫妇，建筑师安托宁·雷蒙德，美军工程兵上校 G. D. 斯坦普主持（1930 年 5 月 26 日）。斯坦普后来监督了工程的实施。参加仪式的还有美日协会主席德川公爵，日本外相币原男爵。

图 6（下）：前美国使馆，东京，日本。雷蒙德和麦格奈戈尔设计，1926—1931 年。后被拆除并新建了由西萨·佩里和格鲁恩事务所于 1971 年设计的新使馆。左上角的山上为大使官邸。

图 7

图 8

图7、8：美国大使官邸，使馆建筑群，东京，日本。雷蒙德和麦格奈戈尔(1926—1931 年)。
上图，接待厅。1945 年道格拉斯·麦克阿瑟将军就是在这里和裕仁天皇举行了历史性的会面。下图，花园入口。二战期间，美国人就是被拘禁在官邸里。

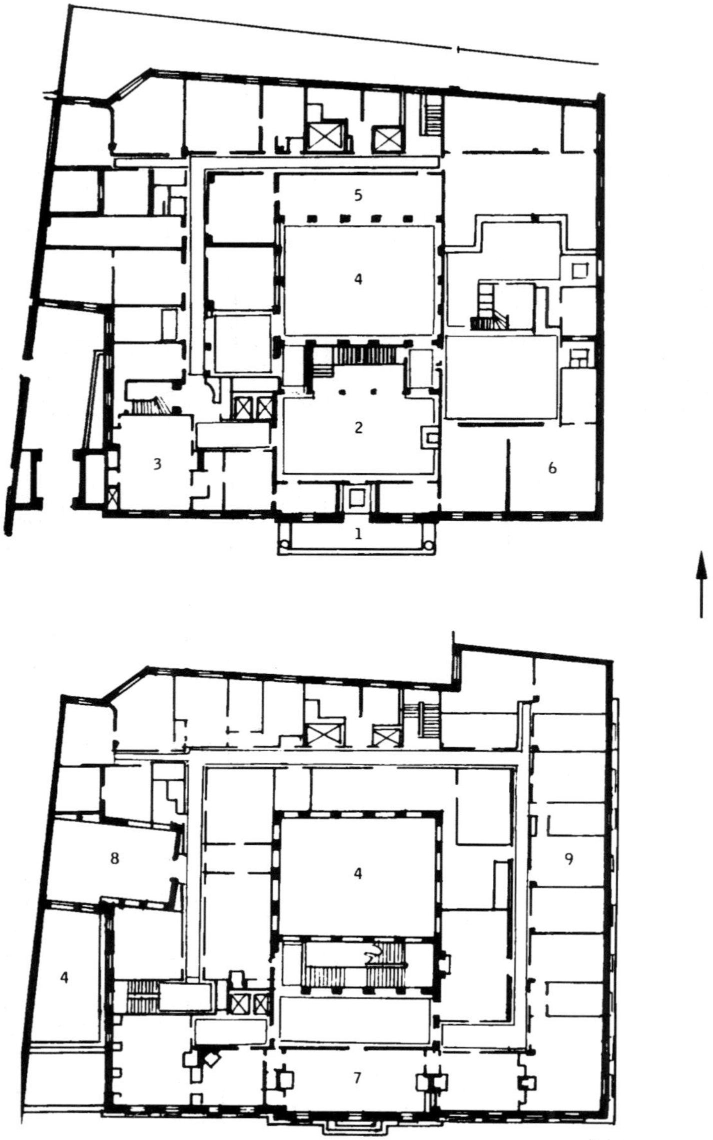

图 9

图 9：美国使馆，巴黎，法国。德兰诺—阿达奇设计，1929—1932 年。上图，一层平面，下图，二层平面。平面图源自 1934 年的《建筑》杂志。

1. 入口
2. 接待处
3. 总领事
4. 庭院
5. 护照
6. 签证
7. 主接待厅
8. 图书馆
9. 管理办公室

图 10

图 11

图 12

图 13

图 10（左上）：美国使馆，巴黎，法国。主入口。

图 11（右上）：英国使馆，华盛顿。埃德温 · 卢申斯设计，1925—1931 年。

图 12（中）：美国公使馆，地拉那，阿尔巴尼亚。惠氏—苏立文设计，1929 年。

图 13（下）：美国大使官邸，利马，秘鲁。外交建筑局建筑师保罗 · 雅克和利兰 · 金设计，1945 年。

图 14

图 15

图 16

图 14 (前页上)：美国使馆，罗马，意大利（1946 年获得）。前玛格丽塔宫。大使办公室。

图 15（前页下）：美国大使官邸，巴黎，法国（1948 年获得）。花园入口。

图 16（上）：美国大使官邸，巴黎，法国。室内楼梯。

图 17

图 17：美国使馆，堪培拉，澳大利亚。办公楼，外交建筑局建筑师保罗·雅克设计，1946 年。附属建筑由米尔顿·格利格设计，1957—1960 年。办公楼模仿了殖民时期住宅。

图 18

图 18：前美国使馆，德黑兰，伊朗。外交建筑局建筑师爱德兹·凡·德·格莱史特设计，1948—1951 年。照片摄于 1976 年 10 月，由于外观像公立学校，这座建筑被根据美国大使洛伊·亨德森的名字戏称为“亨德森高中”。

图 19

图 19：美国使馆，安卡拉，土耳其。埃格斯和希金斯设计，1948—1953 年。照片摄于 1973 年 3 月。使馆模仿了华盛顿标志性建筑。

图 20

图 20：美国使馆，里约热内卢，巴西。目前为总领馆。哈里森—阿伯拉莫维茨设计，1948—1952 年。建筑师在同期设计了纽约的联合国总部。主体建筑前的一层部分为图书馆。

图 21

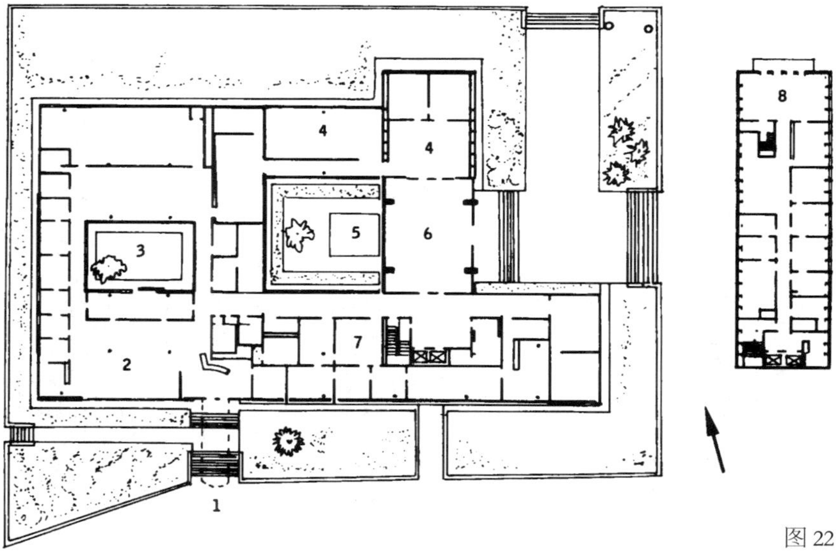

图 22

图 21、22：美国使馆，哈瓦那，古巴。哈里森—阿伯拉莫维茨设计，1950—1952 年。现为美国办事处。

上图，办公塔楼西立面，领事办公和领事入口在一层裙房。下图，一层平面和五层平面（右）。平面图源自 1955 年的《进步建筑》。

1. 入口
2. 签证
3. 庭院
4. 公共信息服务
5. 庭院和水池
6. 拱廊
7. 领事办公室
8. 大使办公室

图 23

图 24

图 23（上）：美国使馆，马德里，西班牙。加里奎斯—米德赫斯特和外交建筑局建筑师艾伦·雅各布斯设计，1952—1954 年。1954 年 12 月还在建设中。刚落成时，是引人注目的标志性建筑，现在已被现代化的办公大楼淹没。

图 24（下）：美国使馆设计方案，海牙，荷兰。雷普森和默伦设计，1951 年。未实施。如此透明，雷普森形容它是“不存在的建筑”。

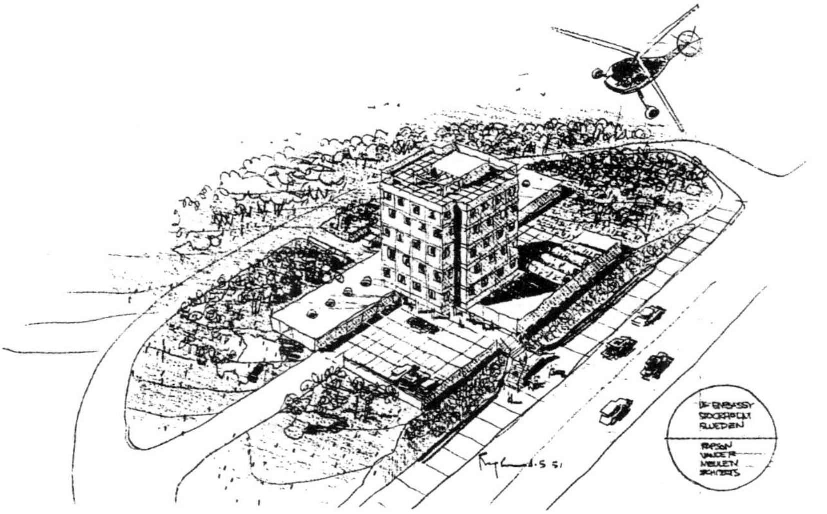

图 25

图 26

图 25、26：方案 A（上）和 B（下），美国使馆，斯德哥尔摩，瑞典。雷普森和默伦设计，1951 年。

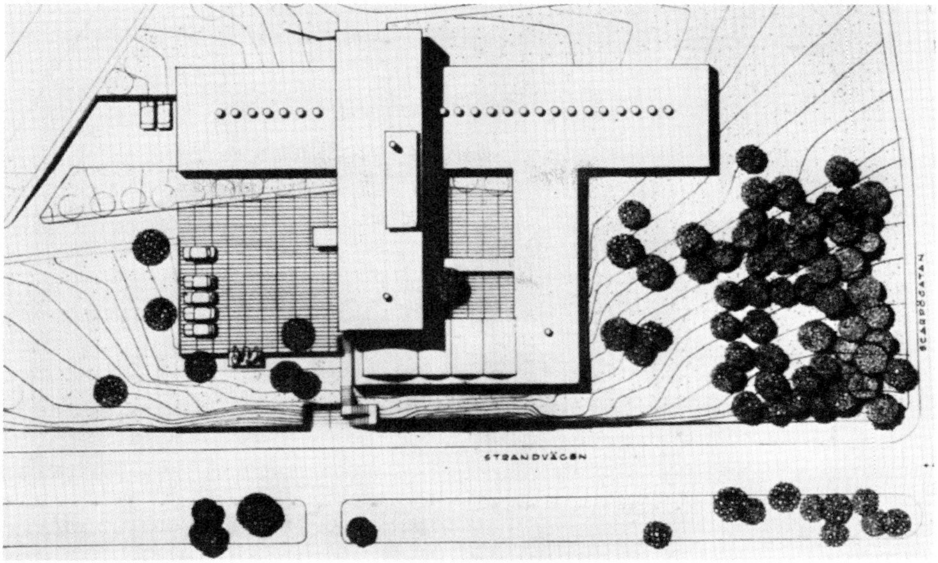

图 27

图 28

图 27—30：美国使馆，斯德哥尔摩，瑞典。雷普森和默伦设计，1951—1954 年。上图，总图。下图，东南立面。下页（上），室内的巴塞罗那椅子和其他诺尔家具。下页（下），开敞的楼梯间。后来参观的瑞典建筑师形容它是“建筑界的玛丽莲·梦露”。

图 29

图 30

图 31

图 32

图 33

图 31（前页）：美国使馆，哥本哈根，丹麦。雷普森和默伦设计，1951—1954 年。立面。在满足了当地规划条件对建筑退后和高度的限制后，这个现代建筑的方案才获得批准。

图 32、33：美国使馆，哥本哈根，丹麦。上图，方案。下图，美国新闻处图书馆。

界都把美国看成救世主和世界和平的捍卫者。于是，美国又被卷入了一场代价巨大的新战争。

二战后，美国国家情绪高涨并充满自信。但是随着外交事务的扩展，美国开始重新评估其在战后所扮演的角色。从二战结束到 1953 年艾森豪威尔执政的岁月里，美国国内自我怀疑的情绪戏剧化地取代了战后的欢欣鼓舞和自信。社会主义苏联和“红色”中国的出现、核能力的扩散、新的全球联盟、一场耗资巨大却取胜无望的朝鲜战争，以及参议员约瑟夫·麦卡锡造成的四年窘境，所有这些综合在一起考验了美国在海外的实力和扩张的决心，同时也削弱了美国国内的内部安全感。尽管没有越战造成的羞愧与怀疑心理那么严重，但在 20 世纪 50 年代早期即开始萌发的自觉意识，使 1945 年以来一直以超级强国自居且倍感安全的美国人开始感受到了盛名之下的重负。

朝鲜战争的结束并没有引发二战胜利时民众所表现出的欢愉气氛。朝韩双方的敌意也并没有随着 1953 年 6 月 26 日在板门店签署的停战协议而真正结束。美国领导人和民众都明白朝鲜停战并没有那么简单。公开辩论和私下质疑中弥漫着对美国使命和民主未来的不确定感。这场战争使美国人开始质疑自己的优势地位，质疑被视为超级强国的美国将走向何方、如何发展，尤其在自己的领导人拥有超级力量却对朝鲜战争束手无策的情况下。号召人们从共产主义中解放自己是一回事，提供精神支持以外的帮助却是另一回事。

20 世纪 50 年代早期，国会中的批评者对那些惹人注目、个性张扬的外交建筑变得非常警惕。人们开始质疑权力的限度，对那些低调内敛，却依然能表现出外交机构身份的建筑产生了兴趣。

外交建筑局局长拉金长期关注着房产市场，二战后他迅速购入了一批房产，既有已开发好的，又有未开发的。他在阿克拉、安卡拉、勒阿弗尔、马赛、德黑兰购买了地皮，在吉达和达兰租用了地皮，在尼斯购买了一处别墅，在布拉格购买了一处宫殿，在都柏林购买了一处庄园。尽管其中一些老房子年久失修，但拉金看中的是它们优越的地理位置、宽大的空间、容易获取且价格相对便宜。

1946年，在拉金确保得到所需资金的几个月后，便在巴黎购买了毗邻美国使馆的加百利大街4号（以前这里是艺术俱乐部），在巴格达购买了底格里斯河岸邻近皇宫的一块地皮，用于建设使馆的办公住宿综合楼，并在东京购买了一处办公楼。他还策划购买了两处位于罗马的历史房产——塔沃娜别墅用作官邸，玛格丽塔宫用作使馆办公楼（图14）。根据新实施的法案，他将包括汽车在内的美军剩余资产置换成意大利里拉，完成了罗马房产交易。尽管玛格丽塔宫年久失修，但还是非常具有购买价值。建造宫殿的地皮曾属罗马皇帝尤利乌斯·恺撒所有，后又曾建造过辉煌的罗马花园。玛格丽塔宫由加埃塔诺·科赫设计，1885年为邦孔帕尼·路德维希王子所建，王子还建造了相邻的两处别墅（早期这里曾作为领事办公室，现在是领事部和美国新闻处办公室）。玛格丽塔宫是意大利女王玛格丽塔在位期间（1900年至1926年）的寝宫，美国政府购买之前曾被用作法西斯总部。当年购买的时候并没有人意识到它有那么丰富的艺术藏品，其中包括詹博洛尼亚的维纳斯（1583年），现在就伫立在主入口的门厅里。更没有人料到在使馆停车库和车辆调配场的下面，深藏着一间镶满壁画的罗马密室（目前在修复之中）。[11]该建筑本身具有极高的历史价值。美国的外交形象因这座精心修复的罗马建筑而得到了提升。

拉金批准在阿斯马拉（埃塞俄比亚）购买了一处美观又位置优越的意大利庄园，用作领事部和领事官邸。在布鲁塞尔，1947年4月，拉金花了近18.2万美元购买一处由巴恩比·盖马德设计的房产作为大使官邸，还买下了房产后面一块地皮用于建使馆办公楼。拉金购置这些房地产所用的比利时法郎，是用美军在比利时剩余的军事设施换来的。布鲁塞尔官邸在1950年进行了翻修，并在官邸后的地皮上新建了使馆。1948年，拉金在巴黎购买了庞塔尔巴府邸作为大使官邸，1950年又购买了塔列朗府邸作为办公附属用房。塔列朗府邸是1767年由著名建筑师让·弗朗西斯·夏尔格兰和雅克·安格·加布里埃尔设计的（1984年，华盛顿建筑师休·纽厄尔·雅各布森改造设计后成为美国领事部)。

拉金严苛的行事风格倒常能让他达到目的。就像谚语中形容的美国北方小商贩，他到处奔波、进行交易。身材矮小的拉金与旅行箱为伴，总是戴着一顶惹人注目的黑毡帽，从一个目的地到另一个目的地，检查房产、参加谈判，然后又转向下一站——身后经常留下不知所措的大使和外交官员。据说他记忆力惊人，以冷幽默而闻名。他的对手和仰慕者带着或喜爱或敬畏的心情把他形容为“小沙皇”或“独裁者”。使节们都清楚他把外交建筑局的钱袋子捂得有多紧。以赫尔辛基使馆为例，这个城市一度是苏联空袭的目标，美国公使馆向外交建筑局紧急呼吁建一座防弹设施。但即便在亲自考察过后，拉金仍不为所动，直到四枚苏联炸弹在附近爆炸并把他从楼梯上震下来之后，拉金才改变了想法。这个故事的一种版本说，拉金从地上爬起来，打电话给公使，怒吼道：“你那该死的防弹设施现在是非建不可了！”[12]

无论身处世界任何角落，拉金都有能力独自做出有效的财政决策，这让外交官和国务院官员十分惊异。前外交建筑局局长詹姆士·约翰斯东回忆拉金是“把预算装在帽子里”，[13]他习惯于在国务院最少干涉下行事。他和那些负责授权、分拨预算的国会主要议员们保持着密切的工作关系。拉金能够代表外交建筑局决定哪些大使可以得到官邸，哪些驻地增加办公楼，哪里有外交官住房，哪里可以得到从卧床到餐具的全套装备。

由于掌握资金，拉金得以在外交圈内建立关系网。可想而知，他既有亲密的朋友，也有尖刻的敌人。他在国务院一份内部报告中指出，“在外交建筑项目开始以来的 15 年多的时间里，负责该项工作的官员直接向负责行政事务的助理国务卿汇报工作，有些事情甚至直接面呈国务卿和副国务卿”。[14]拉金喜欢这样的安排，认为这之间没必要再有人来检查他的工作。

由于同布鲁姆和鲁尼的密切联系，拉金得以回避人事局的管理。一份 1947 年的内部报告显示：“拉金和利兰·金仅是偶尔参加人事局长主持的周例会，很显然，他们对遵循人事局‘官僚主义’的行政程序深感厌烦。”拉金和利兰·金都强调他们工作的技术特性必须要有行政独立，对妨碍工作效率的官僚程序不屑一顾。

1926 年国会首次批准外交建筑项目以来的 20 年间，美国政府拥有的外交建筑数量仅有少量增加：办公楼从 6 个增加到 31 个，住房从 30 处增加到 83 处。而从 1946 年到 1951 年的五年间，在拉金的领导下，这个数字迅速增至 604 个，包括 114 个办公楼，55 个大使和公使官邸，435 处住房，其中 375 套独立公寓为 837 名外交官以及通过使馆委派到外国政府的工作人员提供住处。同一时期，外交建筑局由 6 人增长为 20 人，其中 4 人是建筑师。

截至 1949 年，外交建筑局已经在 68 个国家的 240 个城市开展工作，在全世界使用近 60 种不同货币进行交易。仅 1947 年到 1949 年，外交建筑局就获得了 386 处独立房产和 46 块未开发的地皮，这些房产总价值达 7 000 万美元。到 1952 年，外交建筑局共拥有 737 幢房产，购买了 92 处地皮，36 个在建项目。[15]1926 年到 1952 年间，使馆建设和房产购买的总投资达到 1. 3 亿美元，但这笔开支中的绝大多数，至少有 1. 11 亿美元是在 1946 年至 1952 年间支出的，而且绝大部分是国外信贷而不是美元。

如果不是 1946 年国会授权使用国外信贷来获取外交房产这一重大事件，国务院将无法把二战后的外交建筑项目扩展到现在这样的规模，也不会如此大胆地转向全新的方向。1946 年，国会批准 1. 25 亿美元用于外交建筑项目——包括 12 年内开支 1 500 万美元，五年内开支 1. 1 亿美元的国外信贷。这些资金不仅资助了拉金的旅行和买房、建设计划，而且使外交建筑局免于常规的预算审查程序。此外，还有两件事为战后的外交建筑项目铺平了道路：一是，1944 年国务院结构重组，设立了外交建筑局；二是，1945 年通过立法增加了对外交建筑局的授权。

在二战结束之前，国务院就宣布重组。[16]这个计划削弱了外交建筑委员会，使其不再作为独立机构行使职能，组建了后来的外交建筑局。[17]拉金在外交建筑委员会中继续担任执行秘书，但委员会成员不再审查他的决定、推荐方案，或者批准选定建筑师。

1945 年，通过立法进一步强化了新成立的外交建筑局的权力，为拉金开展大规模外交建筑项目提供了灵活性。它授权国务卿可以出售为外交、领事建设用途而购买的房产和土地；更重要的是，它批准外交建筑局将这些收益用于购买、建设、装修其他外交房产。在那之前，拉金已经能够交换或是出售房产，并将收益上交财政部，但不能用这些收益来补贴自己的项目。随着二战后美国海外势力的扩张，把外交事务及外交人员集中起来变得很有必要，处理那些废弃、破败或是不再需要的房产也变得更加重要了。

20世纪50年代早期，一些国会议员强烈主张政府不应参与房地产交易，并呼吁外交建筑局卖掉那些不会立刻派上用场的房地产。这些观点简直就是鼠目寸光。事实上，美国诸多使馆能够获得优越地理位置的一个关键原因，就是拉金在二战后快速出手，使用国外信贷，并以优惠的价格获取有价值的房地产。如果没有他，美国不会在罗马拥有玛格丽塔宫和其他一些在今天看来是外交财富的房地产。如果国会不是那么目光短浅，能够通过国务院最初的一些请求，也就能更容易并且花更少的钱增加巴黎使馆的办公用房，也可能阻止墨西哥城使馆旁建起一幢高层办公楼。

1946年授权法案的特别之处在于1.1亿的资金来源于外国政府对美国财政部的欠款——包括与《租借法案》有关的财产清算，多种回头资金，战争剩余资产的处理。根据《外交期刊》的记载，在美军撤离后，留下的一船啤酒为某个驻太平洋港口城市的使团副代表交换了住房。[18]拉金和利兰·金让国会主要议员确信，这种偿还资产的做法是明智的，避免了美国纳税人的损失。

1946年6月19日，利兰·金代表外交建筑局在参议院外交关系委员会作证，对使用所谓“封闭”或“冻结”资金进行了辩解。[19]利兰·金说，外国政府欠美国财政部数亿美元的战争债务，但这些钱很难追回。外交建筑局可以通过用外币支付货物和服务的方式减少美元的使用。换句话说，一个欠美国战争贷款的国家应将允许美国用贬值的外币来交换该国的设备、材料和劳动力。外交建筑局后来依此办法从缅甸获得了柚木，从希腊和意大利获得了大理石；外币还被用来支付外国建筑师和在国外工作的美国建筑师的工资。

公平地说，国会对授权法案（H. R. 6627）的兴趣更多地在于它确认了一种偿还美国资产的方式，而不是外交建筑项目本身。克劳德·佩珀参议员在回应利兰·金的证词时说，“我认为这是对剩余资产的一种非常有益的使用，我们能展示一些有永久价值的东西。”[20]第 79 届国会的参众两院顺利通过了授权 1.1 亿美元国外信贷和 1 500 万美元的法案。1926 年至 1946 年 7 月，国会批准了总额为 1 622.5 万美元的外交建筑项目，而实际支出是这个数字的 7.5 倍，这是拉金的巨大成就，也得益于拉金的密友布鲁姆的支持，布鲁姆在批准《租借法案》资金中起了关键作用，他也是二战时罗斯福总统最亲近的国会阁僚。

国外信贷在澳大利亚、奥地利、加拿大、法国、希腊、匈牙利、印度、伊朗、挪威、波兰、意大利、土耳其、英国及其殖民地的项目中迅速得以应用。比利时、捷克斯洛伐克、中国、丹麦、埃及、荷兰、苏联项目的协议在等待审批。先期利用国外信贷的项目包括曼谷、安卡拉、斯德哥尔摩和哥本哈根使馆，马德里使馆和外交官公寓，德黑兰使馆和活动房屋，安特卫普、库腊索岛、勒阿弗尔领馆，孟买、东京、巴黎外交官公寓，拉合尔活动房屋，拉各斯地皮，在马尼拉建设使馆和加固防波堤。其他没有使用国外信贷的项目包括在利马购买房产，在马那瓜建设使馆，在都柏林装修官邸等。1949 年，拉金利用国外信贷在达喀尔、阿尔及尔、河内、西贡和海牙购置房地产用于今后的项目建设。

拉金在沙特的工作可以说明他是如何运作项目，外交建筑局面临何种问题，以及为什么这些任务如此艰难。1947 年，当拉金计划在沙特租用两块地皮来建设美国领馆时，这个沙漠国家仅有一条公路。公路连接吉达和麦加，也是朝圣的路线。正因为有大量朝圣者经过，美国和其他一些国家才选择在吉达建立领馆。另一个领事点选在了达兰，邻近沙特最重要的采油区和英美石油公司基地，还毗邻新建成的美国空军基地。外国政府在沙特不能拥有土地。前驻沙特大使帕克·哈特说，拉金当时早已和沙特财政大臣达成了协议，美国政府可以在 25 年内免税使用这两块地皮。[21]协议达成后，美国同意支付土地使用金。

1947 年，拉金与当时还是吉达公使馆普通外交官的哈特取得了联系，请他选择两处地皮，并就租费问题与沙特财政大臣进行协商，如有需要，亦可与沙特国王阿卜杜勒·阿齐兹（也称伊本·沙德）直接谈判。哈特被告知租金只能是建设费用的 3%，但沙特方面希望要 10%，而且糟糕的是美国大使已经公开表示可以接受 5%，这破坏了谈判，让拉金很伤脑筋。

鉴于这种情况，拉金绕过了大使，以求取得更好的结果。经国务院批准，哈特用一周的时间穿越沙特半岛，与国王会面。当哈特到达达兰时，国王派出了从美国空军借来的 C－47 飞机，将他接到东部地区的行政首都胡富夫，国王正在那里洗硫磺浴。哈特会见了国王，并最终达成 3% 租费的协议。一年后，拉金到沙特与哈特一起完成了选定地皮的具体工作。

在吉达，拉金和哈特选择了位于老城西北方的一处地皮，那里当时几乎还是沙漠荒地。在达兰，他们选择了一块由岩石形成的、看似偏僻的地皮，它高出海平面 300 英尺，距离波斯湾六英里。尽管远离已开发的地区，但其位置却十分重要。拉金认为它与吉达地皮一样，总有一天将成为城市的一部分。据哈特讲，拉金一旦下定决心就势不可挡。一位达兰的石油高官反对拉金的选址，“拉金骂了他一顿”，哈特回忆说，“这是一场彻底的人身攻击”。当石油高官发现与拉金的争执没有任何意义后，他屈服了。拉金不仅拿到了他选中的地皮，还比实际需要的面积大四到五倍。这样，必要时还可以交出或是交换一部分。

不论以何种标准衡量，沙特的建设条件都是原始的。这个国家没有木材，几乎所有建筑均由采自沙土下的珊瑚化石建成，还要从印度或非洲进口高强度木杆来加固。珊瑚和泥巴搭成的建筑根本没有结构强度，经常东倒西歪。1949 年，外交建筑局着手为达兰项目做场地准备。由于邻近石油公司，达兰项目比吉达更容易些。哈特说，石灰石矿脉的发现对达兰项目有很大帮助，即便如此，外交建筑局还必须从叙利亚引进石匠到采石场切割石材。

达兰项目包括总领馆、总领事官邸、副领事官邸、外交官公寓，还有仓库、发电机房、佣人房、水塔和其他必要的建筑，总共 18 幢。吉达项目有19幢建筑，包括办公楼、大使官邸、参赞官邸、预制结构的外交官住房、冷库、洗衣房等。在吉达，所有建筑都是由现场加工的水泥砖砌成的单层结构。就设计而言，达兰项目没有什么特色，但就施工而言，却不同寻常。正如利兰·金后来写的，“这些建设项目触及到了设计中的所有问题，还有材料、工人、施工监理的组织协调。”[22]国会调查员后来要求利兰·金就该项目高出正常开支和使用战争剩余信贷做出解释（沙特是接收美元的产油国）。

结束沙特任务后，拉金搭乘军用飞机来到伊朗，为新使馆选址。哈特被邀请同行，并得以再次目睹拉金的工作。德黑兰项目遇到水源和地皮下一条古代水渠使用问题的谈判。尽管哈特与拉金相处融洽，他还是对那些认为拉金难以相处和决策专横的人表示理解。他回忆说，“拉金会迅速对人做出好恶之分，他有很强的偏好。”其他人对拉金和外交建筑局很少有正面评价，他们认为外交建筑局对驻外工作的实际需要不予理会。[23]

二战后，美国驻巴黎使馆的官员意识到现有馆舍再也无法满足使用需要，于是开始了扩增使馆的工作。1948年，拉金筹划购买罗斯恰尔德家族房产——原庞塔尔巴府邸（图15、图16）。这幢房产的购买可以说明外交建筑局处理历史房产时遇到的一些风险，既有金融及美元价值动荡的风险，也有建筑真实性和文化占有的风险。它还表明根据规划用途而非眼前需求来购买房产是何其困难；坚持长远目标和投资，而非听从那些目光短浅、思维呆板、任期有限的官员们的意见是何其困难。

庞塔尔巴府邸最初是由卢多维科·维斯康提在1842年设计的，他还曾设计过拿破仑墓和卢浮宫新翼。19世纪70年代，菲利克斯·朗格莱斯为新房主罗斯恰尔德重建并扩大了该建筑的规模。旅馆位于巴黎市中心，占地2.5英亩，毗邻英国使馆，靠近爱丽舍宫，到美国使馆也很方便。维斯康提设计的大门和门房在1948年还保存完好，但建筑主体却严重失修。1941年，德国人赶走犹太屋主，强占此地，将其用作德国空军俱乐部。二战后，盟军从罗斯恰尔德家族手中把它租下，先是作为英国皇家空军俱乐部，后被用作美国政府办公用房。[24]

1947 年，艾伦·雅各布斯成为外交建筑局巴黎办公室的负责人。这位年轻的美军工程兵上校曾是艾森豪威尔的工作人员，加入外交建筑局之前，是驻法大使的特别助理。雅各布斯还是一位建筑师，二战期间曾在近东和埃塞俄比亚设计过基地。他多次跟随拉金到国外考察房产，是能够“解决问题”的人。雅各布斯在 1948 年获知罗斯恰尔德房产可能出售的消息后，对它进行了考察。他意识到这处房产极具价值，并向拉金做了报告。拉金建议他立即购买，他也谈好了购买价格。当雅各布斯发现青铜楼梯扶手、铸铁饰件、手工雕琢的木质护墙板已遗失后，请示拉金是否继续交易。拉金告诉他，“买下来，这是一笔很好的投资”。[25]

在合约签署前夜，一位使馆商务官员告诉雅各布斯，法国政府准备贬值法郎。雅各布斯回忆说，由于贬值，这笔交易几乎将在一夜之间化为泡影。幸运的是，美国人购买合约使用的是法国法郎和比利时法郎，而不是美元，外交建筑局支付了相当于 2111783 美元的法郎购得这处房产。尽管新替换的护墙板是石膏制成的，但房子和地皮还是具有极高价值，拉金明白他做成了一笔好买卖（很大部分原有铸件，包括主楼梯的扶手，后来都被找到并加以修复）。拉金不想受到国会的事后批评，尤其是整笔资金来自国外信贷而非国会划拨的纳税人金钱。

然而，1952 年，国会中的批评者却反对购买罗斯恰尔德房产。约翰·菲利浦斯议员声称，他相信美国大使既不想要这个房产也不会住进去。他说，“罗斯恰尔德房产对法国人来说面积太大、维护太贵，所以才卖给我们”。[26]争执反映了选举年的党派斗争在试图诋毁国务卿迪安·艾奇逊、国务院和外交人员。反对意见并未在选举后停止，而是持续了好多年，多名国会议员发现这个“庄园”是拿来取笑的好靶子。鲁尼就曾指责它是一种浪费，并在 1957 年建议外交建筑局把它卖掉。[27]

在将近 20 年的时间里，美国新闻处一直把庞塔尔巴府邸作为其巴黎总部。在此期间，外交建筑局试图对其更新改造，并提出了一系列方案，准备纳入驻巴黎外交机构全面扩建计划的一部分。早在 1952 年，外交建筑局就考虑拆除原有建筑，建造一座新的现代化办公楼，在同一块地皮内满足所有办公需要。在那时，外交建筑局对历史保护几乎没有什么兴趣，对巴黎人保护当地建筑和环境的设计限制似乎并不在乎，对公众对当地标志性建筑的依恋也同样漠不关心。至少有一些美国人清楚地知道，法国人不会允许对历史城区的建筑进行大规模拆除破坏。但直到1960年，亨利·谢普利就该房产向外交建筑局呈交报告时，方案还是一座大型的新式建筑。令人称奇的是，外交建筑局的强烈批评者海斯却要求修复罗斯恰尔德房产，说这处房子需要的仅是内部修缮和新的地板。当外交建筑局要拆掉除“拿破仑式立面”以外的所有东西时，海斯表示，他决不允许在这块地皮上“建起一个怪物”，他形容罗斯恰尔德房产是“巴黎最有价值的房产”。[28]海斯对“怪物”的想法源于沙里宁在伦敦设计的美国使馆，因此海斯对修复的兴趣更多是出于对现代建筑的反感，而非保护历史遗产。同时这也是海斯反对外交建筑局局长威廉·休斯的一种表现。或者，海斯梦想自己有朝一日可以成为美国大使住进这座官邸，所以才提议维修。

1964年，外交建筑局聘请皮特罗·贝鲁斯基重新检查这座宅邸，考虑修复而不是拆建的方案。但那时，仅更新屋面、清洁和修复外表石材就已经花费了87.5万美元，因此国会中的批评者们拒绝为内部修复提供更多资金。最终，在1966年至1972年，这座宅邸主要借助美国私人赞助者的努力得以精心修复并配以全套的优质陈设，成为了享有盛名的美国大使官邸。大使用它举行会议、发布新闻、接待客人、午餐、晚宴、花园聚会，包括每年7月4日2 000人招待会。此外，官邸还配备了用于展示艺术和音乐的设施，可以为来访的美国艺术家和管弦乐队举办演出，还可以接待留宿的政府官员和要客。正如拉金1948年设想的那样，它现在被视为美国及其驻巴黎外交机构的无价之宝。

利兰·金是个身材高大、相貌出众的人，对与他共事的人也是高标准、严要求。他1907年出生于密歇根，在佐治亚理工大学和装甲兵技术学院学习建筑，在其祖父的建筑工作室当过学徒。虽然不曾受到像格罗庇乌斯和布劳耶这样的大师指导，但他对现代建筑思想颇感兴趣。通过政府工作经历，他开始了解、尊崇，并且享受与众多著名建筑师建立的友谊。

由于新使馆都远离美国，加之拉金实际上免受国会监督，其本人又偏爱现代设计（尽管拉金并不像利兰·金那样热衷现代主义），因此外交建筑设计在实践中有了转变的可能。最早的外交建筑都是官邸，所以建筑师在二战前的许多设计中都仿效宅邸的风格，战后对大型多功能办公建筑的需要，使得以往的宅邸原型变得陈旧过时。冷战的紧急状况，加上需要新型外交建筑以适应海外扩张计划，使外交建筑设计上的变化不可避免。

作为外交建筑局局长助理和建筑监督员，利兰·金负责制定外交建筑局的设计政策。起初，他非常谨慎。二战后的首批外交建筑尽管在外观上各有区别，但都是传统的风格。这批项目包括外交建筑局建筑师设计的堪培拉、德黑兰、布鲁塞尔办公楼，外交建筑局以外的建筑师设计的那不勒斯和安卡拉项目。利兰·金在华盛顿的工作团队和外交建筑局的一些地区办公室都提供了设计指导。当时，外交建筑局在巴黎、海牙、伦敦、维也纳、法兰克福、香港、东京和里约热内卢设有分支机构。中美洲项目由外交建筑局直接负责，一位流动的地区主管负责近东和非洲项目。

利兰·金聘用的总建筑师雅克设计了堪培拉使馆办公楼（1946 年）。这是一座两层的红砖楼，顶部有两个高耸的烟囱，陡峭的坡屋顶上开有老虎窗（图 17）。它旁边的官邸带有一排柱廊，被称作潮汐官邸，是雅克在 1941 年设计的。办公楼与官邸有很好的呼应。办公楼的最大特点在于它被设计成住宅式。利兰·金称赞雅克的设计，认为它“殖民时期风格”的建筑内涵非常“恰当”。但是 1955 年《建筑实录》的一篇文章里，麻省理工学院院长约翰·伊利·博夏德却批评这个设计，抨击其放之四海而皆准的建筑理念。他说，堪培拉和弗吉尼亚没有任何相似之处，根本没必要在那里建一座威廉斯堡式的殖民时期风格的建筑。他严厉批评说，“我们国家建设这样的建筑是灾难性的决定，许多澳洲人喜欢它，这同样是一种不幸”。[29]像其他建筑评论家一样，他要求仔细考虑建筑的用途、场所、材料和时代。1957 年，米尔顿·格利格为堪培拉使馆增加了两座附属建筑，仍保持着“威廉斯堡式的风格”。外交建筑局后来唯一一个乔治亚风格的项目是外交建筑局建筑师萨尔·迪吉阿克默在1967年设计的华沙官邸。

堪培拉使馆在建的同时，利兰·金又开始了德黑兰和安卡拉使馆办公楼项目。德黑兰使馆由外交建筑局建筑师爱德兹·凡·德·格莱史特在1948年设计（图18）。它是一座矮长的两层砖楼，标准的20世纪三四十年代美国城市中常见的公共建筑，事实上，它非常像一座典型的美国公立高中。使馆建成后，洛伊·亨德森于1951年就任大使，人们根据他的名字为这座建筑起了“亨德森高中”的绰号。建设物资的匮乏、缺少西方建筑施工经验的工人，这两大原因迫使外交建筑局为德黑兰使馆进口了预制房屋构件，这也对选定最终建设方案产生了影响。利兰·金批评这个使馆样式陈旧，缺乏外交机构的威严感。

安卡拉使馆由埃格斯和希金斯设计（1948—1953年），设计方案体现了对纪念性艺术美学的研究（图19）。它很像华盛顿的一些建筑，尤其是保罗·克瑞特和亚历山大·特罗布里奇于1932年设计的莎士比亚图书馆。它既不像住宅也不像学校，首次在小型办公建筑中表现了使馆的重要性和公共目的。利兰·金把那不勒斯领馆（1947—1953年）交给了原财政部建筑监督员乔治·豪，当然这个作品不能代表豪在这一时期的成就。那不勒斯领馆的与众不同之处在于它将办公和官邸两种功能结合在一起，五层办公楼的顶层为官邸。由于需要严格限制通往建筑各部分的公共通道，这一布局在内部使用方面产生了一些问题。所以后来当把它作为巴勒莫领馆方案再次提出时，遭到了否定。意大利建筑师马里奥·伦兹完成了那不勒斯领馆的施工图。为最大限度使用国外信贷，外交建筑局经常雇用外国建筑师并支付他们外币。相当一部分二战后的项目有这样的外国建筑师参与，他们有时单独工作，有时与美国人一起工作。

外交建筑局巴黎办公室主任雅各布斯指导了布鲁塞尔官邸的装修工程，这是一幢18世纪的建筑。他还同时负责了相邻地皮上使馆办公楼的设计与建造。办公楼与官邸被一层的走廊连通。和官邸的优雅华丽相比，办公楼外观显得简约有序，尽管在今天的城市景观中很难算得上显眼，但在1950

年建成时，确实成为美国在欧洲的重要标志。

雅各布斯为布鲁塞尔两个项目选择的家具引起了轩然大波。他很欣赏汉斯·诺尔的家具，并对诺尔在1946年创立的家具生意非常感兴趣。在拉金的支持下，雅各布斯选择了诺尔家具。这些家具在国外制造，用国外信贷协议购买。根据国会的报告，入住官邸的首位大使强烈反对这些时尚却又僵硬的现代家具，不仅不喜欢家具的样子，而且抱怨它们不结实。[30]布鲁塞尔不是唯一使用诺尔家具的使馆，哈瓦那使馆（1950—1952年）上上下下使用的全都是诺尔家具，同样的，这很快就遭到了国会的奚落。

利兰·金把更多的外交建筑项目交给私人建筑师，他说这种方式最经济，而且这些建筑师可以提供最好的设计方案。他开始寻找那些可以产生积极宣传效应、增加外交建筑项目影响力的知名建筑师。当利兰·金开始大胆启用现代主义建筑师的时候，外交建筑局已经拥有了丰富的外交房地产和地区办公室网络，最重要的是，有足够的资金支付设计和建设费用。1948年到1952年，利兰·金为外交建筑项目赢得了声望，外交建筑成为现代主义的展示台。

1948年，利兰·金雇用华盛顿建筑师查尔斯·古德曼设计雷克雅未克使馆。利兰·金说，冰岛使馆可能是他在国务院尝试的“第一个真正的现代建筑”，方案没有遭到任何批评或反对。然而，由于承包商相互串标以求抬高造价，外交建筑局拒绝和其中任何一家承包商继续合作，最终该项目并未实施。[31]古德曼设计的使馆由相互垂直的两部分组成，一侧较低，另一侧是五层的塔楼。塔楼顶层是玻璃房（作为官邸），一端稍微凹进，顶上是薄薄的混凝土平屋顶。与以往的使馆设计不同，这幢建筑是不对称的。除了一个孤零零的巨大雕塑以外，它唯一的装饰就是环绕屋顶平台的栏杆。尽管没有建成，古德曼的设计却在传统使馆与宏大的现代使馆间起到了承前启后的作用。

利兰·金有意绕开外交建筑局的建筑师，蔑称他们是“保守的内部佣人”。他雇用了雷普森和默伦，这两人在外交建筑局欧洲办公室的指导下完成了相当数量的项目。在与外交建筑局合作的数年中，两位美国建筑师在相当独立的状态下工作，重要的设计决定都由他们自己来做。外交建筑局地区办公室也确立了自己的项目优先顺序，享受着自主权，这对政府项目而言是非同寻常的。1949 年到 1953 年，私人建筑师完成的项目从 5 个增加到 21 个，加上另外 17 个项目的施工图，总共达到 38 个。[32]通过这些项目，现代建筑成为二战后美国外交形象崭新的、更好的代表。

虽然国务院高官反对非传统形式的建筑，但他们并没有在拉金掌管外交建筑局期间干涉利兰·金的工作。尽管利兰·金的同事质疑越来越多地使用私人建筑师的做法，但在拉金退休（1952 年 3 月）、利兰·金接掌外交建筑局之后的很长一段时间，都没有来自国务院以外的强烈反对声。[33]即使在 1952 年 11 月艾森豪威尔赢得选举、政府变动时，利兰·金仍然认为自己拥有对外交建筑局的“绝对权威”。他根据自己的喜好选择建筑师，给他们足够的预算和机会，以异乎寻常的自由度设计重要的外交建筑。

纽约的哈里森和阿伯拉莫维茨公司完成众所瞩目的联合国总部设计指导后，利兰·金聘请其设计了里约热内卢（1948 年）和哈瓦那（1950 年）使馆办公楼。利兰·金还选定 SOM 事务所的戈登·邦夏设计在德国的一系列项目（1952 年），当时邦夏设计的纽约利华大厦正受到人们的广泛赞誉。此外，利兰·金还与爱德华·斯东进行了新德里使馆设计合同谈判。尽管新德里使馆建筑创新的功劳给了利兰·金的继任者，但斯东拿到的合同却是 1953 年利兰·金在任时准备的，只差完成取得地皮的工作。[34]对外交建筑局来讲，最重要的是，拉金退休后到艾森豪威尔赢得大选前的这段时间，利兰·金获得了国会 9000 万美元的拨款——全部是国外信贷——这笔资金支撑了外交建筑项目将近十年。

注　释

1. 弗朗西斯·博尔顿：《国会记录》，82 届国会第 2 次会议，1952 年 3 月 31 日，第 3209 页。

2. 梅尔文·拉夫勒：《国家安全和美国外交政策》，收录于梅尔文·拉夫勒、大卫·培恩特的《冷战起源》，罗特雷洁出版社，1994 年版，第 20 页。

3. 汉斯·塔奇:《与世界交流，美国公共外交》，圣马丁出版社，1990 年版，第 5 页。

4. 众议院外交事务委员会国务院机构和外交项目小组委员会:《外交建筑法案修正案，1962 年》，87 届国会第 2 次会议，1962 年 2 月 6 日，第 82 页。

5. 众议院拨款委员会小组委员会:《1955 年国务院、司法部、商务部拨款》，1954 年 1 月 29 日，第 326 页。

6. 大卫·纽瑟姆:《外交和美国民主》，印第安纳大学出版社，1988 年版，第 125 页。

7. 里奥纳多·莫斯利:《杜勒斯：埃利诺·杜勒斯，艾伦·杜勒斯，约翰·福斯特·杜勒斯和他们的家族网》，戴尔出版社和詹姆士·维德公司，1978 年版，第 364 页。

8. PL584，80 届国会第 2 次会议, 1948 年，引自汉斯·塔奇:《与世界交流，美国公共外交》，第 17 页。

9. 同 6，第 180 页。

10.《美国国家安全目标和计划》，1950 年 4 月 14 日，引自约翰·普拉多斯:《钥匙管理者：从杜鲁门到布什时期的国家安全委员会史》，威廉·莫罗出版公司，1991 年版，第 39 页。

11. 恩里克·布鲁斯契尼:《玛格丽塔宫》，美国驻罗马大使馆，1996 年版。

12. 卡莱尔·赫姆尔森致拉金的私人信件，重印在“山姆大叔建造他的梦幻住宅”，《外交期刊》29 期，1952 年 8 月，第 24 页。

13. 约翰斯东与作者的访谈，1992 年 10 月 16 日。

14. 马丁和威廉·德库希:《外交建筑局的调查摘要》, 1946 年 11 月 5 日—12 月 20 日，于 1947 年 1 月 13 日提交给驻外事务处主任，第 3 页，国务院公共事务局历史文献办公室。

15. H. R. 1396，第 4 页。

16.《国务院公告 11 号》，1944 年 12 月 17 日，798—800 页；签发并生效于 1944 年 12 月 20 日的国务院 1301 号令，1944 年 1 月 15 日的 1218 号令，1944 年 5 月 6 日的 1273 号令。

17. H. R. 1396，第 5 页。

18. 同 12，第 22 页。

19. 参议院外交关系委员会:《提名保罗·麦克纳特为驻菲律宾大使》，《讨论国际航空公约》，《外交和领事业务》，《外交建筑法案》，H. R. 6627 听证会，79 届国会第 2 次会议，1946 年 6 月 19 日，第 9—11 页。

20. 同19，第14页。

21. 哈特与作者的访谈。哈特后来出任过驻沙特、科威特、也门和土耳其大使（1961—1968年）。另见帕克·哈特：《沙特和美国：安防伙伴的诞生》，印第安纳大学出版社，1998年版。

22. 众议院拨款委员会国务院、司法部、商业部拨款小组委员会：《国务院、司法部、商业部1954年拨款》，《外交建筑用款申请》，H. R. 4974听证会，83届国会第1次会议，1953年3月25日，第178页。吉达从公使馆升级为使馆，但现在的使馆在利雅得，吉达仍然是领馆。

23. 哈特与作者的访谈。

24. 《巴黎的美国大使官邸》，“朋友41”委员会，1985年版。“朋友41”是资助了许多大使官邸修复工程的私人集团。

25. 艾伦·雅各布斯与作者的访谈，1993年4月6日和1993年4月14日。另见雅各布斯的录音访谈，1983年5月16日，国家建筑博物馆档案。

26. 约翰·菲利浦斯议员：《国会记录》，82届国会第2次会议，1952年3月31日，第3207页。

27. 众议院拨款委员会国务院、司法部、法院及相关机构拨款小组委员会：《国务院、司法部、法院及相关机构1958年拨款》，《外交建筑用款申请》，H. R. 6871听证会，85届国会第1次会议，1957年2月25日，第906页。

28. 众议院外交事务委员会国务院机构及外交项目小组委员会:《外交建筑法案修正案，1959》，H. R. 9036听证会，86届国会第1次会议，1959年2月27日，第42页。

29. 约翰·伊利·博夏德：“建筑的窘境”，《建筑实录》117期，1955年5月，第193页。

30. 弗兰克·鲍，山姆·库恩，普林斯·普雷斯顿：《关于国务院外交建筑的报告》；众议院拨款小组委员会：《1955年拨款》，1954年1月29日，第1—9页。见尼尔森·肯沃西就布鲁塞尔项目对弗兰克·鲍议员所做的证词，第305页。

31. 利兰·金致作者的信，1993年1月16日。尽管古德曼的模型照片标注为1949年，但利兰·金说其实项目在此前一年多就开始了。

32. 《对使用私人建筑师的总结，1949—1953财年》，见利兰·金致作者的信，1992年1月7日。

33. 利兰·金致作者的信，1993年1月16日。

34. 利兰·金致爱德华·斯东的信，1953年7月17日，利兰·金的私人文件。

第三章

国务院的现代主义

国务院在里约热内卢和哈瓦那建起首批完全意义的现代使馆。与此同时，为满足欧洲使馆对办公和住房的急切需求，外交建筑局在欧洲主要国家的首都建立了办公室，为马德里、斯德哥尔摩、哥本哈根、奥斯陆和海牙准备现代化的使馆，拉金已经在这些地区购买了上好的地皮。1951 年夏末，美国先后与联邦德国和日本签订了和平条约，1952 年初，外交建筑局已经开始设计、建造驻德国领馆和新闻中心，并为驻日本的美国外交官和领事人员建造住房。东京使馆公寓是日本在二战后的首批主要建筑，象征着和平时期美国对这个前宿敌的一种姿态。这些外交建筑对造就外交官或促进外交事业所起的作用不得而知，但新建筑无疑吸引了人们的注意，并极大提升了美国的海外形象。

1948 年，外交建筑局聘请哈里森和阿伯拉莫维茨设计里约热内卢使馆。当时，华莱士·哈里森不仅是美国建筑师中有影响力的领军人物，还是唯一在华盛顿供职的外交事务文化顾问，同时他已在拉美地区完成了一些重要设计。哈里森因在洛克菲勒中心设计上的出色表现而声名鹊起，该项目成为 20 世纪 30 年代的标志建筑。哈里森还负责了 1939 年纽约世博会的尖角塔和圆球项目，其大胆的几何结构成为那届世博会的象征。

哈里森从未进过正规大学，但从年轻时就在建筑公司工作。1914 年，他开始在亨利·谢普利领导的波士顿建筑俱乐部学习。哈里森的游学经历始于纽约的 MMW 公司，然后到巴黎学习艺术美学，为日后进入高等美术学院做准备。[1]但他最终放弃了在美术学院全日制学习的打算，选择继续旅行。返回美国后，他为伯特伦·古德西和雷蒙德·胡德工作。洛克菲勒中心项目的成功，加上与洛克菲勒家族的联姻，使哈里森得到了大批项目，声名远播。

1945 年，哈里森和阿伯拉莫维茨建立了合作关系。阿伯拉莫维茨的设计生涯是从 1931 年在哈里森事务所当学徒开始的。1945 年，哈里森被任命为美洲国家事务办公室文化事务处主任，该办公室由罗斯福总统创办，尼尔森·洛克菲勒领导。早前，哈里森作为洛克菲勒的顾问，设计了卡拉卡斯的阿维拉酒店（1941 年），还负责了美国在巴拿马运河区域的潜艇和空军基地以及政府设施。像阿维拉酒店一样，这些项目因对材料的使用、对当地建筑传统的沿用，以及对热带气候问题的细致关注而闻名。

哈里森领导国际建筑师团队完成了沿纽约东河的联合国总部（1949—1952 年），该设计广受好评。哈里森和阿伯拉莫维茨完成了包括秘书处、大会议厅、会议楼在内的全部施工图。秘书处大厦于 1950 年交付使用，这是一幢扁长的 39 层矩形板楼，钢框架结构、铝材饰面，东西两面为绿色玻璃幕，狭长的南北两侧使用波特兰石灰石。大楼像镜子般反射着天际线、河流和不断变换的天空。会议楼于 1951 年完工，大会议厅于 1952 年完成。整洁的秘书处大厦耸立在大会议厅曲线形的屋面上，成为这个新成立不久的国际组织永恒的象征。

利兰·金是联合国项目的崇拜者之一。当拉金奔波在世界各地，为外交建筑局获取房地产时，利兰·金则在华盛顿负责聘用建筑师和监督设计工作。为了吸引人们关注外交建筑项目，他聘用了哈里森和阿伯拉莫维茨。利兰·金了解他们在拉美的项目，并想充分利用他们在那里的实践经验，认为可以放心地让他们完成里约使馆（外交建筑局二战后最大的项目）。利兰·金始终认为他有权为外交建筑局选择建筑师。当然，利兰·金的上级完全可以支持或否决外交建筑局的决策，但在 1953 年之前，没有外界压力可以左右利兰·金的决策。

当哈里森和阿伯拉莫维茨被外交建筑局聘用时，尼尔森·洛克菲勒时任负责美洲事务的助理国务卿，他的影响力是否对哈里森赢得项目有所帮助呢？考虑到他们两人之间的关系，有人可能会这样设想，或者觉得洛克菲勒多少帮了些忙。但事实上，洛克菲勒的行政职权并不能凌驾于外交建筑局之上，而且利兰·金也坚持这是他自己的选择。

里约热内卢使馆是一座12层的塔楼，顶层是带有凉廊的高级住房（图20）。建成时，它是国务院建造的使馆中最高的，也是最引人注目的。对巴西现代建筑知之甚少或者一无所知的批评家们把里约使馆同纽约的麦迪逊大道联系在一起，认为它的风格根本不像美国使馆。除了首层与塔楼相连的变形虫外观的图书馆以外，整座建筑都显得棱角分明，即便是非承重的底层支柱也是按空间序列紧密排列的，加强了建筑的简洁性。平屋顶上巨大的圆形开口，让人感觉屋顶悬浮于建筑之上，看起来更像是幕帐，而非传统意义上的屋顶。

尽管里约使馆既非欧洲战场，也非远东战场，外交建筑局还是以国外信贷方式支付它的建设费用，六种外币承担了费用总额的95%，其余5%使用美元。建筑外墙材料就是以国外信贷方式在意大利购买的。[2]

外交建筑局出人意料地指定塔楼中的三层用作住房。就在工程即将完工的1952年，方案变更，三层中的一层被用来扩建办公室，另两层则建成每层八户的小套公寓。虽然此前外交建筑局已经在那不勒斯领馆顶层建了官邸，但里约使馆才真正是第一次将住房和办公空间合二为一的尝试。这些公寓供海军陆战队员使用，可以降低分散居住造成的高成本，同时，士兵的存在也增加了对使馆的保护。

就在完工之前，一场火灾损坏了办公楼。火灾是由粗心的工人造成，分包商通用电气公司承担了损失的责任。国会对火灾起因及损失进行了质询，并要求外交建筑局副局长爱德华·凯瑞甘解释建筑的防火设计。但凯瑞甘没有告诉国会专门小组委员会，尽管火灾的确是由电焊条引起的，但大火顺着管道井蔓延至建筑顶部的原因却是由于缺少防火设施，而里约当地建筑和美国建筑中对防火设施都是有要求的。很久之后，曾任外交建筑局顾问和代理局长的尼尔森·肯沃西回忆说，建筑师以为他们可以免于巴西建筑检查员的检查，“他们对检查员嗤之以鼻，这是非常愚蠢的”。“建筑师事务所充斥着一些不辨是非的人。”他指出，接受检查是为了防止愚蠢和危险的设计，外交建筑应该遵守当地规范，如果纯粹因为技术上的冲突，必要的话，可以通过国务院来回避这些规范；但只要合乎情理，建筑师就应该遵守或是自觉遵守那些规范。他说，“一流的建筑师事务所不必接受检查，它们也没有受到检查”。[3] 修复大楼花费了 15 万美元，人们用了数月的时间来更换塔楼内部损坏的电梯。

外交建筑是否必须满足美国安全标准，以及是否应尽力符合当地安全标准的问题一直悬而未决，在德国项目上又再次出现了同样的问题。在美国，钢梁必须用防火材料覆盖，而在德国，建筑师被允许使用暴露的结构钢梁。虽然这在设计探索上为建筑师提供了新的可能性，但同时也给建筑本身及其使用者增添了危险因素。

里约使馆不加装饰的简约设计不失为现代的，但它与当时巴西激进的现代建筑风格相去甚远。现代建筑运动起源于欧洲，在 20 世纪 30 年代席卷巴西，柯布西耶的影响在卢西奥·科斯塔、奥斯卡·尼迈耶、阿方索·雷迪、卡洛斯·莱奥和其他现代主义建筑师的作品中都有强烈体现。[4] 科斯塔和尼迈耶等人设计的里约教育和卫生部建于 1937 年，其南立面为玻璃，向阳的北面覆盖着活动百叶构成的遮阳板，首次大胆地将气候与场地因素融入建筑设计。科斯塔和尼迈耶还设计了 1939 年纽约世博会的巴西馆，展现了巴西现代主义建筑的主要设计精髓，包括精巧的曲线形立面、开敞的首层、柱子架空的二层和通向二层的宽大坡道，以及可遮阳的蜂窝状百叶窗。

巴西建筑的独树一帜在于它的轻盈（使用灰泥、玻璃、瓷砖来取得轻巧的效果）、遮蔽的墙体（用不同类型的屏障来避免阳光的照射）、庇荫的开敞空间（由架空结构营造）、色彩的运用、混凝土的使用（这比钢材更便宜且更丰富），以及整体的可塑性。[5] 有趣的是，巴西建筑的许多特质成为美国在热带，甚至非热带地区，使馆建筑的典型特征因为光照问题始终存在——尤其对那些使用了玻璃幕墙的建筑。同样的，首层架空也成为了一种时尚。这类建筑源于柯布西耶，经过各种使用功能的验证，它们是合理有效的，但建筑品位是它们广泛流行的最好解释。

哈里森和阿伯拉莫维茨在设计里约使馆的同时，还设计了古巴使馆。这是一座八层的办公楼，位于时尚公寓林立的卡尔扎达街和马雷肯海滨大道之间（图21、图22），可眺望墨西哥湾。哈瓦那使馆有五个特点：优越的位置（一个使古美双方都满意的积极外交姿态）；一项经济且必要的、能从多国进口材料的财政协议；被许多现代建筑师所推崇的、不寻常的结构体系；通过对气候、场地、材料的关注使建筑与环境相协调；知名景观设计师托马斯·丘奇和知名家具制造商诺尔参与整体设计。尽管建筑刊物普遍赞扬这个设计，但建筑和家具在使用上的彻底失败却成为其第六个特点。

1916年，美国在哈瓦那购买了一座大使官邸，其周围环境和与海边的合适距离令人羡慕。但后来，由于“机械工、生意人、铁路工人”在附近租用小公寓，以及啤酒厂和屠宰场的建立，该区域败落了。[6] 1928年，大使决定放弃官邸和分散租用的办公地、领事部以及使馆其他部门。建有宽阔道路的临海时尚住宅区为使馆提供了新的选择。1938年，拉金敦促购买两处新地皮：一处“在商业中心区适当位置，建设合适类型的”办公楼；一处“在条件更好的新居住区建设新使馆”。[7] 他计划花费约70万美元购置地皮。法律的限制使拉金不能卖掉不再需要的房产，但在1945年《外交建筑法案》获得修正后，他得以出售旧房产，并将收益用于购置新地皮。1952年，他以出售旧官邸所得的11万美元购买了临近海边、条件优越的新地皮，当时古巴政府为吸引居民和商业，正在周边斥资建造公园和娱乐设施。

哈里森和阿伯拉莫维茨在方案中突出了使馆的功能划分，将需要对公众开放的领事办公室放在了临卡尔扎达街的一层建筑中。这个低矮的建筑围绕着办公塔楼的西面，除领事办公室外，还有签证和公共信息服务部门。偏东的建筑朝向是出于冬季风向的考虑。塔楼包括外交和其他有安全要求的办公室，主体八层，顶层是高级套房，顶层北侧是可眺望海湾的会议室，南侧是空调和其他机械设备。大使办公室设在五层，北立面上有一显眼的阳台。当然，后来人们认为在建筑上突出大使办公位置是不明智的，但当时并没有这样的考虑。为了抵挡风暴和海潮，整个建筑建在高于海平面三至五英尺的平台上。使馆主入口朝东，前面有一个宽阔的广场，广场及另外两个内庭院由景观建筑师丘奇设计。

关于该建筑最早的报道称，这座“耀眼的石灰华和玻璃的塔楼”是“哈瓦那海湾前的新地标”。《进步建筑》的文章说明了建筑将如何实现“彻底的空调控制”。它乐观地写道，在冬季，“建筑将无需使用空调，而是靠海风降温，东西立面的隔热玻璃也可以阻挡光照”。但这些都只是设想。时任外交建筑局代理局长的肯沃西后来回忆道，海风和内部的百叶帘都无法控制灾难性的气候，空调系统根本无法正常工作。哈瓦那使馆“一片混乱”，肯沃西说，“在炎热的气候条件下，像这样的玻璃建筑根本就不合适”。[8]

在1951年对哈瓦那使馆的展望中，《进步建筑》正确地注意到“散热片、百叶帘、悬挑或其他遮阳设施都没有被正确考虑”。建筑启用后，很明显地证明建筑师错算了热荷载，开利公司的专家被请来对空调系统进行必要的改进。尽管如此，建筑杂志仍然把新使馆当作成功设计的典范。《建筑论坛》在提到铝制的软百叶帘时，只说它能“减少眩光和增加立面效果”。《进步建筑》称赞石灰华的格栅为首层提供了遮阳，“特殊设计的宽条铝百叶既不影响遮阳效果，又提高了外部的可视度”。[9]然而，它并没有解释“外部可视度”，究竟是指建筑内部看外面的效果（人们向外张望时所看到的），还是指建筑外面的人看建筑的效果呢（街上的人看建筑）？在关于新使馆的评论中，没有提到其使用上的问题，比如，当紧闭百叶帘遮挡阳光时，如何实现空气对流；或者怎样对付百叶帘被风吹起不停敲打窗框的问题。

尽管建筑师声称建筑的朝向能够获得主导风向，尽管他们也明白空调系统只能季节性地工作，但他们还是过分依赖隔热玻璃，而且以为必要的话，外交建筑局可以接受空调系统整年运转的费用。具有讽刺意味的是，空调系统后来成为外交建筑安全考虑的首要因素之一。敞开的窗户会成为入侵者的通道，使物品轻而易举地被搬进搬出，而封闭的窗户就会减少这种威胁。在早期的外交建筑中，中央空调还很少使用。适合布鲁塞尔或雷克雅未克的方案未必适合哈瓦那。这毕竟是美国在热带地区第一个重要的使馆建筑，美国建筑师还有很多地方有待学习，诸如热、光、机械系统，如何在内部舒适性和建筑外观间做出平衡，如何解决光照和对称之间的矛盾。

外交建筑局通过对国外信贷的三角转换得以在古巴使用了价值 50.2 万美元的外币。钢材来自比利时，水泥来自法国，电梯、挤压塑料制成的活隔断和其他特殊设备来自英国，家具在巴黎定做。混凝土框架外包的华贵的象牙色石灰华从意大利进口，并用意大利货币支付；外交建筑局仅需用美元支付石材从意大利到古巴的运费。类似的安排使得 30% 的建设资金来自国外信贷，70% 用美元支付。[10]该项目使用的其他材料包括类似联合国大楼的绿色隔热玻璃和灰粉色珊瑚石薄板。珊瑚石、木材、水磨石和其他普通建材是在当地采购的，机械设备和铝材则来自美国。

古巴使馆的结构体系和室内空间设计受到了关注。阿伯拉莫维茨设计出了一种 12 英寸厚的楼板结构体系，跨度达 40 英尺，创造了无柱的室内空间。尽管并没有必要创造无障碍的室内空间，但这个结构还是足以让设计者欢欣鼓舞，并在建筑界广泛报道。诺尔家具同样也得到建筑刊物的广泛赞誉。[11]

诺尔与外交建筑局的合作始于雅各布斯的布鲁塞尔使馆项目，两人可能还有其他业务往来。由于诺尔的业务无处不在，肯沃西甚至怀疑他“与中央情报局关系密切”。[12]诺尔结交甚广，他的朋友中有人参与情报工作也在情理之中。外交建筑局购买诺尔家具是因为建筑师们对其情有独钟，也因为这些家具在国外制造，可以用国外信贷支付。这种选择对任何人都是有好处的，除了美国家具公司。诺尔在哈瓦那使馆以密斯设计的著名的巴塞罗那椅来布置休息区，其他家具包括矮长的海绵垫沙发、长椅和玻璃面桌子。办公区域使用了与建筑本身风格趋近的现代家具。

肯沃西说，“人们认为家具极不合适”，有些椅子坐上人之后，就塌掉了。肯沃西说，“那时，国务院的资深官员是相当保守的，他们喜欢传统的东西，当然不喜欢诺尔家具！”肯沃西还批评了建筑师在拿到政府佣金（包括室内装饰的费用）后，找来像诺尔这样的人，无需任何竞争就把工作交给他们。他反对这种“已经进行了多年的交易”，认为这完全是“欺骗性的”。[13]布鲁塞尔使馆的诺尔家具也遭到了国会的批评。1953 年，议员们在参观布鲁塞尔使馆办公楼时，赞同大多数办公室里使用的“传统”家具，反对大使房间的诺尔家具，说这些新家具“不实用，品味很差”。他们进一步写道：

> 写字台没有抽屉，没有前挡板，配套的椅子极不舒服。大使办公室里的现代家具缺乏本应具备的庄重感。[14]

驻比利时大使拒绝使用这些现代家具，在其要求下，诺尔家具被更传统的家具替换掉了。哈瓦那使馆的现代家具是整体设计的一部分，该项目的建筑师是幸运的，那些家具并未遭到大使的公开批评，国会调查员也把时间花在检查欧洲的新项目，而非古巴。于是，哈瓦那使馆的诺尔家具得以保留。

或许是哈里森忙于联合国大楼项目，他给予里约或哈瓦那使馆项目的时间和想法十分有限，但他的名字还是与这两个使馆联系在了一起，继而又与联合国大楼联系在了一起。20 世纪 40 年代末，联合国想要向世人传达一种包容和乐观的信息，其设计团队试图表达一个被战争破坏和撕裂的世界仍能在未来实现团结强大的共同心声。纯粹的几何造型、对现代材料（玻璃、钢材、铝材等）的运用，以及对坐落地点、历史意蕴、气候条件等因素的坚决排斥，使得联合国大楼最终成为现代主义的经典诠释——由此被贴上了“国际风格”的标签。它是一个世界各地人民集会的场所，一个能够并愿意对世界各地人民敞开胸怀的场所，一个宣扬世界平等的场所。有人把它网格状、机械呆板的重复立面看成是对官僚机构的迎合；有人则把它看作是技术上的胜利，一种二战后大型公共建筑普遍适用的方案。尽管联合国大楼在现代主义建筑师中广受赞誉，但使馆建筑与联合国大楼间的联系却在日后损害了外交建筑局。

利昂·斯泰宁设计的安特卫普领馆，雷蒙德和雷铎设计的东京使馆公寓都是二战后最具创新精神的外交建筑。像马德里使馆这样的大型办公楼，则继续吸引着到访欧洲的国会议员，以及熟悉欧洲首都的人们。

在外交建筑的历史中，安特卫普领馆非常出众，因为它是二战后首批彻底的现代建筑，并且还是由比利时建筑师设计的。这座带有玻璃门厅的四层建筑被巧妙地安置在一块两面临街的地皮中。雅各布斯聘请斯泰宁来设计。安特卫普领馆建于 1950 年至 1951 年间，几乎与里约使馆同期，早于马德里、斯德哥尔摩和哥本哈根使馆。

限制外交建筑局聘用当地建筑师的规定是在 1954 年（即国会开始批评外交建筑局的项目运作之后）才出现的。雇用当地建筑师的做法使外交建筑局受益。当地建筑师了解场地情况，清楚建筑法规和其他限制，认识政府部门的权威，熟悉建造商的实力，能够帮助外交建筑局获得当地的批准。而且，他们的报酬可以用外币支付，这点尤具吸引力。但具有讽刺意味的是，当外交建筑局为迎合国会需求，同意聘用鲁尼议员提议的“高级”美国建筑师时，却发现这些建筑师中的许多人都出生在国外，包括沃尔特·格罗庇乌斯、马塞尔·布劳耶、理查德·诺伊特拉和约瑟夫·路易斯·塞尔特。[15]

安特卫普领馆坐落在名不见经传的比利时小城，如果不是由于它的现代材料和现代外观，这个小建筑将毫不起眼。1953 年，《建筑论坛》称赞其“洁净又感性”的外观。众议院拨款委员会的许多成员在同年视察了该项目，对这个设计表示反对。他们对“所谓的国际式建筑”存有疑问，特别批评该设计“与邻近建筑不协调”。[16]

马德里使馆的外交和领事办公分散，这在当时被认为是十分严峻的安全问题。[17]利兰·金要求雅各布斯把注意力转到马德里项目上来。马德里使馆延续了哈瓦那使馆的设计理念。雅各布斯雇佣加里奎斯和米德赫斯特作为顾问建筑师，他则在巴黎监督该项目。马德里使馆设计建造于 1952 年至 1954 年，几乎全是靠国外信贷完成的。该建筑的平面、结构、规模，以及惊人的崭新外观都不同寻常(图 23)。

马德里使馆原有官邸和办公楼都是租用的，需要更新，外交建筑局决定采用将办公和官邸相结合的方案。马德里使馆没有像那不勒斯领馆那样把官邸放在办公楼的顶层，建筑师决定将居住和办公彻底分开，官邸部分连接在八层高的办公塔楼后部，围绕内庭院的单层裙房连接办公塔楼的另一端。裙房部分在主路上设有单独入口，与官邸彻底分开，里面是签证和公共信息办公室。

副国务卿帮办卡莱尔・赫姆尔森向参议院外交关系委员会介绍，马德里使馆办公楼临着一条主干道，大使官邸临着另一条，这两部分以一种独一无二的方式相连，创造出了设施共享的两个独立结构。“我们没有为大使官邸设置专用的宴会厅”，赫姆尔森说道，“大厅既可以在需要时作为宴会厅，也可以当作其他用途。我们把两个建筑紧靠在一起，满足了功能需求”。[18]

尽管原来租用的官邸陈旧破败，但大使对搬进崭新的现代化官邸兴趣索然。当赫姆尔森在 1952 年表达上述观点时，马德里新使馆仍被看做是两个截然分开的建筑。由于大使执意坚持，外交建筑局决定把官邸改作美国新闻处。依靠德国的战争赔款，新闻处项目在一些使馆已经开始实施。后一任大使安东尼・比德尔决定将新闻处改回官邸，但他在搬进官邸之前就辞世了。继任者，也是他的侄子，安吉尔・比德尔搬进了新官邸。他非常喜欢两个建筑紧紧相连的设计，称赞其为优秀的使馆。[19]

雅各布斯说，马德里使馆是以哈瓦那使馆的无柱大跨空间为基础设计的。他说，“利兰・金非常迷恋这种无柱的结构形式。”[20]但雅各布斯也承认，没必要创造这种和空间毫无关系的、高大而狭长的矩形结构体系。包括国会议员和外交官在内的其他人也同意这种观点。约翰・乔瓦大使形容马德里使馆给人以“哗众取宠”的印象，评论界也把在马德里建造现代建筑称为犯罪。[21]

对使用功能的重新规划以及将官邸转化为新闻处导致的开销剧增，使马德里使馆在1954年众议院拨款委员会的听证会上遭到了质疑，委员会下设的小组委员会对该建筑也持反对意见。为调查外交建筑局的项目，小组委员会三位成员——弗兰克·鲍、山姆·库恩、普林斯·普雷斯顿，在1953年秋天视察了驻外机构，他们提交的报告在两年后将浪费的罪责推到了国务院身上，证明国会人员此行的成果与花销相比，是为纳税人节省了更多金钱。针对建设中的马德里使馆，报告称："所谓的国际风格又一次在这里被使用。西班牙人对这类建筑相当不满。"[22]

里约已经有了现代化公共建筑，哈瓦那也有许多新建旅馆和公寓，但马德里人对混凝土大楼仍不习惯。马德里使馆与纽约的新办公楼相比，毫不起眼，但在马德里，它确实算得上是一幢大楼了。它没有建在拥有宫殿和广场的老城中心，而是靠着空旷的、绿树成荫的卡斯提亚大道——一条随城市扩张而形成的放射状道路。使馆建成时，像是一个彻底的现代主义标志，但它的设计者知道，很快就会有许多可与之媲美的建筑在周围出现，而事实也正是如此。今天，在高大围墙的环绕下，马德里使馆看上去还是惊人的现代。但是现在的卡斯提亚大道林立着玻璃大厦和各种新奇建筑，相形之下，美国使馆显得庄重，甚至有些呆板。

1951年，雷夫·雷普森接到朋友汉斯·诺尔的电话，让他到华盛顿去见拉金和利兰·金，雷普森那时还在麻省理工学院任教。诺尔当时正在华盛顿向外交建筑局兜售家具，当他得知外交建筑局即将在斯堪的那维亚国家建设一些使馆的消息后，便通报给了雷普森。雷普森马上带着作品集来到外交建筑局。雷普森刚刚与人合作完成了360个单元的东门公寓（1949年，马萨诸塞州剑桥市纪念路100号），其设计巧妙的错层电梯系统减少了走廊面积，为各个单元提供了空气对流；每户起居室都有玻璃幕墙，可欣赏查尔斯河景。建筑师们认为东门公寓是二战以来最出色的美国建筑之一。[23]

利兰·金询问雷普森，是否可以承担斯德哥尔摩、哥本哈根、奥斯陆和海牙使馆的设计任务，雷普森回答可以。两人同意由雷普森到欧洲同当地建筑师建立联系，因为当地建筑师更了解场地情况、材料、地块区划等，外交建筑局将直接支付雷普森报酬。这是一个极具吸引力的安排。雷普森打电话给他在芝加哥的前合作伙伴约翰·凡·德·默伦，请他尽快赶来，然后便先行前往荷兰。雷普森在海牙使馆设立了自己的办公室，即刻开始工作。当时并没有项目任务书，没有确定预算，没有范例提供给设计人，也没有设计指导。

雷普森在与外交建筑局短暂但重要的合作过程中，引入了深厚的现代设计理论背景。雷普森生于1914年，1938年毕业于密歇根大学，然后到克兰布鲁克学院跟随埃利尔·沙里宁学习了两年城市规划。在克兰布鲁克学院，他同埃罗·沙里宁、查尔斯·埃姆斯、本·鲍德温、哈里·维斯等人合作过，他渐渐开始崇尚勒·柯布西耶、密斯·凡·德·罗和阿尔瓦·阿尔托等人功能严谨的作品。1942年，他成为了新包豪斯（后来的芝加哥设计学院，其负责人是在德国包豪斯创建了初步课程的拉斯洛·莫霍利·纳吉）建筑工作室负责人。雷普森1946年到麻省理工学院教书时，已经对新建筑技术和现代主义美学非常精通了，而且，他还具有非凡的绘图技能。默伦是雷普森在密歇根大学的同学，在密歇根短暂工作后，默伦到美军服务，战后同雷普森合作，并在芝加哥设计学院教书。尽管默伦的妻子已经临产，但他们夫妇还是收拾行装赶赴海牙。两位建筑师一起工作，雷普森任设计师和团队发言人。

雷普森和默伦着手进行海牙使馆办公楼设计，这是他们为外交建筑局所做的一系列使馆中的第一个。受到当地设计要求的限制，斯德哥尔摩和哥本哈根使馆的规模比里约、哈瓦那或马德里使馆要小得多。如果没有限制，这两个使馆也会被建成塔楼。雷普森和默伦设计的这批使馆中最高的是斯德哥尔摩使馆——四层楼，它是从最初设想的六层或七层楼的基础上降下来的。这些使馆的方案都采用了柱子架空的手法，建筑好像漂浮起来一样，单层的裙房从侧面插入主楼下部，创造出一种视觉上的混淆，这正是柯布西耶所专注的空间关系，也是当时许多现代主义建筑师试图展示的手法。雷普森和默伦两人比哈里森和阿伯拉莫维茨更依赖用玻璃来封闭空间，这可能是对北纬地区设计问题一种新奇的回应。那里冬季漫长，阳光非常稀少和珍贵。但大玻璃却增加了室内湿度和热量损耗，让办公室里的人看到无处不在的黑暗，而当建筑内部有照明时，从外面看上去像是个鱼缸。

雷普森并不熟悉外交建筑局以前的项目，也不在意这类项目固有的象征性联系。他和默伦只是在为资金充足但不知如何花销的客户提供功能化的办公楼。雷普森不记得见过里约使馆的照片，外交建筑局也没有让他或其他建筑师了解以前或正在进行的外交建筑项目。两位建筑师全靠自己开发项目，他们咨询使馆人员，与当地政府协商有关城市设计问题。“从理论上讲，我们应该把设计文件报送到华盛顿”，雷普森写道，“但这样太慢，当信息反馈回来的时候，我们早已进入到下一步了”。

雷普森设计的海牙使馆是一座三层楼的落地玻璃窗建筑，底层是内凹的门厅，周边由柱子架空（图 24）。方案最引人之处是其开敞性，外交建筑局当时对这样的设计还没有条文规定。事实上，整个设计缺乏私密性。当时的建筑师普遍认为室内外空间应该自由流动，而实墙则是代表已被现代主义所摒弃的过去。方案同样引人的是其将洁净、现代的建筑同朗格大街小巧精致的 18 世纪建筑并置在一起。“我认为把过分现代的建筑放在这个传统场所是错误的”，雷普森后来写道，“我试图解决这个立面，把它处理成透明的、几乎不存在的建筑，不去影响周围的传统建筑立面”。

由于急需解决斯德哥尔摩和哥本哈根使馆，海牙使馆便被放置一边。雷普森和默伦搬到了斯德哥尔摩建筑师安德斯·坦鲍姆的工作室。坦鲍姆会讲英文，并且有丰富的工作经验。雷普森和默伦又请来多名丹麦建筑师协助设计哥本哈根使馆。雷普森负责设计方案，默伦处理窗、门、栏杆及结构问题，当地建筑师将方案深化为可供招标用的施工图。

外交建筑局购买的用于建设斯德哥尔摩使馆的地皮位于一处小山上，这处花园般的场地靠近市中心，是为外交机构预留的。尽管雷普森认为使馆是“主权性的场所”，可以“为所欲为地设计”，但他发现建筑师和城市规划师斯文·马克利乌斯牢牢控制着斯德哥尔摩的城市设计，当地设计都要强制接受审查，使馆也不例外。马克利乌斯曾因参与联合国大楼的设计而在美国建筑师中名声斐然，他以“类似上帝”的姿态出现在雷普森面前。“斯德哥尔摩的大小建筑都要经过他审批”，雷普森说，建筑在建造之前，都要将房间大小的模型送到马克利乌斯的办公室供他研究。[24]

雷普森和默伦为斯德哥尔摩使馆做了一系列方案（图25、图26），方案的多变性表明他们对使馆外观没有预定的想法，对使馆内部功能组织也没有特别的概念。他们的设计灵感可能来自柯布西耶设计的斯坦因别墅（1926—1927年），或是贝鲁斯基设计的公正大楼（1948年）。斯德哥尔摩使馆最早的方案是一个五层楼的方形建筑，跨在两个不对称的单层裙房上，一个裙房的屋顶上是一组筒形拱顶，另一个裙房的屋顶上是一排圆形天窗。就像20世纪50年代早期流行的其他建筑手法一样，筒形拱顶之所以吸引建筑师，是因为它为建筑增加了一种不确定的奇异气氛，也因为新的混凝土技术使不同形式的屋顶造型成为可能。修改后的方案将建筑主体提高了一层，并增加了拱顶凉廊、玻璃幕墙和阳台，方案演变成了一个更严谨的矩形塔楼，. 至少在一个立面上全部使用了玻璃。在其他一些未注明日期的早期方案中，建筑师还探索了另外一些方案的可能性，包括一个使人联想起巴黎和无数度假旅馆的弧形塔楼。

雷普森后来写道，“你要知道，使馆项目都没有任务书，我们的设计也没受到什么限制”。尽管没有来自外交建筑局或其海牙办公室的指导，雷普森却要受“固执的瑞典人”马克利乌斯的指导，后者坚持要雷普森做出修改，首先就是修改建筑的高度。马克利乌斯想保留使馆旁边戈登园区的居住特征，不想让使馆占据周围环境的支配地位。因为使馆地皮位于该区域的最高点，雷普森不得不把主体降至三层，并将首层扩展。雷普森抱怨道，“这毕竟是美国使馆，哪怕犯错误，我们也要按自己的方式来建”。[25]可见，他也许被某些修改意见激怒了。但方案还是进展得很快，数月内使馆就开工了（图27、图28）。

斯德哥尔摩使馆的设计反映了对体量、均衡，以及功能需求的美学关注。领事和公共信息服务办公室位于单层的裙房部分，裙房环绕出两个庭院，并通过共享门厅与上部建筑相连。签证、教育和经济部门、行政办公室、小展厅和观众厅、自助餐厅也在一层。穿过宽敞的接待和公共集会大厅，即可到达能容纳80人的观众厅（这里可以放映电影、举行演讲），若将它和自助餐厅结合起来，共可容纳160人。后来，这种设计被证明极为实用。通过落地的玻璃幕墙可以看到门厅后的花园，门厅里布置着密斯的巴塞罗那椅子、长椅、桌子等极具代表性的诺尔家具。玻璃幕墙还可以让人们看到建筑内部从首层通到上部办公区的主楼梯（图29、图30）。在使馆建造期间，楼梯曾一度造成危机。大使要求将楼梯改为传统形式，外交建筑局中止了施工，甚至连国务卿杜勒斯都介入了这场争执，项目最终按原设计进行。

政治、军事、联络部门、大使办公室，都放在了上部办公区。建筑师解释说，将上部主体与底层从空间上分离开来"展示了等级观念"，并且缓解了对安全的某些顾虑。公共空间与"使馆其余部分隔离"，但开敞的楼梯和电梯在当时都没有设防，这也就意味着隔离更多是概念上而非实际上的。[26]在恐怖袭击成为威胁之前，火灾、偷盗和间谍是主要的安全考虑因素。当时，在安全设计上没有必要慎之又慎，新概念和新技术才是设计需要考虑的因素。

斯德哥尔摩使馆是钢筋混凝土框架，圆柱在外墙内侧，支撑结构主梁。建筑外围的实体墙面都贴有花岗岩薄片，其他部分全是玻璃和铝材。供热和通风系统最大限度地满足内部空间的灵活需要，并将过滤的热风送到每间办公室。使馆坐落在山脊上，如果开车，有一条车道可以通到入口庭院；如果步行，从山下小路和公交车站可以拾级而上。建筑北翼可以向东延伸，以满足扩建需要。

哥本哈根使馆与斯德哥尔摩不同，它的地皮小得多而且更加局促。使馆不得不建在繁华街区，紧邻庞大的美国官邸，周围都是传统建筑。《建筑评论》说：

> 城市规划要求一个传统的建筑，同相邻的加拿大使馆和远处的军事学院相协调，但在满足了保持原有檐口高度，并将建筑主体后退23英尺的条件下，一个现代设计方案得以批准。[27]

雷普森和默伦原本希望多建两层或更多，但未获批准。雷普森说，由于严格的限制，他“几乎是把建筑硬塞到地皮中的”。早期的设计方案是一座七层楼的建筑，顶层有屋顶花园和高级套房。但建成时，只有三层（图31—图33）。

建筑师在哥本哈根使馆也创造了主体建筑“漂浮”于裙房之上的视觉幻境。建筑的公共部分在首层，观众厅和图书馆可由花园的单独入口到达。首层所有的办公室，包括领事和签证办公室、新闻、信息办公室，都可由主门厅到达，主门厅还可通往上面的大使办公室、政治、军事和其他官员办公室。同斯德哥尔摩使馆一样，哥本哈根使馆也是钢筋混凝土框架，门厅有开放式楼梯和在美国设计、丹麦制造的现代家具。除北立面以外，所有中空窗都配有铝制软百叶帘。建筑师在设计中考虑了足够的结构强度，以满足扩建需要。由于增加了援外事务管理办公室，并且其机构规模、存在时间都远远超过预期，所以哥本哈根使馆从一开始就面积吃紧。地皮的局限使它缺少斯德哥尔摩使馆那样宽敞的接待设施，要在如此小的空间内协调这么多的功能，同时又要做到不让场地显得过度压抑，建筑师解决问题的手法令人钦佩。

人们对这些使馆褒贬不一。外交建筑局海牙办公室的爱德兹·凡·德·格莱史特负责了斯德哥尔摩和哥本哈根使馆。他在1954年写给利兰·金的信中说，马克利乌斯仔细研究过斯德哥尔摩使馆，称它是“斯德哥尔摩最好的办公楼”——这个评价无疑会让雷普森高兴。格莱史特写道，当350名瑞典艺术家和建筑师参观这座建筑时，“很多人像是第一次亲眼目睹建筑界的玛丽莲·梦露……他们着实被打动了”。那些被使馆规模和现代性搞得心神不安的人也承认，“使馆的发展趋势就是这个方向，显然不能再回到30年代私人豪宅的形式上去了”。尽管工作人员最初很反感斯德哥尔摩新使馆，但他们后来也都喜欢上了这个令人感到愉悦、舒适，并且运转有效的工作场所。格莱史特自豪地写道，“最主要的一点在于，它具备了使馆的功能”。[28]不仅瑞典人和使馆工作人员赞美它，前来参观的美国、英国、新西兰和芬兰建筑师们也都追捧它。1953 年，《建筑论坛》评价斯德哥尔摩使馆是“外交建筑局新建使馆中最棒的”；1955 年，美国建筑师协会也授予它最高荣誉奖。[29]

《纽约时报》用模棱两可的标题介绍了哥本哈根使馆：“现代主义的美国驻丹麦使馆引起轰动”；“丹麦公众有些吃惊……他们质疑轻巧的玻璃建筑能否抵挡丹麦潮湿阴冷的冬天”。但《纽约时报》的文章也继续补充道，“所有在哥本哈根的现代主义者都为这个耗资 100 万美元的建筑感到欢欣鼓舞”。[30]1955 年，丹麦政府授予哥本哈根使馆优秀设计勋章。

在写给利兰·金的信中，格莱史特引用了不同媒体的评价：有的形容使馆“枯燥乏味”；有的把它比作“好莱坞巨头的豪宅”；有的批评它“使人忧郁伤感的殡仪馆般的室内设计”；有的称赞其“优雅严谨的室内设计”；有的说它是“哥本哈根最漂亮、最具功能性的建筑之一”。格莱史特写道，“罗伯特·科大使并不是一个激进的人，但连他都对新使馆产生了浓厚兴趣，并开始真正喜欢它”。格莱史特总结道，“毫无疑问，斯德哥尔摩和哥本哈根使馆都是成功的”。他继续写道：

> 这两个使馆被看做是这个时代的“最新形式”。就在昨晚，英国公共事务官员告诉我，对他而言，斯德哥尔摩使馆“无疑是北欧最好的现代建筑”。不论怎样，它们被看做是“典型的美国建筑”。我们能将这些建筑传承发展到什么程度还有待观察。[31]

雅各布斯邀请雷普森和默伦到巴黎参加那里的美国建筑团队。他们在使馆里建了一间办公室，并开始着手法国新使馆的设计工作。这是一个供 3 000 人使用的大型办公建筑。实施这个方案需要拆除整个街区，包括城市中心的历史性地标。雷普森和默伦最初设计的是一些不同形式的玻璃和钢结构的高层板楼（图 34）。其中一个方案是 11 层的双塔，源自柯布西耶的“光辉城市”。雷普森在巴黎时和柯布西耶成为了好朋友，一起参观了柯布西耶的作品。也就是在那时，雷普森真正诚服于柯布西耶的设计理念。

柯布西耶对雷普森和默伦的影响还体现在 1952 年他们设计的巴黎使馆公寓楼上。随着在巴黎的美国外交官数量的增加，住房需求愈发迫切。这不仅因为巴黎使馆的作用越来越重要，还因为巴黎也是各种重建机构和防御同盟的总部，例如北约。外交建筑局在巴黎郊外选择了两处地皮，建筑师设计了包含两居室、三居室和单间的公寓楼。为了节约，公寓楼的方案和材料都是完全一样的，而且材料大量取自当地。公寓楼每层有四套住房，每套都有阳台，两面开窗，以便通风。楼内没有地下室，单间公寓和设备用房、门厅设在首层。电梯和楼梯都在建筑中央，周边开敞，可以提供更灵活、更开阔的户型。雷普森写道，该设计努力“打破美国外交公寓雷同的设计手法”。[32]虽然不清楚他是如何提出这个目标的，但 1954 年建成时，这些小型公寓非常舒适，并且广受欢迎。雷普森和默伦于 1952 年在勒阿弗尔设计的美国领馆和外交官公寓也是类似的一组建筑群。

尽管雷普森和默伦为外交建筑局做了大量方案，但许多设计却未能实施。奥斯陆（图 35）、雅典和海牙使馆在 1952 年总统选举后戛然而止。最终，这三个备受关注的使馆交给了三位更知名的建筑师——奥斯陆使馆交给了埃利尔·沙里宁（1955 年），雅典使馆交给了格罗庇乌斯（1956 年），海牙使馆交给了布劳耶（1956 年）。雷普森后来写道，他对布劳耶的设计“极度失望”，并将其描述为“怪物”。他为失去雅典项目而深受“打击”，认为那是他为外交建筑局做过的最好的设计，格罗庇乌斯后来的方案和他的“一模一样”。[33]

华盛顿的政治动乱导致外交建筑局停止了雅典、奥斯陆、马赛和达喀尔项目。同时，麻省理工学院要求雷普森返校，否则将取消他的教师资格，于是他只得返回。同年，雷普森回到位于中西部的家乡，执掌明尼苏达大学建筑学院。

雷普森和默伦在1951年至1954年间享受的设计自由，是外交建筑史上非常有趣和重要的组成部分。他们对设计风格的探索，尤其是对国际风格的热情，没有受到华盛顿的约束，也没有受到既定预算的妨碍。当国会开始严格审查外交建筑局的项目时，以往相对松散的管理模式让外交建筑局非常窘迫。至少在一段时期内，欧洲使馆项目的特色是没有来自外部的约束，就像建筑本身一样，有明显的开放性。设计团队士气高昂，瑞典、丹麦、希腊、法国、挪威和荷兰建筑师与美国建筑师并肩协作，一起讨论设计理念和世界政治。（雷普森后来回忆说，斯堪的那维亚人特别鄙视美国卷入朝鲜战争。）

雷普森和默伦的作品对外交建筑史至关重要的另一原因是，他们不带任何先入为主的概念来进行设计。雷普森说，在建筑师都意识到使馆任务是“美差”，开始“绞尽脑汁做独一无二的创意”或“追名逐利”之时，他们却并不在意使馆工程的象征意义。他和默伦只是将使馆当作“普通”现代办公楼，而不是纪念性的建筑。他们的想法也许是幼稚的，但两人通过实实在在的努力，传递出了“美国是一个开放、有生气、有合作精神的现代国家”，这一点广受赞誉。后来，随着新使馆不断落成，建筑师们意识到使馆建筑的影响价值，许多人开始拿出更加老练和精致的说辞来推销他们的设计，但却并未被人们接受或称许。雷普森后来坦率地说，“我并不了解使馆，而且那是我的首次欧洲之行”。[34]这对完美的搭档就这样投入了美国重建欧洲的事业当中。

注　释

1. 维多利亚·纽豪斯：《建筑师华莱士·哈里森》，里佐利出版公司，1989年版，第15—16页。另见肯尼斯·弗兰普顿：《现代建筑》，泰晤士和哈德森公司，1985年版，第220页。

2. 国外信贷资助的项目列在众议院拨款小组委员会：《1954年拨款》，1953年3月25日，第1215页。95%的数字来自外交建筑局副局长爱德华·凯瑞甘的证词。众议院拨款小组委员会：《1955年拨款》，1954年1月29日，第341页。

3. 尼尔森·肯沃西录音访问，1982 年，国家建筑博物馆档案。
4. 迈克尔·罗申纳尔：《现代办公建筑》，B. T. 巴茨福德有限公司，1955 年版，第 120 页。
5. 卡尔顿·斯普瑞格·史密斯："巴西建筑"，《建筑实录》119 期，1956 年 4 月，第 187—194 页。
6. H. R. 541，第 2 页。
7. 拉金："拟用 H. R. 5633 法案授权的 500 万美元建设的外交建筑项目正搁置于国会"，《建房额外资金》，1938 年 3 月。
8. "进度观察"，《进步建筑》32 期，1951 年 10 月，第 15 页；肯沃西的录音访谈，国家建筑博物馆档案。
9. 关于哈瓦那项目的描述见《进步建筑》，1951 年 10 月，第 16 页；"美国海外建筑"，《建筑论坛》98 期，1953 年 3 月，第 104 页；"古巴哈瓦那的美国使馆办公楼"，《进步建筑》36 期，1955 年 2 月，第 110—111 页。
10. H. R. 1396，第 3 页。材料运输费用来自该项目的美元开支，是 1946 年 1 500 万美元拨款的一部分，到 1952 年这部分经费仅花掉了 100 万美元。1952 年国会被要求批准外交建筑局的一项新授权时，上述开支在国会的辩论中被提及。
11. 见维多利亚·纽豪斯：《建筑师华莱士·哈里森》，第 152 页；利兰·金与作者的访谈；雅各布斯与作者的访谈；《进步建筑》，1951 年 10 月，第 16 页，第 106—107 页；《建筑论坛》，1953 年 3 月，第 104 页；《进步建筑》，1955 年 2 月，第 107 页。
12. 肯沃西的录音访谈，国家建筑博物馆档案；雅各布斯与作者的访谈；众议院拨款小组委员会：《1954 年拨款》，第 1218 页。
13. 肯沃西的录音访谈，国家建筑博物馆档案；众议院拨款小组委员会：《1955 年拨款》，第 305 页。
14. 《鲍的报告》，第 293 页。
15. 众议院拨款小组委员会：《1955 年拨款》，第 338 页。
16. 同 14。
17. 利兰·金，众议院拨款小组委员会：《1954 年拨款》，第 172 页。
18. 赫尔姆斯，参议院外交关系委员会，H. R. 6661（1952 年），第 37 页。
19. 安吉尔·比德尔·杜克的录音访谈，1982 年 9 月 22 日，国家建筑博物馆档案。

20. 雅各布斯的录音访谈，国家建筑博物馆档案。

21. 约翰·乔瓦的录音访谈，1982 年 5 月 6 日，国家建筑博物馆档案。

22. 《鲍的报告》，第 297 页。

23. 雷夫·雷普森的录音访谈，1982 年 10 月 10 日，国家建筑博物馆档案；雷普森与作者的访谈，1995 年 6 月 12 日。关于这个项目的更多信息，参见《建筑实录》，1949 年 2 月。在伯查德 - 布什 - 布朗的《美国建筑》第 493 页中，作者称这一建筑是 20 世纪 50 年代初最好的“高成本公寓”。但雷普森后来指出，他们应该用“高租金”公寓这个词，因为公寓每平方英尺的造价真的很低。

24. 雷夫·雷普森的录音访谈，国家建筑博物馆档案。

25. 同 24。

26. 见雷夫·雷普森和合伙人公司的新闻公报。尽管没有注明日期，但这份公报是在 1955 年以后准备的，因为它提到了 1955 年美国建筑师协会的一等奖。

27. “美国使馆建筑”，《建筑评论》，1955 年 10 月，第 242 页。

28. 爱德兹·凡·德·格莱史特致利兰·金的信，1954 年 11 月 2 日，第 2—3 页，利兰·金的文件。

29. “美国海外建筑”，《建筑论坛》，1953 年 3 月，第 106 页。

30. “现代主义的美国驻丹麦使馆引起轰动”，《纽约时报》，1954 年 6 月 1 日。

31. 格莱史特致利兰·金的信。

32. 雷普森和合伙人公司的新闻公报。

33. 雷普森的录音访谈，国家建筑博物馆档案。

34. 同 33。

第四章

美国输出民主

二战刚刚结束的那几年，美国面临着建立强大持久的同盟，同时抗衡苏联和共产主义的任务。此外，美国还要按照民主模式，在前敌对国——日本和德国——进行政治、经济和社会重建。国务院扩大了使领馆的数量和规模，一方面，为满足驻外美军及家属的需要，扩大了护照、签证、移民和公共健康部门办公室，另一方面，也为实施美国政府的新计划（如紧急饥饿救济、长期经济援助与培训）提供办公空间。国务院不仅要为自己派出的外交官，还要为通过使馆派驻外国政府的其他部门高级官员提供办公地点和住房。外交建筑项目规模虽然不大，却实际上肩负着将美国资源投入重建，以及加强美国海外影响力的重要使命。

虽然使馆办公楼可能是最显要的外交建筑，但其他类型的建筑同样扮演着举足轻重的外交角色。以日本为例，佩里公寓（1952 年）和哈里斯公寓（1953 年）是二战后美国在日本建造的最早的外交建筑，它们不是办公楼，而是外交官公寓。1952 年，美国在德国展开了七个领馆、19 个外交官公寓，以及一系列图书馆和新闻中心的建设。在这两个被战争摧毁成一片废墟的国家中，仅凭建筑的崭新程度，就足以使美国的这些外交建筑鹤立鸡群。但它们不仅是崭新，同时还是现代的，这就更令它们与周边环境形成强烈对比。

1945 年 9 月，日本正式宣告投降后不久，道格拉斯·麦克阿瑟将军驱车驶入东京。这个被战争摧毁的城市几乎没有几座幸存的建筑物，美国使馆也被一颗炸弹穿透屋顶，损坏严重。大使官邸被水浸泡，家具损坏，花园被毁。尽管如此，将军还是决定在此落脚，并下令即刻收拾停当。东京使馆是雷蒙德和麦格奈戈尔在20世纪20年代晚期设计的。雷蒙德于1919年在东京设立了办公室，他在二战前就已颇有成就。他设计住宅、使馆和工业建筑，包括神户邓禄普橡胶工厂（1930年）和东京奥的斯电梯厂(1932年)。这两处建筑是特别为对抗台风和地震而设计的，都经受住了空袭，完好无损。[1]

麦克阿瑟没有将两层的使馆办公楼当作总部，而是选择了位于皇宫护城河对面，有着象征性位置的一座六层办公楼。当日本人意识到作为占领军首脑的麦克阿瑟所拥有的全权领导地位后，这座大楼很快被赋予了“第一”的雅号。在那里办公，为麦克阿瑟提供了每天至少两次穿越这座城市的机会——上下班，以及回家午餐。他在队伍中观察城市和市民，更重要的是，市民可以看到他。传记作家威廉·曼彻斯特写道，正是通过麦克阿瑟主动接近日本民众的努力，才使原本让人畏惧或抵制的美国大兵受到了欢迎。[2]

1945年东京天气转凉时，美国人征用了几处仅存的蒸汽供暖建筑。其中两座是设计于20世纪30年代的现代住宅，位于东京中心的一个小山顶上。一座是石桥住宅，至今仍是美国使馆副馆长官邸；另一座是川崎住宅，1933年雷蒙德为川崎森之助设计。[3]两座住宅都有带形窗，底层由柱子架空，屋顶平台，平整的白色外表，非常像柯布西耶式的别墅。石桥住宅是1937年为普利斯通轮胎公司老板石桥二郎设计的。根据美国使馆的记载，石桥住宅的设计者是日本建筑师平田秀雄，平田在美国长大，就读于康奈尔大学建筑系。[4]石桥住宅模仿了雷蒙德的作品。

尽管历史上的军事占领总是与破坏建筑联系在一起，但日本却开创了一个逆转的先例。二战后，东京最早的建筑中有两个美国项目，惹人注目，却也广受欢迎。这两个建筑都是由雷蒙德和雷铎设计的。其中之一是“读者文摘”大楼（1949年），它是日本战后第一个重要建筑，赢得了1951年日本建筑学会年度奖。[5]雷蒙德和雷铎在设计“读者文摘”大楼的同时，开始了第二个项目——美国使馆外交官公寓的设计。

随着美国在日本驻军数量的增长，使馆和相关机构的人员规模也在扩大，迫切需要为高级外交官、顾问以及普通工作人员、行政人员等提供住房，他们当中的许多人都带有家眷。美国使馆向国务院呼吁增加住房。实现这个目标的第一步是，外交建筑局从三井家族购得了一块面积为 11 英亩、陡峭但顶部平坦的小山。第二步是，选择能够胜任的建筑师，他们将面临严峻挑战，即材料短缺且价格昂贵。所幸高级技工廉价且资源充足。

由于拉金频繁出差，利兰·金负责起了华盛顿的外交建筑局，作为总建筑师，利兰·金还负责设计决策。正当他考虑东京项目建筑师人选的时候，拉迪斯拉夫·雷铎来到他的办公室寻找设计任务。和雷蒙德一样，雷铎也出生于捷克，就读于布拉格理工学院，他比雷蒙德小 20 岁。1931 年，雷铎开始在布拉格进行设计实践。1939 年，格罗庇乌斯看到雷铎的设计图纸后，邀请他参加哈佛设计研究生院的高级班，雷铎欣然接受了邀请。正是这个决定挽救了他，因为几个月后，纳粹便入侵布拉格。雷铎来到马萨诸塞州时，几乎不会讲英语，他形容自己“失魂落魄”。但格罗庇乌斯和他的同伴给予雷铎支持和帮助，使他很快成为了被称为“四战士”团队（该团队由西格弗里德·吉迪翁、马塞尔·布劳耶、约瑟夫·阿伯斯和沃尔特·格罗庇乌斯组成）的第五位成员。雷铎评价格罗庇乌斯是“工业建筑时期的理论家”。[6]

1940 年，雷铎拿到哈佛大学硕士学位后，开始为纽约设计师诺曼·贝尔·盖茨工作，在那里他结识了二战期间由日本来美国的雷蒙德。雷蒙德是途经印度回到美国的，他在印度著名的斯利阿罗频多设计了一批公寓，特别关注炎热的气候和光照可能引发的问题，他设计的建筑因高高的拱形吊顶和带百叶帘的立面而受到关注。但雷蒙德并未引起建筑史学家的重视，人们评论他的作品时通常概而论之，简单地贴上“国际风格”的标签，这显然是错误的。特别值得一提的是，雷蒙德对城市文脉很感兴趣，很少有人能像他那样成功理解并阐释文化的特异性或是气候的多样性。[7] 二战期间，雷蒙德在纽约工作，并在宾夕法尼亚州设有工作室，但他的实践并没能坚持太久。他和雷铎合作的第一个项目在关岛，但未能实施。在两位建筑师建立合伙关系后的一段时期内，并无项目可做。更糟糕的是，雷蒙德像他的导师赖特一样，名声不佳。“他太自我了”，雷铎发现雷蒙德异乎寻常的粗鲁，“喜欢摆布别人”，“认为自己就是上帝”，他用无奈而又不乏钦佩的复杂心理这样描述雷蒙德。[8] 以他们的个性，很少有人相信这两个人可以在一起合作，但他们保持了 30 年的合伙关系，直到 1976 年，88 岁的雷蒙德逝世。

雷铎了解雷蒙德的火暴脾气。一次，在向百思特公司老板汇报设计方案时，这位客户对建筑也提了一些想法。“雷蒙德立刻暴跳如雷”，雷铎回忆道，他嚷着“你根本没有发言权。我们是专家，我们是建筑师！”几分钟后，雷蒙德走了出去，会议结束了。后来他向雷铎道歉，问他“当时为什么不设法阻止我？”雷铎说，那样做也无济于事。不难理解，雷铎更愿意单独会见利兰・金。雷蒙德急于重新开始东京的工作，于 1947 年先期返回日本，将纽约办公室交由雷铎负责。[9]

1949 年，当雷铎在国务院向利兰・金介绍其公司资历时，利兰・金对雷蒙德为外交建筑局做过的项目已很熟悉。雷铎说，“我们在日本有办公室，雷蒙德有长期在日本设计、施工的经验，我想这给我们加分很多。”[10] 这些因素促使利兰・金下决心聘用他们设计东京使馆公寓。

最初的方案是要为美国外交官提供一系列独立住宅，但最终变成了建在山尖上的 60 个单元的公寓楼。公寓主体六层，七层是高级套房。雷铎通过设计草图说明，使用交错布置的走廊平面如何提供贯穿的通风系统，落地玻璃幕墙如何提供开敞的视线，利兰・金批准了该方案。总承包商还是 1931 年承建使馆的那家公司。公寓楼于 1952 年完工，以打开日本与西方商务大门的海军准将佩里的名字命名（图 36）。1952 年，利兰・金再度邀请两位建筑师在相邻地皮上设计了第二座公寓楼。除了规模稍小（由 10 开间改为 8 开间）以外，它完全就是前一个公寓楼的复制品，该公寓楼于 1953 年 8 月建成，以美国首位驻日领事哈里斯的名字命名。

建筑师创造了可变化的室内空间，并设计了家具。灵活的室内空间可适应不同规模的家庭，可移动的隔墙能方便地使小单元变成大单元。普通公寓和顶层的高级套房都有朝南的阳台，用薄薄的装饰板隔开。阳台和固定的水平金属百叶能够为住户遮阳，各个单元还装有半透明的白色落地窗帘。顶层的高级套房有洗衣房和屋顶花园，首层有门厅和公共活动室，地下室是供热和机械设备以及储藏室。在服务业占有举足轻重地位的国家，尤其是大量劳动力需要就业的国家，外交人员家庭经常会雇佣人。日本当时就是这样一个国家。雷蒙德和雷铎设计了从公共走廊直接进入厨房的通道，佣人可以不需要打扰雇主就能进出公寓。公寓楼内还有为佣人提供的单独住处。

公寓楼开工以后，雷铎就找到利兰·金，申请定制家具。“房间并不大，南面又全是玻璃”，雷铎回忆说，“一想到住户们会用臃肿丑陋的沙发和床塞满房间，我就感到非常不悦，那样的房间看起来一定糟透了”。[11]雷蒙德认识优秀的日本木匠、家具制造商和裁缝，因为一切都可以用日元支付，所以利兰·金欣然同意了这个方案。建筑师继而开始根据公寓的尺寸来设计椅子、桌子、床、地毯和窗帘。尽显日本特色的俭朴雅致的家具为公寓楼增色不少（图 37）。此外，定制家具还保证了建筑师要求的建筑整体和谐。

家具设计中的美学情趣明显多于实用价值。外交官们为公寓狭小、自己的家当无法妥善安置而感到愤怒。他们尤其批评床太小，不适合身材高大的美国人。建筑师认为的“高效”和“功能化”，给使用者的感觉恰好相反。房间的尺度是由经济考虑决定的，但也是出于雷蒙德对日本美学的由衷热爱。像赖特一样，雷蒙德将他的喜好转化为由他而不是居住其中的业主们支配的空间。他认为美国外交官可以、能够，也应该以这种方式在日本生活。他低估了美国外交官想在海外享受“美式居家”的意愿。使馆人员对花园和庭院规划倒还欣赏。尽管公寓楼在当时的东京市区算是豪华建筑，但外交官们却更喜欢外交建筑局于 1965 年在附近建造的另一座缺乏创意的格鲁公寓。

虽然雷蒙德和雷铎的公寓楼没有完全满足美国外交官的需求或期望，但对那些面临将传统设计准则与现代建筑相协调的日本青年建筑师们，却有重要影响。佩里住宅是东京第一座多层钢筋混凝土建筑。那时东京的建造商还在使用轻钢骨架，没有像美国那样使用钢筋混凝土，也不知道这种工艺对高层建筑抗震保护的有效性。结构工程师保罗·威德林格协助雷蒙德创造了由外墙支撑的楼板体系，这是一种可以抵御地震造成的横向和纵向冲击的悬臂箱型框架体系。这些设计引起了当地建筑师和美国专业人士的浓厚兴趣。设计了美国驻大阪领馆的建筑师大仓达也回忆了公寓楼落成时所引起的巨大轰动。大仓在京都开始自己的事业之前，曾在哈佛设计研究生院学习，并在 TAC 事务所工作过。其他的日本年轻建筑师也同样被这座建筑吸引。[12]《美国新闻与世界报道》称赞佩里住宅是“极度现代的”公寓，并在 1954 年 3 月 19 日对其进行了介绍；《建筑实录》随后刊登了公寓的平面图和照片。在《读者文摘》和美国国务院的支持下，雷蒙德在东京重塑了声望。这两个项目的成功对雷蒙德和雷铎的事业至关重要。[13]这些建筑也间接表达了麦克阿瑟将军坚定而又温和的态度，它创造了友善，并缓和了二战后艰难的过渡时期。

出于对德国战争创伤、经济崩溃，以及杜鲁门总统呼吁大规模经济援助的回应，美国国会在 1948 年实施了马歇尔计划。像在日本一样，美国在德国的势力是稳固的，美国外交官在征用来的住宅、公寓和办公楼里工作。由于德国住房短缺情况严重，美国急需归还征用的房产。1949 年，德国还遍布着战争废墟。国务院政策规划室主任乔治·凯南途经汉堡时，看到“遍地废墟”，他写道，致使 7.5 万人丧生的战争发生在 1943 年，但六年后，还有 3 000 人的尸体被埋在废墟下。[14]

1949 年，盟军和苏联对柏林的封锁结束之后，国务院接替了国防部在德国占领机构的职责，美国在德国的军事机构被驻德最高专员办公室（HICOG）取代。最高专员办公室认为，自己建造住房和办公楼可以为政府节约资金，于是聘用德国建筑师奥托·阿佩尔设计位于波恩的总部大楼。最高专员办公室还开始建造员工住宅，包括在法兰克福的一幢有 500 个单元的综合楼，于 1950 年 10 月竣工并入住。

1951年，杜鲁门总统签署和平条约，结束了对德的战争状态和盟军占领，驻德最高专员办公室的建设计划亦随之转变。随着美国与联邦德国新政府建立外交关系，国务院承担了监督驻德建房项目、提供建筑和工程技术服务的职责。在1953年10月前归还所有征用房产的期限，增加了建房项目的紧迫性。国务院制定了1900万美元的建房计划，旨在提供美国所需的用房、加强德国经济、鼓励文化交流、繁荣当地建筑工业，赋予外交建筑局监督指导建房项目的任务。

1952年，拉金退休，他的助手兼总建筑师利兰·金接管了外交建筑局。此前，两人参观了纽约利华大厦。这是一座一落成就成为现代建筑里程碑的建筑，受到了人们的称赞，建筑师是SOM事务所的戈登·邦夏。利兰·金有意聘请SOM参与德国建房项目。拉金的儿子说，拉金强烈反对选择SOM。“他们设计的不是大楼”，拉金说，“而是盒子！”[15]但SOM是20世纪50年代初为数不多的能够在国外经营并有政府项目经验的大型综合设计公司，还在二战期间成功完成了多个大型国防项目。邦夏的作品被认为是与美国精神相吻合的，他将包豪斯的设计理念转化成美国形象，非常适合表达对德国的友善姿态。利兰·金在阿佩尔和SOM之间建立了合作关系，邦夏负责设计方案，阿佩尔完成施工图、设计说明和预算，SOM提供建筑和工程服务。SOM的设计费为20万美元。[16]利兰·金强调SOM是唯一有资格承担这项重大任务的公司；但后来当被问及这批项目的高额投资时，他承认SOM严重低估建设成本的原之一是未曾有类似项目的经验。

利兰·金把德国项目委托给SOM，是为了让外交建筑局成为建筑界关注的焦点，他也想寻求利华大厦新颖又引人注目的建筑形象。建筑史学家卡罗尔·柯林斯基说，利华公司老板查尔斯·拉克曼要求邦夏设计“新颖、洁净、引人入胜的美国建筑”，他对设计结果很满意。[17]外交建筑局的使馆项目已经有哈里森和阿伯拉莫维茨这样的建筑师参与，利兰·金渴望寻求更具新意和更具公众效应的设计。邦夏承担设计的德国项目可以确保登上《建筑论坛》等主要建筑刊物。1952年，SOM与利华大厦之间的联系，正如哈里森和阿伯拉莫维茨与联合国大楼之间的联系一样，成为了外交建筑局的一笔宝贵财富。

SOM 接受外交建筑局的任务后不久，就在波恩附近的巴特戈德斯贝格设立了办公室，阿佩尔也正在那里进行驻德最高专员办公室的项目。SOM 在德国的项目经理是大卫·休斯，高级设计师是娜塔莉·布鲁瓦，当地建筑师也参与了合作。邦夏对不同项目有不同程度的参与，有些设计在开工前做了重大修改，有些则未获实施。但邦夏为所有项目确定了共同的设计理念。

有三个因素决定了美国在德国建房的模式。一是"长期坚守的、战后重新统一德国的希望"。统一的使命意味着柏林将被视为最终的首都，波恩的政府建筑只是临时性的，这些都被写进了联邦德国的法律。国务院的一份报告中说，"如果我们建造太多的永久性建筑，或者给人以把波恩当作永久首都的印象，将会冒犯德国人，他们会把这些视为我们'放弃'德国统一的信号"。[18]另外两个因素是德国新政府的联邦特性，以及美国在德国，特别是德国南部的大量驻军。这些因素综合在一起，导致了美国不仅在波恩，还在德国的政治和行政中心建房。

最初的德国建房计划包括 40 座建筑，其中有七个领事办公楼、七个领事官邸、六个新闻中心、"美国之音"驻慕尼黑临时总部，以及拥有 275 个单元的 19 幢公寓楼，单是住房的预算就有 770 万美元。

二战前，美国在不来梅、科隆、法兰克福、汉堡、慕尼黑、斯图加特，以及布雷斯劳、德累斯顿设有领馆，后两处在二战后都落入了苏联的控制区。作为建房计划的一部分，国务院计划在不来梅、不来梅港、杜塞尔多夫、法兰克福、慕尼黑和斯图加特建设新领馆，在汉堡领馆建附属建筑，并在上述地点以及柏林和科隆建设外交官公寓。这些住房将可容纳领馆工作人员和在德国政府机构工作的美国人。建房计划中的六个新闻中心（柏林、科隆、法兰克福、汉堡、慕尼黑和斯图加特）被称作美国之家，是国务院根据新实施的《史密斯—蒙特法案》而开展的一项任务，旨在为美国新闻处提供用房，传播美国文化。[19]

不来梅、杜塞尔多夫、法兰克福、斯图加特、慕尼黑这五个领馆采用了统一的建筑风格。与利华大厦一样，领馆办公部分都是玻璃外墙，架在玻璃门厅上，并有开敞的庭院。除了斯图加特领馆，其他领馆都是由相交成直角的矩形体块组成，这种设计实现了功能分区，并满足了项目要求。交叉的轴线设计增加了建筑整体的平衡性，并创造了与建筑融为一体的室外庭院空间。就像雕塑界定了其所在空间一样，建筑成为其周围环境的一部分。作为艺术，这些方案具有格里特·里特维尔德和西奥·凡·杜斯堡的构图与绘画作品的空间特质；作为建筑，它们在柯布西耶、密斯，尤其是格罗庇乌斯（他设计了位于德绍的玻璃幕墙的包豪斯学校，1926 年）等人开创的建筑风格基础上进行了发展。

不来梅领馆最先建设，之后是杜塞尔多夫领馆，两个领馆都于 1955 年建成（图 38）。像其他几个领馆一样，这两个领馆也体现了典型的领馆建筑法则，建筑的一部分专供内部工作使用；另一部分相对独立，但又与前一部分连通，提供服务和公共空间。两个领馆的平面都是“T”型，但不是完全对称。两个互相垂直的矩形体块和周边道路形成了开敞的，但又有园林景观界定的庭院，成为建筑整体的一部分。两个领馆都有可以同公众隔离的空间，能够用以举办大型商务活动。斯德哥尔摩和哥本哈根使馆都融入了美国新闻处需要的观众厅、图书馆等公共空间，而德国领馆缺乏这部分功能，因为德国的美国新闻处有独立的场地。

法兰克福领馆邻近一处大型美军驻地，比前两个领馆更加复杂（图 39、图 40）。建筑师将公共空间围绕门厅形成矩形的环，强调这部分功能的独立。签证部分在入口左侧，护照办公室在右侧，后面是公共健康部门和邮件室。首层上面是玻璃幕墙的夹层，再往上是办公室，共有三层。夹层向内凹进，周边环绕着白色混凝土柱，支撑着上面的办公区。整个建筑好像是把不来梅领馆的前半部分连同其支撑部分一起搬了过来，放在另一个低层建筑上。低层部分似乎微微飘离地面，宽大的悬臂台阶通往入口，入口的位置不在建筑的中央。门厅后面的室外庭院被设计成虚空间，像是用于冥思的场所，而不是功能化的庭院，庭院里安置了一个大型雕塑和一张没有靠背的长椅，而不是供人使用的桌椅或其他室外家具。

慕尼黑领馆也由上下两部分组成——上部主体办公区共三层，伸展的底层是入口和接待区，可通往底层的签证办公室和楼上的行政办公室。组成建筑的这两部分都可以俯瞰开敞的草坪，草坪周围便是公共人行道。斯图加特领馆与其他项目不同，其平面更简单而且是对称的。它的格局更加局促，两层的矩形体块架在玻璃幕墙围合的底层之上（图41—图43）。

所有这些领馆的设计都非常出众，都有精致的建筑细节，都生动运用了现代材料、现代艺术和现代家具，在周边环境中显得卓尔不群。不来梅和杜塞尔多夫这两个早期的领馆尤为突出，它们都是由邦夏设计的。邦夏通过运用纯粹的现代材料，重复使用朴素且不加修饰的几何形状立面，使领馆从周围建筑中脱颖而出。邦夏选择了一种带钢框的单层玻璃窗，可以向下和向外旋开，窗与窗之间是浅色的石灰华墙板。他没有对气候要求和采暖耗油问题给予特别关注，两个建筑都没有使用空调。

不来梅和杜塞尔多夫领馆的立面在水平方向上被条形窗划分为六段，在竖直方向上由与底层支柱相连的直线元素划分为七段。杜塞尔多夫领馆，从其纯净的边角，到标示着内部楼梯间的透明玻璃墙板的分格，再到偏离中轴线的入口雨篷，都显示了精巧的比例感，表达了动态平衡和韵律美。室内外的白色钢框架赋予建筑清新活泼的特征，这正是建筑师希望表达的。

法兰克福和斯图加特领馆使用了相同的基本元素，但设计手法却缺乏策略和技巧。以法兰克福领馆的立面为例，它是由白色的铝框窗和一排排雷同的深灰色玻璃墙板组成的网格，没有任何纵向联系。这两个领馆的立面都缺少早期不来梅和杜塞尔多夫领馆所呈现的亲切感，看起来更像是从一块无限大的花格布上随意剪下来的片段，而非经过精心构思的设计。一成不变的幕墙网格，缺少处理的边角，与上部结构毫无对应关系、等距排列的柱子，以及居中的入口，使得斯图加特领馆的设计比其他领馆都显得笨拙，尽管它的主题与其他领馆在本质上是相同的。比例选择的失败对慕尼黑领馆影响很大。杜塞尔多夫领馆的立面为七开间，每个开间六扇窗，而慕尼黑领馆的立面为八开间，每个开间四扇窗。4∶8 的比例较之6∶7 的比例，缺少了生气，偶数的分段方式与非对称的奇数分段相比，缺少了视觉冲击力。

由于项目变更、材料匮乏和费用上升，SOM 原先在法兰克福和慕尼黑的设计被修改。邦夏早期的效果图和最终完成的法兰克福领馆相比可以发现，原来的办公部分为五层，而非三层。此外，办公部分顶端没有窗户，就像联合国大楼一样。方案修改后，顶端的墙面添置了窗户，以增加立面的连续性、平展性和模数化。难怪邦夏后来仅要求对最早设计的不来梅和杜塞尔多夫领馆保留署名权。[20]

SOM 用现代家具装饰了绝大多数领馆的大厅和门厅，包括玻璃台面的桌子和诺尔制造的巴塞罗那椅子，并用大理石和其他富丽堂皇的材料装修门厅。不来梅和杜塞尔多夫领馆的门厅使用了开敞的钢楼梯，宽大的踏板由预制的黑色水磨石制成，浅蓝色墙面和米色大理石墙面形成对比。建筑师还选择了一些独特的现代艺术品作为建筑的补充。建筑师为法兰克福领馆的室外庭院选择了一个较大的考尔德雕塑——尽管比原计划“更惊人的”尺寸要小一些，但仍然前卫和惹眼。[21]不来梅、杜塞尔多夫、慕尼黑领馆的室外庭院，建筑师专门委托哈里・伯托埃制作了雕塑（图 44）。

这些领馆的等候区域（人们通常花费数小时等待约见或受理文件的地方）尽管设计时尚，却让人感到既不亲切也不舒适，或许这些因素从来就不在建筑师的考虑范围之内（图 45）。虽然平面的开敞性和玻璃幕墙被解释成让建筑更具吸引力的一种手段，但它们也制造了暴露空间，令前来办理私人事务的外国人产生恐惧感。但这种开放性恰恰是邦夏所要推广的设计手法和技术成就。玻璃门厅会让那些从未见过透明大门或透明房间的访客惊愕不已。

总的来说，法兰克福、哈瓦那、布鲁塞尔以及东京公寓定做的诺尔家具只是少数的几个例外，绝大多数外交建筑里的家具都平庸无奇。例如，来慕尼黑领馆的人都会不约而同地注意到，历久不衰的现代建筑外观与内部平庸的家具之间存在着很大反差。让许多建筑师感到烦恼的是，标准化的办公家具和传统样式的复制品却成为外交建筑配置的规范。

阿妮塔・莱尔德长期负责美国外交建筑的室内设计。自 1949 年直至

1972年退休，她始终领导外交建筑局室内设计部门，负责所有的家具陈设。莱尔德毕业于纽约帕森斯设计学院，她同建筑师和大使们一起挑选适合使馆使用的家具、地毯、帐幔、室内装潢面料和墙面饰物。在能够使用国外信贷的岁月里，莱尔德从德国购买瓷器，从捷克购买水晶，从秘鲁购买银器，与制造商签订特殊协议，采购在海外制造的美式家具。[22]现代家具遭受冷落的原因是出于经济考虑——购买可广泛使用的家具比单独定做便宜得多。还有一个原因是受到那些喜欢传统装饰形式和舒适感的大使（及夫人）的影响。令人惊讶的是，大使们可以影响室内设计方案。以1959年完工的海牙使馆为例，由于大使喜欢木材，所以布劳耶原来选定的不锈钢扶手换成了柚木扶手。这种因个人喜好而耗费财力的事情如今仍时有发生，尽管大使们在使馆生活和工作的时间可能不足一年或两年。

SOM的设计原则是让建筑凌驾于周围环境。邦夏和他的同事没有把领馆同周围建筑或道路联系起来，相反，领馆置身于花园般的场地中，与周围环境脱离开来，建筑师明确表达出每一座现代建筑都是独特的作品。

虽然可以说邦夏是“美式”建筑的最佳人选，但他却不胜任那些要求与城市文脉统一协调的项目。利华大厦建在广场上，是由柱子架起的玻璃盒子。其视觉效果主要来自与周边老旧、平庸建筑的对比。尽管邦夏接受的是传统美学教育，但他很早就对柯布西耶和密斯的作品感兴趣。同这些大师的作品一样，邦夏也有特立独行的风格，谴责历史折中主义。在1952年对《外交建筑法案》的修正中，国会要求外交建筑局将建筑“尽可能设计成独特的美国式，但又不与周围建筑冲突”。但无论SOM的作品在哪里出现，都一定会与周围建筑相冲突。慕尼黑领馆的设计方案就是如此，这也是SOM的设计方案受到当地严厉反对的原因所在。

慕尼黑领馆的地皮可以俯瞰英国花园，正对一座典雅的地标建筑——卡尔王子宫（1805年）。审查领馆设计方案的当地官员震惊于方案的傲慢。前美国总领事罗伯特·哈兰说，SOM的最大错误在于他们宣称，“这是一个纯粹的功能化建筑，即便放在阿拉斯加也可以使用”。[23]这种说法意味着，适合于中世纪巴洛克风格城市的建筑同样适合于美国的北极边疆，这无疑冒犯和凌辱了慕尼黑这座城市，SOM 的设计方案被否决了。亨利·谢普利在 1954 年实地调查后，向外交建筑局报告说，SOM 在递交方案前，没有与规划官员或市长进行任何沟通。“设计方案违背了慕尼黑的传统和法则”，谢普利写道，“邦夏不愿做任何妥协”。他继续写道：

> 市长后来聘请德国建筑师塞普·拉夫来做折中方案。他们对方案很满意，并且这的确是座漂亮的建筑——我认为它的外观比邦夏的更合适，也少了一些商业味。方案和邦夏的很像，本可以轻松通过，但一些德国人，尤其是规划专员斯塔德拉特·费希尔的态度非常傲慢，丝毫不妥协，以至于我们从波恩赶来谈判的副专员愤怒地退出了会议。[24]

由于官员们试图修复矛盾，外交建筑局失去了宝贵时间，慕尼黑领馆被耽误了。拉夫告诉领馆官员，如果外交建筑局雇用他，将不会再有麻烦。阿佩尔也想接手这个项目。谢普利建议说，这两个人都不能信任，他要求外交建筑局聘请一位“灵活的”美国建筑师，一个精通设计又善于谈判的人。但他也承认，拉夫的折中方案“很好，很接近邦夏原来的设计”，可以采用，并由外交建筑局继续完成施工图。后来的结果也正是如此。由于延误，慕尼黑领馆直到 1958 年才完成，比其他领馆都晚。哈兰后来写道，“我们从慕尼黑领馆学到的教训是，要重视当地政府的文化敏感性”。[25]出于安全考虑，慕尼黑领馆在经历了改造后，已不再是以前那样空间开放的建筑了（建筑师如果看到后来在窗户上加装的空调后，肯定会错愕不已）。但这个维护完好的建筑仍旧是二战后建筑史上的一个标志。

由于本身就是受关注的对象，同时又非同寻常地使用了如此多的玻璃，美国领馆陷入意想不到的麻烦之中。这些玻璃不但招致了恶意破坏，给国务院造成经济损失，而且使得采暖和制冷操作困难，费用昂贵。据哈兰讲，法兰克福领馆的玻璃幕墙被投掷石块。从外面看，数以百计的窗户和玻璃墙板被打碎，这还不包括示威抗议活动所造成的。这不仅给维护带来了问题，而且由于无法更换成颜色完全相同的玻璃，建筑整体外观也受到影响。

邦夏在设计玻璃时，既没有考虑慕尼黑这样的城市在建筑上的独特性，也没有关注气候。同样，不来梅距北海仅30英里，邦夏设计的领馆外墙全是单层玻璃墙板，而且底层架空。冷空气聚集在建筑下部，又没有地下室，这加大了供热负荷，也增加了采暖费用。

很明显，外交建筑局从未质疑过使用玻璃的合理性，但材料短缺和价格昂贵却迫使其减少对钢材的使用。邦夏设计了经过特殊处理的裸露钢材的结构体系，这在美国是不允许的，因为违反防火规范。在分析第一轮投标报价时，外交建筑局意识到要使项目造价接近预算，必须尽量少用钢结构。邦夏在设计法兰克福领馆时，只好用钢筋混凝土代替钢构架。在这些领馆中，只有不来梅和杜塞尔多夫使用了邦夏原来设想的钢结构。非同寻常的钢结构做法引来《建筑论坛》的热情报道，形容这是一种不生锈的德国工艺，钢材被“首先焊接，然后喷砂，再用酸侵蚀，之后镀锌，最后刷三道油漆”。[26]美国之家也打算用这种特殊钢材，但邦夏最终不得不放弃他的想法。德国钢材供应短缺，战后价格飙涨，更有甚者，令邦夏惊诧和失望的是，在美国可以制造出来的许多尺寸和形状的钢材，在德国却无法生产。由于不满这些无奈的妥协，邦夏不再对外交建筑局及其项目抱有幻想，不再努力令工程引人注目。尽管如此，德国建筑师还是在1974年授予不来梅领馆设计奖，表彰其对二战后德国建筑的重要影响。

由于担心美国的形象，并且已经意识到有必要谨慎对待外交建设项目，国会针对在德国建造外交官公寓和新闻中心的计划引发了激烈的辩论。就在SOM刚刚开始设计工作时，驻德最高专员办公室波恩新总部的负面报告就被送到了华盛顿。愤怒的批判声直指外交建筑局，因为当时外交建筑局监督最高专员办公室的建设项目。许多国会议员听到传言，说美国公寓过于昂贵和奢华，被形容为“宫殿”，议员们被传言激怒了。[27]大部分的批评正中要害。在建设过程中，最高专员办公室过于浪费和低效，高质量的密封条不仅用在室外门上，而且竟然装在浴室门上。不难理解批评者为什么会如此气愤了。

C. L. 苏尔茨伯格等作家早就表达了他们的担忧——奢侈的生活和对财富的炫耀将有损美国重建德国的使命。在 1949 年访问德国后，他写道，“很显然，美国人在德国过着比在美国更为奢侈的生活。”他继续写道：

> 这是一种超标准的生活状态，德国人对此一定愤恨。胜利的占领军这种无意识的骄狂自大一定会引起愤怒，这太不明智了。德国城市的破坏那么严重，住房问题如此严峻，难民数以百万。用一种更收敛、更简朴的美国生活方式，至少给人感觉更好一些。[28]

作为对这些批评的回应，众议院政府项目委员会组建了特别小组委员会，调查德国领馆和美国之家项目，小组委员会由威廉·米勒任主席。该小组委员会于 1953 年 2 月召开听证会，这次听证会并没有质询项目的战略需要，而是造价和管理方面的问题。小组委员会从预算局请来调查员，仔细审查 SOM 设计的不来梅外交官公寓。他们令人费解地将这个总共只有八个单元的公寓楼与美国大型公寓楼的造价相比，包括纽约一幢 581 个单元的公寓楼，结论是不来梅公寓造价太高。他们没有质疑建房项目的必要性，而是质疑每户面积、卧室和卫生间数目、某些功能的必要性，比如建筑师定义为“起居室平台”的那些空间。最让小组委员会气愤的是每套公寓配备的佣人房。作为对外交人员浪费和养尊处优生活的谴责，他们质疑外交官为什么需要享受如此优待，为什么需要佣人服务。国会议员知道外交官家庭从驻地雇佣人是合乎惯例的，为佣人提供住处也不足为奇，尤其在德国这样住房短缺的地方。尽管如此，国会议员还是声称对外交官夫人需要佣人的想法感到震惊。

外交建筑局同意在今后的项目中将佣人房减少一半。而且还将两居室公寓数目减少一半，用一居室取代，同时减少卫生间数目。最高专员办公室执行主任格伦·乌尔夫声明很难接受这种削减，因为这意味着“把有两三个孩子的家庭塞进一居室的日子到来了”。[29]此外，建筑师被要求停止使用“起居室平台”这个说法。

国会的批评者还质疑为什么建筑师会在像不来梅这样寒冷阴暗的地方大量使用玻璃。他们当然不满意玻璃可以在冬季引入更多阳光、减少供暖负荷的辩解。很显然，任何人都清楚玻璃幕墙在冬季比普通砖墙需要更多供暖而不是更少。在同一听证会上，国务院德国事务局局长詹姆士·里德尔伯格提出了他的观点：德国人喜欢玻璃，对新建筑的偏爱远远超出“巴洛克或德国古典样式”。但小组委员会想知道，在没有先例之前，德国人怎么会已经喜欢上这类建筑的，就像利兰·金在试图解释为什么建筑师无法准确估算工程造价时所说的一样。不来梅领馆公寓是 SOM 设计的公寓项目中唯一得以实施的。

1946 年到 1950 年，最高专员办公室在德国共开放了 153 个美国之家。所有项目都是在征用的地皮上建设的。从一开始，最高专员办公室就计划将它们移交给德国民间机构运作，事实上也正是这样逐步实施的。1953 年，国务院宣布在科隆、法兰克福、汉堡、斯图加特、慕尼黑和柏林新建六个美国之家，那时德国已有 42 个美国之家。每个美国之家项目都配有图书馆，存放有关美国、美国历史及其民主政府的图书和期刊；此外，还有观众厅和展厅，在那里德国人可以与美国人会面、学习英语、看美国报纸和电影。仅 1952 年，美国之家就有 1400 万德国人光顾。

作为调查的一部分，众议院特别小组委员会在 1953 年就美国之家项目质询国务院。国务院官员在证词中称，美国之家的目的是向德国人阐释美国及其民主制度，以抗衡苏联的影响，而苏联早已开始建立自己的新闻中心——文化之家。国务院官员担心苏联的宣传可能破坏美国在联邦德国建立民主政府的努力。

邦夏采用了“玻璃盒子”的理念，并加以扩展，以符合美国之家的要求。他的美国之家方案原型由两个矩形体块组成，用玻璃门厅相连。一部分是图书馆和阅览室，采用玻璃和钢建造；另一部分是观众厅和展览空间，用砖建成。像密斯设计的巴塞罗那展厅一样，这些美国之家也是以展示为目的。建筑是开敞的，到访者的私密性没有被作为首要考虑（图 46）。

国务院的证词没有集中在建筑的适当性上，而是集中于“新闻信息”和“宣传造势”在文字上的区别。国务院尽一切努力来说明美国之家是新闻项目，尽管德国当时被认为是“宣传攻势的战场”。[30]1950年，斯图加特美国之家的启用仪式上，高级专员约翰·麦克里提出了将美国之家同宣传机关区别对待的观点。他在1953年的证词中说：

> 美国之家不是宣传机器。它是人们自由交流观点、学习沟通的场所。这是年轻人的去处……希望你能够从对美国之家的访问中感受到美国的巨大能量和持有的观念。在这里你可以体会到，一个年轻的国家在宪法机制下，通过与邻邦和睦相处，可以获得巨大的成就。这种机制能够让经济、科学和信仰得到最大限度的发展，而不会压制个人自由。[31]

使用意图可用来区分新闻信息和宣传造势。如果美国之家被设计成煽动性和颠覆性的，那它就是宣传造势了。国会议员的疑问反映了一种不安的心态，担心美国民主的正确性不能被自然而然地接受。他们没有看到美国之家作为新闻信息中心的必要性，但他们想确保美国没有被苏联挫败。

国务院对苏联大力扶持建房项目的意图感到担忧。里德尔伯格告诉特别小组委员会，他参观过苏联在柏林的文化之家，他形容其为“展示场”。他写道，它“建造得非常奢华”，以求“给德国人留下深刻的印象”。为了强调美国之家谨慎适度的特性，外交建筑局局长利兰·金指出，苏联文化之家的面积是美国之家的3.5倍。在特别小组委员会作证时，国务院和最高专员办公室没有要求新的资金，而是为他们浪费和管理失误的指责辩解。很自然，他们提出苏联的宣传威胁了美国的利益。或许他们夸大了宣传的威胁来增强说服力，但至少这种威胁是真实存在的。

与SOM在德国设计的其他建筑相比，美国之家更像是一种政治宣言，因为它们非常简单和直接，专门被设计成向德国“兜售”美国。尽管国务院并没有把通过现代建筑来强化美国的影响当作一项策略，但利兰·金选择SOM已经表明了这个目的。

当苏联在海外建造传统样式的砖石建筑时，美国却在做着惊人的相反努力——使用钢和玻璃的现代建筑。架空在底层开敞空间之上，领馆仿佛飘浮在空中。美国在德国的建筑都被视作临时的，无论是否有意，美国建筑师创造了非永久的结构形式。更重要的是，他们用建筑定义了美国在德国的形象，那就是前瞻性的。

由于建筑师、外交建筑局、地方官员之间意见分歧，通货膨胀、开支增大和项目重点的改变，更主要是受到国会的监管，外交建筑局在德国建成的项目仅是原先预计的一小部分。尽管如此，这些项目在历史上仍具有重要意义——它们用现代建筑向德国介绍了美国。1950 年，《美国建筑师协会会刊》的一篇文章中，雨果·莱普齐格·皮尔斯甚至提出，建筑具有政治武器的用途，德国是“东西方意识形态在政治和文化上对峙的试验场”。[32]国务院的批评者对众多新项目的必要性产生了质疑，同样，他们也没有把现代建筑视为外交财产。当利兰·金被从外交建筑局局长位置上赶下来，项目被重组时，SOM 还没有准备好初步设计。在国务院，并没有人刻意推翻对 SOM 的委任，但也没人对它抱有热情。

对于那些少数能够回忆起战前先锋派建筑的德国人而言，二战后早期从美国输入德国的现代建筑与 20 世纪 20 年代在德国萌生并输出到美国的现代建筑并不相同。早期的现代主义大师，尤其是格罗庇乌斯和其他在两次世界大战期间与德国包豪斯有关的建筑师坚信，现代建筑是社会激变的一部分，可以促进经济、社会和政治的发展。他们对大规模生产和功能表达的兴趣，与包豪斯社会主义者的政治设想密不可分。

随着美国成为建筑革新的圣地，以及德国移民建筑师与哈里森和邦夏这些人共同成为二战后现代主义运动的先锋，社会主义者的设想显然已不复存在。那种平均主义的社会被更广泛的民主社会所取代，政治使命被艺术使命所代替。[33]建筑在表面上看起来未曾改变，但对于那些理解它的人来讲，其意义已经转变。现代主义是纳粹和斯大林统治下的苏联共同谴责和拒绝的建筑形式。单就这个原因，它就准确传播了美国的声音。也正是基于同样原因，美国建筑师急于，或者说太急于重新定义德国的现代主义。

注　　释

1. 见第一章。

2. 对这些事件的全面说明，见威廉·曼彻斯特:《美国恺撒》，利特尔—布朗公司，1978 年版，第 459—544 页。

3.《建筑实录》77 期，1934 年 5 月，第 438—443 页。

4. 威廉·布瑞尔致作者的信，1993 年 8 月 17 日。

5. 1952 年雷蒙德当选为美国建筑师协会会员，1953 年因横滨美孚石油公司住宅获得日本建筑师协会奖章。

6. 拉迪斯拉夫·雷铎与作者的访谈，1993 年 3 月 23 日。

7. 关于雷蒙德作品和他设计意图的最好资料在他的自传中。约翰·温特在《当代建筑师》（圣马丁出版公司，1980 年版）中的文章“安托宁·雷蒙德”对雷蒙德的职业生涯和作品进行了有益的概述。

8. 雷铎与作者的访谈。

9. 同 8。

10. 同 8。

11. 同 8。

12. 大仓达也与作者的访谈，1993 年 7 月 10 日。

13. “日本东京的美国使馆外交官公寓”，《建筑实录》116 期，1954 年 9 月，第 167 页；“在远东”，《美国新闻与世界报道》，1954 年 3 月 19 日，第 47 页；温特:《安托宁·雷蒙德》，第 659 页。关于读者文摘大楼，见“防震办公楼”，《建筑论坛》96 期，1952 年 3 月，第 99—107 页；“野口勇作品”，《艺术和建筑》69 期，1952 年 6 月，第 26—27 页。

14. 乔治·凯南:《生活速写》，万神殿图书公司，1989 年版，第 121 页。

15. 劳伦斯·拉金与作者的访谈，1997 年 7 月 31 日。

16. 关于 1952 年的修正案，见 H. R. 1396，第 2 页。外交建筑局通常把德国项目全部归功于 SOM 建筑事务所，美国媒体则把德国项目归功于邦夏，至少将他列为部分项目的设计负责人，将阿佩尔作为顾问建筑师。而德国出版的《B + W》

则将阿佩尔作为项目负责人，把 SOM 称为合伙建筑师（1956 年 4 月）。

17. 柯林斯基：《戈登·邦夏》，第 19 页。

18. “行政管理辅助团队报告”，《外交建筑局建筑和维护手册》，1979 年 3 月，第 8 页。

19. 《德国项目听证会》，1953 年 2 月 17 日，第 16 页；众议院拨款小组委员会：《1955 年拨款》（1954 年），第 388 页。

20. 法兰克福领馆的设计刊登于《建筑论坛》，1953 年 3 月，第 110 页。

21. 建筑咨询委员会会议纪要显示，1955 年 10 月 19 日，委员会成员贝鲁斯基、沃克、谢普利和麦克布莱德考虑了“考尔德”雕塑，建议 SOM 建筑师大卫·休斯重新提交更好的方案。从 1957 年起，建筑咨询委员会改称建筑咨询小组。在 20 世纪 70 年代晚期，它被短暂的称为外交建筑顾问团，目前叫做建筑咨询理事会。

22. 阿妮塔·莱尔德致作者的信，1992 年 1 月 21 日。

23. 罗伯特·哈兰致朱迪思·莱纽斯的信，1982 年 4 月 2 日。

24. 亨利·谢普利，在慕尼黑领馆的会议纪要，1954 年 10 月 4 日，外交建筑局杂项档案。

25. 同 23。

26. 《建筑论坛》，1953 年 3 月，第 109 页。

27. 《国会记录》，82 届国会第 2 次会议，1952 年 4 月 1 日，第 3331 页。

28. 苏尔茨伯格：《烛光、记忆和日记的长痕，1934—1954》，麦克米伦出版公司，1969 年版，第 456 页。

29. 《德国项目听证会》，1953 年 2 月 17 日，第 33 页。

30. 詹姆士·里德尔伯格，同上，第 16 页。

31. 同 30，第 7 页。

32. 雨果·莱普齐格·皮尔斯：“建筑作为政治武器”，《美国建筑师协会会刊》14 期，1950 年 11 月，第 204—206 页。

33. 有关二战后现代主义如何转换重心的讨论，见彼得·布莱克：《最好的乌托邦：我们拥有的现代建筑和设计公司》，阿尔弗雷德·诺普夫公司，1993 年版。

第五章

现代建筑受到攻击

1952 年是外交建筑史上的分水岭。外交建筑局运转照常。这年 1 月份，位高权重的拉金以 70 岁高龄退休，由利兰·金继任。拉金执掌外交建筑局长达 15 年，被称为“外交界的传奇”，他身后留下了“遍及世界各地的房产”，受到同事称颂。副国务卿帮办赫姆尔森代表国务院称赞拉金和利兰·金，他们所做的一切使“我们的驻外机构更好地展现了美国的伟大和世界地位”。[1]

利兰·金对可能影响外交建筑项目的政治事件保持着警觉，但并未意识到 1952 年会是一个转折点。1952 年初，外交建筑局及其世界各地的项目得到了杜鲁门政府和民主党领导下国会的强有力支持。1952 年 3 月，众议院就《外交建筑法案》修正案进行辩论，尽管外交建筑项目和使用国外信贷的做法遭到了激烈的反对，但利兰·金最终还是赢得了重大的立法胜利。国会批准了 9000 万美元的国外信贷，用于融资雄心勃勃的外交建筑项目，包括 85 个办公楼、14 个大使和公使官邸、245 处官员住宅、568 套外交官公寓、54 处专员住宅。[2]1952 年夏天，利兰·金聘请 SOM 公司设计在德国的项目，扩大了巴黎办公室的规模和工作范围，并请雷蒙德和雷铎设计雅加达新使馆。他本人则继续和伦敦的威斯敏斯特公爵进行艰苦谈判，争取格罗夫纳广场西侧一块地皮 999 年的租用权，用以建设驻英使馆。外国政府不能在伦敦拥有土地，只能租用，因此必须为使馆项目争取长期的土地租用权。同样在 1952 年，外交建筑局在里约热内卢、哈瓦那和亚的斯亚贝巴完成了新建使馆；翻新了萨格勒布、贝尔格莱德、都柏林和亚丁的房产；在安卡拉、那不勒斯、马德里、马那瓜、吉达、德黑兰和曼谷的项目也有进展。利兰·金聘请沙里宁设计赫尔辛基使馆，雷普森和默伦继续设计斯德哥尔摩、哥本哈根、奥斯陆、海牙使馆和勒阿弗尔、纽利、布伦的新项目。

位于莫斯科红场的美国使馆被斯大林收回后，利兰·金租用并整修了一幢新完工的柴科夫斯基公寓大楼，用作使馆办公和住房。同伦敦一样，美国政府也不能在莫斯科拥有房产，必须向苏联政府租用，苏方负责提供施工和维护服务。利兰·金将建筑内部拆空，让苏联人按美国规范重新改造。这样做虽然扩展了使用空间，却使苏联政府得以控制和监听大楼——这让美国政府后悔莫及。但办公室遭窃听并未困扰乔治·凯南大使，当利兰·金提出用铅来屏蔽大使办公室时，凯南拒绝了，他说窃听器可以让他和克里姆林宫“直线联络”。

1952年，《外交建筑法案》修正案带给外交建筑局更多的国外信贷使用权，这笔资金可以维持至少五年的项目开销。修正案扩大了外交建筑局的权限，促进了项目运作程序的变革。外交建筑局第一次可以将拨款用于置换、修缮房产和配置家具，可以租用并为艺术品上保险。为了进一步扩大国外信贷的使用，修正案使外交建筑局免受只能购买美国产品的新要求，并允许采取更灵活的方式，支付在海外工作的建筑师和工程师。[3] 但这些修改在修正案的讨论中都不占主导地位，真正成为辩论焦点的两个主题是：对国外信贷的进一步使用和对安全的全新关注。

1952年，修正案的顺利通过证明，国会支持为外交人员提供合适的办公和居住条件，这种支持是建立在两党热衷于尽一切努力恢复国外信贷的基础之上。“外交建筑项目可以通过进一步授权使用国外信贷，而不是花美国纳税人金钱的方式来完成。”正是这种观念推动了修正案的通过。[4]

副国务卿帮办赫姆尔森告诉参议院外交关系委员会，在1952年有价值大约7.5亿美元的国外信贷。[5] 也有人说这个总值达到了9亿美元。国会中没人想让这笔钱白白溜走，哪怕是花在国务院项目上。在众议院关于1952年修正案的报告中，外交事务委员会形容情况紧迫，首要的立法目标不仅是要提供外交办公和居住用房，更主要是最大限度恢复国外信贷。“必须强调，这些资金永远不可能转化为美元了”，报告说，“如果不在货币所在国使用，就会白白流失”。[6] 报告回顾了里约和哈瓦那使馆项目，强调即便在没有国外信贷的国家，这些资金也可以通过转换的方式加以利用。

反对政府外交政策和不信任国务院的议员认为，外交建筑项目增长过快，不过他们还是支持通过外交建筑项目来恢复外国政府所欠贷款的做法。议员们被使用国外信贷而非纳税人金钱的想法吸引。修正案支持者一针见血地指出，通货膨胀正在蚕食国外信贷的价值，对法案的修正就是要方便外交建筑局在海外购买材料和服务。国外信贷的有效性因地而异，如何使用这些资金必须通过与各国谈判达成协议。例如，在德国，美国政府通过出售剩余物资，获得了价值 69 606 217 美元的国外信贷。[7] 除了法案授权的 9 000 万美元国外信贷外，1946 年国会授权的 1 500 万美元国外信贷还剩下 1 400 万，外交建筑局也可以使用。为最大限度使用国外信贷，外交建筑局计划用外币支付所有承包商，并在当地购买或制造建筑材料。东京公寓中的家具就是在当地定做的。尽管可以使用国外信贷购买当地材料，但比起所有材料在美国购买并运到现场，外交建筑局的可选余地却要小得多。而且，如果议员们意识到，外交建筑局从国外供应商那里购买材料、瓷器、水晶和家具的大单合同，本可以给他们在国内的选举人的话，议员们肯定会给外交建筑局找麻烦的。

实际上，在 1952 年修正案通过之前，对外交建筑使用国外信贷的做法就有反对意见。共和党议员托马斯·柯蒂斯指出，国会被修正案的文字“彻底蒙蔽”，他在 1952 年 4 月告诉国会，外交建筑项目不仅现在要花费纳税人的钱，以后的花费还会远远超出法案支持者所认可或知道的数额。他驳斥了如果不用于外交建筑，美国将永远失去这些信贷的说法。[8] 加州共和党议员约翰·菲利普斯强调，国外信贷的初衷仅限于投资工业，加强所在国经济。民主党议员威廉·兰塔夫谴责了“华丽的外交建筑项目”，并质询国会，为何不把这笔资金用于购买战略物资或支付海外军费。[9] 在国会以 2∶1 的大比例通过修正案的第二天，柯蒂斯怒斥国会对修正案的问题视而不见，谴责这是浪费与无能的表现。“难道我们需要用为外交代表建造宫殿的方式来传播民主吗?”在他15分钟的演讲中四次用到“宫殿”一词。他最后指出,“我希望参议院能彻底审查此法案,这样我们就不必回到选区向选民解释,为什么在国内没有钱来遏制洪水,却有足够的钱在西班牙建造城堡”。[10]1952年初,尽管有质疑声存在,但并未形成对外交建筑项目的大规模反对。参议院在1952年5月通过修正案,此法案以法律的形式开始生效。

增强使馆安全的新需求同样推动了1952年的修正案。直到二战,人们对外交建筑安全的考虑仅限于火灾、盗窃、抢劫和非法闯入。但随着冷战的到来,新的威胁也随之而来。由于不断担心美国使馆受到外国政府的监视,加之电气设备的广泛使用,处理和储存的敏感信息激增,促使参议院授权西奥多·格林和亨利·洛奇参议员领导了安全调查。他们在1950年提交的报告内容被收入到1952年《外交建筑法案》修正案中。调查结论包括,政府拥有外交房产的所有权会大大降低安全威胁。报告写道,“出于安全原因,美国政府应该拥有而不是租用外交房产”。[11]在外交建筑局项目听证会上,格林说,“洛奇参议员和我进行了充分研究,认为租用房产是非常危险的。我们发现墙体布满了监听线路……能够确保安全的唯一途径就是拥有这些房产。只有监督外交建筑的建设,才能确保安全”。[12]

为支持这个论断,两位参议员列举出诸多存在于外交建筑的安全隐患。他们呼吁政府拥有自己的外交房产,以便对电报和密码室这些安全敏感部门进行特殊建设,对需要密闭环境的特殊设备加以保护。在报告中,他们列举美国驻波恩使馆有六幢独立建筑、德黑兰使馆有三幢、斯德哥尔摩使馆有四幢,呼吁国务院把分散的办公室整合成"“统一的”办公楼。

有了参众两院的支持,获取外交房产所有权成为国务院一项主要政策。它表明投资新建外交建筑,甚至是旧有外交建筑,是正确的,这对外交建筑局申请9 000万美元预算是强有力的支持。在为1952年《外交建筑法案》修正案辩解时,外交建筑局和国会的支持者们声称,项目整合可以减少人员数量和租金开支,[13]他们还称项目整合可以减少维护费用和行政开支,但审查过建设项目的人都能看出,新建项目意在增加而不是缩减人员,与之相关的维护费用也是有增无减。

有了国会的强力支持，外交建筑局开始着手项目建设，尽管国会将其1953财年的拨款由2 000万减少到650万（国务院必须从已经批准的预算中申请年度用款，而国会拨付的通常少于申请数额）。绝大多数支持修正案的人是为了恢复国外信贷和增加外交机构安全防范，而不是出于对外交建筑项目、对它的管理或建筑本身的责任。

1952年11月大选的结果是艾森豪威尔入主白宫，杜勒斯成为国务卿。外交建筑局发现自己的地位岌岌可危。节俭突然成为那个时期的口号，杜勒斯1953年上任伊始，就大规模削减并重组国务院机构。共和党人不仅在23年后首次赢得总统选举，还以微弱优势掌控参众两院。艾森豪威尔专注于共产主义的威胁及美国该如何应对，麦卡锡参议员对共产主义的激烈言辞在选举中起了作用，他的反共迫害和制造莫须有罪名的策略深深影响了国务院，对外交人员尤其是一场浩劫。凯南就被杜勒斯从驻苏联大使的职位上撤换下来，离开了工作27年的国务院。他后来写道，“为迎合国会的报复心理，杜勒斯党羽操纵了彻底的、毫不留情的大清洗行动”。[14]

选举前，利兰·金已经感觉到了国会调查所带来的压力。在得知国会质问德国建房项目的高成本后，利兰·金意识到这是不祥的征兆，他开始削减开支，摆脱浪费的罪名。接下来，在参议院外交关系委员会的听证会上，格林参议员询问赫姆尔森，外交建筑局是否有使馆规划和设计的书面政策，赫姆尔森回答没有。格林举例批评新西兰大使官邸远离首都惠灵顿，要求利兰·金和赫姆尔森就使馆选址问题拿出明确的政策。[15]格林的真正意图是从政策上全面压制外交建筑局。选址、选择建筑师或建筑方案从未形成规章。尽管外交建筑局是政府部门，但却不受任何政策限制，它更像半独裁统治的小自治区，它的统治者（最早是拉金）可以独立决策。制定使馆选址政策仅是对外交建筑局自治权加以限制的一小步，11月总统大选后，这种限制就更加明晰了。

在总统大选后，利兰·金感到了新的政治氛围，但他仍未对外交建筑项目的可行性和他对项目的控制力产生质疑。利用充足的国外信贷和宽松的监督审查，外交建筑局得以继续发展，买地、租房并设计前卫的新建筑。曾经的浪费是毋庸置疑的。充备的国外信贷导致了对经济控制的松懈。挥霍无度和效率低下都是议员们攻击的目标。另外，拉金多年来树敌很多，这些人也急于向外交建筑局发难，指责那些未被更新的办公室、失灵的空调、空荡荡的游泳池、不舒适的现代椅子。利兰·金并不为自己缺乏拉金那样的政治关系网庇护而担心，他真诚地相信外交建筑项目完全“与政治无关”。

仅仅在几个月的时间里，外交建筑局陷入了一系列调查的窘境——它的管理、人员、预算，甚至建筑外观都受到审查。借助广泛蔓延的安全担忧，加之某些对外交建筑局心怀不满的员工的鼓动，国会和预算调查人员甚至质疑利兰·金的忠诚，试图发现他的管理失误和渎职行为。新任命的国务院官员要求来自国务院以外的人员调查外交建筑局，并批评里约、哈瓦那和马德里使馆形象不妥。这些官员反对现代建筑所营造的视觉奢华、高昂造价和产生的消极影响。

最具破坏性的影响就是人们将这些新使馆同联合国总部进行比较。联合国总部的秘书处大厦和大会议厅震惊了公众和设计界人士，其中不乏知名建筑师鲁道夫·辛德勒、布鲁斯·戈夫和皮特罗·贝鲁斯基，他们对秘书处摩天楼感到失望，质疑大楼的设计标志着建筑的终结而不是新飞跃。保罗·鲁道夫批评大会议厅时直言不讳，形容它把“所谓国际风格带到了尽头”。[16]尽管里约、哈瓦那和马德里使馆的规模要小得多，但还是常常被拿来当作“国际风格”的例子与秘书处大楼进行比较。许多反对联合国组织的人也对贴上“国际风格”标签的建筑有所担忧，他们把建筑与政治上的“国际主义”联系到一起，担心外国介入有损美国利益。

对“所谓国际风格”的批评出现时，SOM 正在进行德国新领馆和美国之家的设计，沙里宁刚刚完成赫尔辛基使馆的方案，而利兰·金也刚就新德里使馆设计与斯东展开讨论。此时，建筑界对外交建筑项目也有些许疑虑，当然这些疑虑并不是来自建筑本身，而是出于职业妒忌。哈里森和阿伯拉莫维茨完成了外交建筑局两个项目，SOM 垄断了德国项目，正如贝鲁斯基后来写到的，其他建筑师也想从外交建筑项目中分一杯羹。[17]

这些攻击严重扰乱了外交建筑计划，阻碍了建筑进展，最终导致新建项目推迟。如果不是建筑师和建筑评论家的支持，利兰·金将会成为杜勒斯清洗的牺牲品。现代建筑挽救了利兰·金在外交建筑局的仕途。现代主义在当时被视同于民主，在杜勒斯时期，现代主义作为外交建筑的官方形式得以繁荣。

1953 年 1 月，杜勒斯到任后不久就任命唐纳德·劳里为负责行政事务的副国务卿，要求他在国务院强力推行节约措施。杜勒斯称，劳里是“最有能力的行政官员之一”。劳里由爱德华·威利斯协助工作。威利斯在 1953 年 3 月份取代赫姆尔森成为助理国务卿。他是职业外交官，曾在西欧、北非和加拿大工作。劳里向杜勒斯汇报，威利斯向劳里汇报，利兰·金则向威利斯汇报。在总结国务院及其任内的职责定位时，杜勒斯说，“这届班子的目标是节约、平衡预算、相应削减开支”。上任一个月后，他就向国会炫耀，劳里已裁员 1 066 名，“这是非常实际的节约资金的手段”。[18]他还要求劳里继续裁员。

批评者谴责驻德最高专员办公室早期建筑的浪费，但外交建筑局对此并没有直接责任，在听到这些批评声音后，利兰·金提醒 SOM 在今后的新设计中避免奢侈浪费。他强调节约的必要性，并宣布“为形式而形式的时代结束了”，这宣告设计革新已经“成为潮流”。[19]劳里感兴趣的不仅是表面的节约，他要求将德国项目预算削减 2 475 580 美元，在进一步研究后，又削减 3 192 962 美元。预算局随后再削减 5 676 458 美元，德国项目总预算由原先的 1 900 万美元削减为 765. 5 万美元。由于国务院削减项目的规模和范围，设计被修改，项目被搁置，建筑师和外交官的希望破灭也就不足为奇了。

1953 年 3 月 18 日，前杜鲁门政府计划拨给外交建筑局的 1 500 万美元预算在提交众议院拨款委员会时已仅剩 500 万美元，这笔钱将在 1954 财年支出。这意味着某些项目要被推迟，某些项目则要被取消。利马、蒙特利尔、马赛、开罗和亚历山大项目被取消；保留的项目有新德里使馆办公楼、

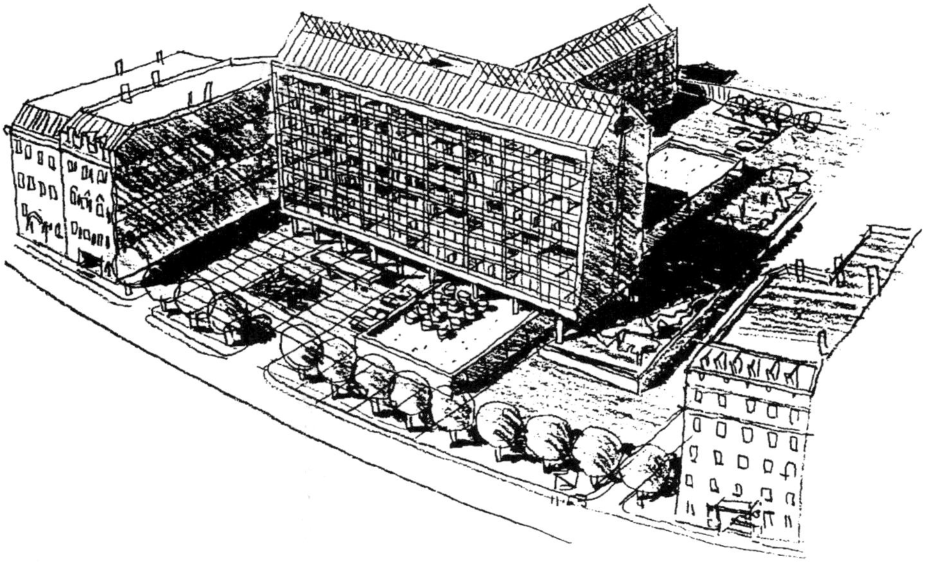

图 34

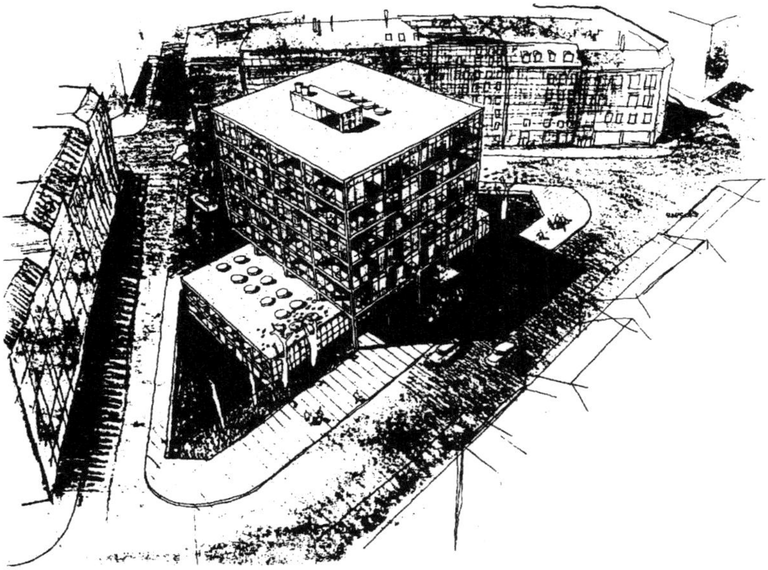

图 35

图 34（上）：方案，美国使馆，巴黎，法国。雷普森和默伦，1952 年。未实施。

图 35（下）：方案，美国使馆，奥斯陆，挪威。雷普森和默伦，1951 年。未实施。

图 36

图 36、37：美国使馆外交官公寓（佩里公寓），东京，日本。雷蒙德和雷铎设计，1949—1952 年。后被拆除，新建由哈里·维斯设计的三井公寓。
上图，立面。右图，室内定制的家具。

图 38（下）：美国领事馆，杜塞尔多夫，德国。SOM 事务所的戈登·邦夏设计，1952—1953 年。

图 37

图 38

图 39

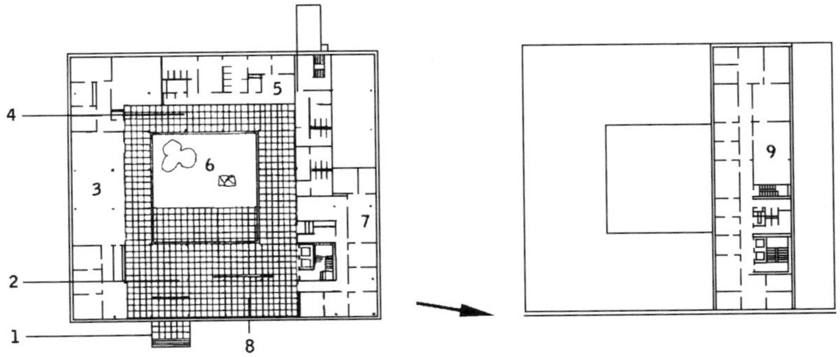

图 40

图 39、40：美国总领馆，法兰克福，德国。SOM 和阿佩尔设计，1952—1954 年。上图，夜景。下图，平面。

1. 入口
2. 签证等候区
3. 签证处
4. 移民等候区
5. 公共健康服务
6. 庭院
7. 护照办公室
8. 接待处
9. 办公室

图 41

图 42

图 43

图 41（左上）：前美国领事馆，斯图加特，德国。SOM 和阿佩尔设计，1952—1955 年。

图 42、43：美国总领馆，慕尼黑，德国。SOM 和塞普 · 拉夫设计，1952—1955 年。右上，立面。下图，1992 年拍摄的一层窗户。

图 44

图 45

图 44、45：美国总领馆，慕尼黑，德国。上图，哈里·伯托埃的雕塑。左图，1992 年的签证等候室。

图 46（下图）：美国之家方案，法兰克福，德国。SOM 的邦夏设计，1952 年。未实施。在玻璃房子的方案基础上发展而来，美国之家意在“兜售美国”。

图 46

图 47

图 48

图 47（上）：罗马教皇使团，华盛顿特区。弗雷德里克·墨菲设计，1938—1939 年。这是使馆区中的“文艺复兴式宫殿”。

图 48（下）：美国使馆，雅加达，印度尼西亚。雷蒙德和雷铎设计，1953—1958 年。印度尼西亚总统苏加诺希望建成一座高楼。

图 49

图 49：美国总领馆，香港。WBE 公司设计，1954—1957 年。

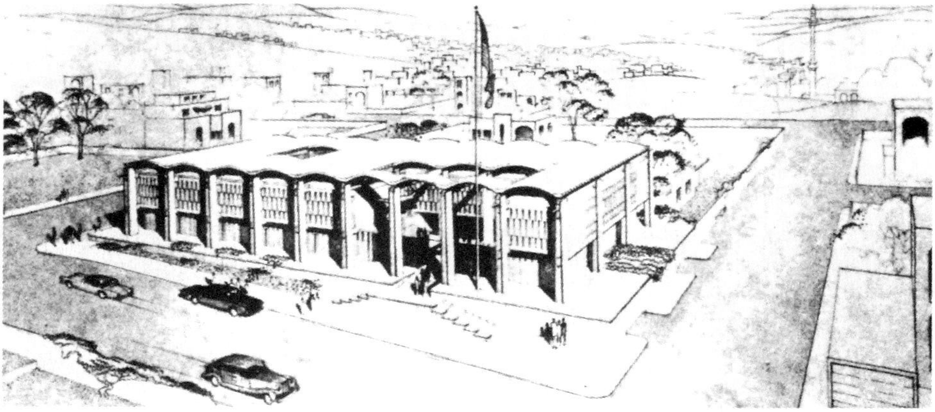

图 50

图 51

图 52

图 53

图 50（前页上）：美国使馆方案，安曼，约旦。保罗·鲁道夫设计，1954 年。未实施。修改了五轮，这个方案未能赢得评委的青睐。

图 51（前页中）：美国大使官邸，特古西加尔巴，洪都拉斯。迈克尔·黑尔设计，1954—1958 年。外交建筑局要求建筑师增加“景窗”来引入室外迷人的景色，但黑尔拒绝这样做。

图 52（前页下）：美国领馆方案，圣保罗，巴西。密斯·凡·德·罗设计，1958 年。未实施。

图 53（上）：美国使馆，新德里，印度。爱德华·斯东设计，1954—1959 年。包裹在白色格栅后面的玻璃盒子建筑貌似规模宏大，实际只有两层高。

图 54

图 55

图 54（上）：东方航空公司航站楼，洛根机场，波士顿。山崎实设计，1967—1969 年。模型。

图 55（下）：美国使馆方案，曼谷，泰国。约翰·卡尔·沃内基设计，1957 年。模型，未实施。其模仿了泰国佛塔的设计广受好评。

图 56

图 57

图 56（上）：美国总领馆方案，罗安达，安哥拉。路易·康设计，1960 年。未实施。

图 57（下）：美国使馆方案，贝鲁特，黎巴嫩。雷夫·雷普森设计，1953 年。未实施。

图 58

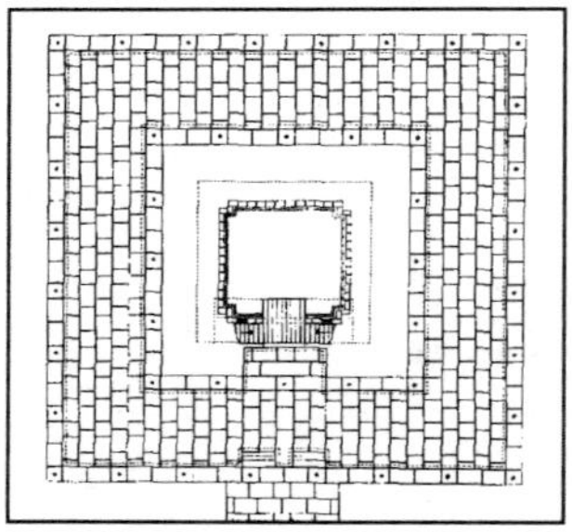

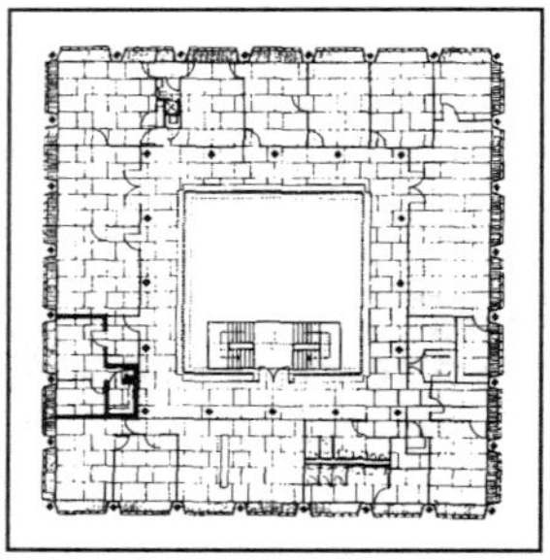

图 59

图 58—60：前美国使馆，阿克拉，加纳。哈里·维斯设计，1956—1959 年。

上图，立面。中图，一层和二层平面。右图，锥形的混凝土柱细部。维斯说柱子的设计灵感来自非洲长矛。

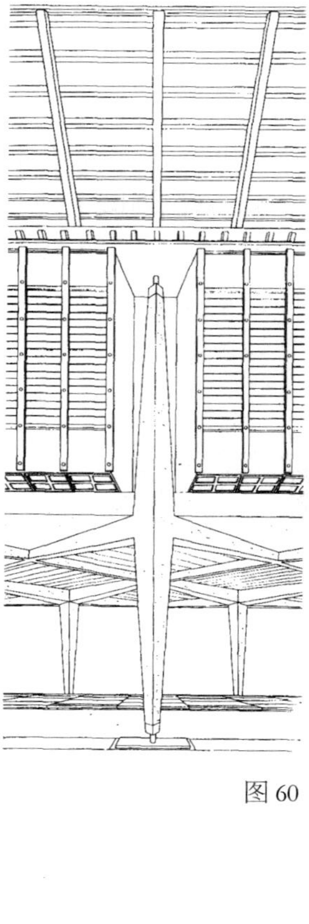

图 60

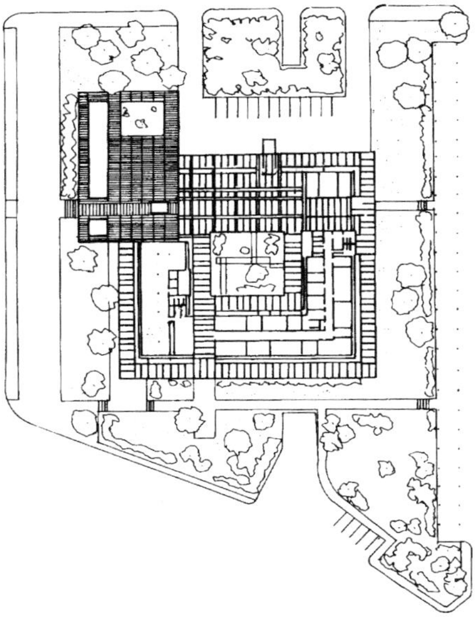

图 61

图 62

图 63

图 61、62：美国使馆，雅典，希腊。沃尔特·格罗庇乌斯和 TAC 设计，1956—1959 年。

左上，首层平面和总图。右上，1980 年拍摄的照片，主入口在左前方。

图 63（下）：前美国使馆，利马，秘鲁。凯斯—莱斯布里奇设计，1956—1959 年。使馆建在繁华的城市中心区，20 世纪 90 年代被更安全、更难靠近的新使馆代替。

图 64

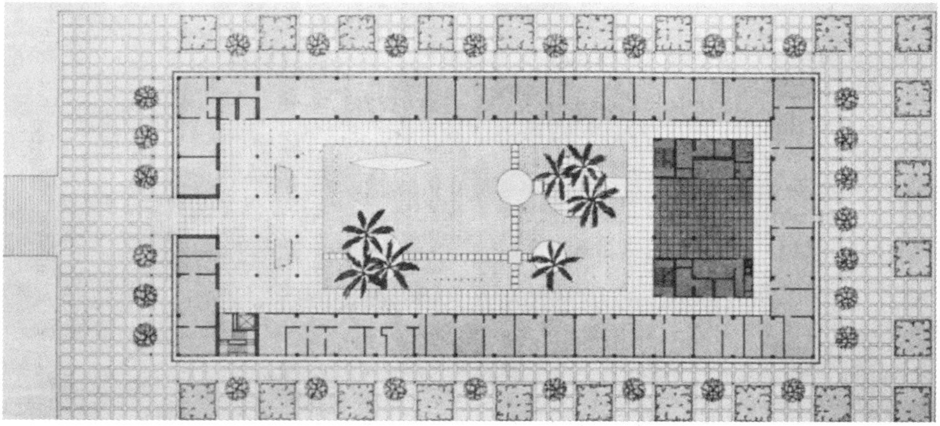

图 65

图 64、65：美国使馆，新德里，印度。上图，热带内庭院。下图，庭院平面。

图 66（左）：美国使馆，雅典，希腊。庭院。

图 67（右下）：美国使馆，墨西哥城，墨西哥。西南建筑师事务所，1957—1961 年。庭院。

图 68（左下）：美国使馆，奥斯陆，挪威。埃罗·沙里宁设计，1955—1959。柚木装饰的庭院。

图 66

图 67

图 68

图 69

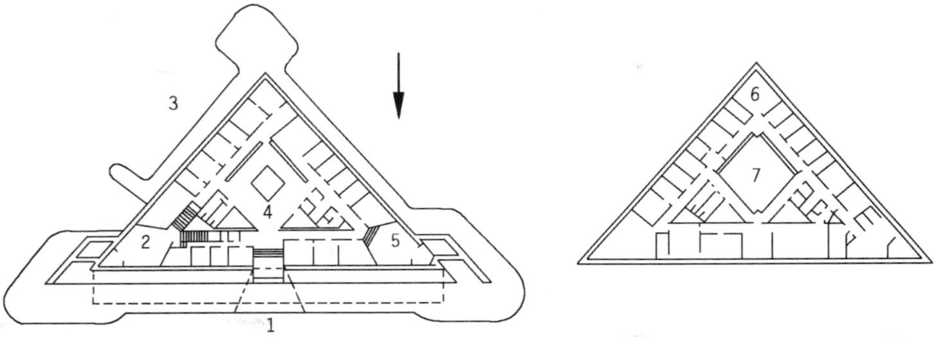

图 70

图 69、70：美国使馆，奥斯陆，挪威。

上图，立面，中央是美国新闻处入口，主入口在右侧的雨篷下。沙里宁选择了碎花岗岩骨料，这种材料随着岁月而变暗。窗框是白色的。下图，首层和标准层平面，平面图源自 1959 年的《建筑论坛》。

1. 入口
2. 美国新闻处门厅
3. 停车处
4. 门厅和接待庭院
5. 领事部门厅
6. 管理办公室
7. 封闭庭院

官邸和外交官公寓楼（100 万美元），特古西加尔巴使馆办公楼（30 万美元），美墨边界的领馆（65 万美元），赫尔辛基使馆附属建筑（60 万美元），勒阿弗尔领馆（15 万美元），西班牙港使馆办公楼（8 万美元）。

为满足裁员的要求，利兰·金不得不减少两名建筑师，弗兰克·哈里森首当其冲。但利兰·金对他的解雇却引起了艾伦·唐纳德森的强烈反应，唐纳德森代表哈里森猛烈抨击利兰·金，“管理混乱和腐化”的“暗中诽谤”广为流传。他还说服国会议员沃尔特·里尔曼写信给杜勒斯，警告外交建筑局可能带来的麻烦，拖延调查结果出炉。[20]唐纳德森的举动正好帮了心怀不轨的罗伯特·麦克里奥德，这个人是麦卡锡在国务院的“走狗”，他组建了国务院安全部门，暗中监视外交人员的私生活，以此来评估他们的“忠诚度”，为国务院扫除“威胁”。他清除可疑的同性恋者、慕男狂和其他危险人物或自由主义者。麦克里奥德是作为安全和领事事务局行政官进驻国务院的，但他却将注意力放在外交人员身上。里奥纳多·莫斯里写道，“麦克里奥德在上任后的几个星期就使杜勒斯公开讲话在国务院留下的士气荡然无存。他的手下撬开桌子，翻看私人信件，监听谈话，跟踪员工”。[21]国务院历史上这段悲惨时期，由于杜勒斯的默许造成对许多杰出人士的伤害。除了知名外交官乔治·凯南和查尔斯·波伦，利兰·金也感到被杜勒斯抛弃了，用他自己的话讲，“被丢入了狼群”。[22]唐纳德森因其“合作”而受到奖赏，麦克里奥德提拔他当了美国海外利益办公室主任，麦克里奥德本人最终也成为驻爱尔兰大使。

从 1953 年冬天到次年早春，利兰·金被不停地叫到国会应对各种指控，其中包括一项在伦敦房地产交易中牟取私利的罪名。许多指向外交建筑局的问题绝非善意的调查，而是折磨和恐吓。

利兰·金可能觉得自己孤立无援，但他确实还有支持者，其中一位重要人物就是国会中最有权势的鲁尼议员。1944 年到 1975 年，这位民主党人牢牢控制国务院的年度预算，即使是已获批准的资金，鲁尼的委员会也可以拒绝拨款或削减。对鲁尼而言，控制国务院预算是增强自己在外交政策上作用和影响力的手段，尽管他的影响力随着共和党控制国会（1953—

1954 年）而有所减弱。鲁尼是拉金多年的密友，他带着妻子和国会助手视察驻外机构时，拉金始终伴其左右。视察包括一些实地调研，但更主要是消遣娱乐——有美食、美酒，偶尔还有一些个人节目。例如，鲁尼为了确保在多元文化的布鲁克林区的选票，每年都要到访爱尔兰、意大利和以色列。他希望所到之处都能受到美国官员的欢迎和款待，拉金则尽最大努力进行安排。[23]尽管鲁尼痛恨浪费，厌恶并公开蔑视外交官，但他还是为利兰·金和外交建筑局撑腰。

1953 年 3 月 25 日，当利兰·金被委员会中的共和党议员严加盘问时，鲁尼插话道：

> 尽管与我的做事风格不符，但我还是想发表一下意见。已经有许多针对外交建筑局的调查，在座的许多人也关注到此事。从我加入委员会起就认识利兰·金的前任——拉金，也从那时起就认识利兰·金。在项目和资金运作上，我还从未见过比这两位先生更好的公务员。他们是正直和能力非凡的人，最大限度节约纳税人的钱，因为所有与外交建筑有关的拨款全是财政部以外的对应基金。我信任利兰·金。这是我要说的，主席先生。[24]

来自佐治亚州的民主党议员普雷斯顿支持鲁尼的说法。共和党人沉浸在对国会短暂的控制之中，然而，国会的意愿却倒向了相反方向。

1953 年 6 月，德国建房项目听证会复会时，利兰·金表示他已将领馆建设费用削减了 29%，而且取消了所有高级官员住房和美国之家项目。他还根据预算局以及住房和家庭金融署的指示降低了新公寓的标准，这两个部门都不合逻辑地将享受补贴的低造价国内住房标准应用到海外的外交官住房上。利兰·金告诉小组委员会，这样的住房将不适合总领事、公共事务官员和高级别官员，他们将不得不在德国紧俏的房地产市场自已寻找住房。[25]他指出，德国建房项目的首要目标应该是减少美国人占用当地住房，避免哄抬租金。但那些反对浪费的议员，仅关注预算是否突破，对他的说法不感兴趣。

舆论界很快发觉国务院全面削减开支造成的影响。1953 年 6 月 10 日，《纽约时报》一篇措辞严厉的社论警告说，近期的削减开支严重影响外交人员数量，削弱美国外交实力。文章提到墨西哥城美国使馆裁员 25% 的事件，指出在世界各地进行类似的削减计划，将使美国外交政策“束缚手脚”。编者继续写道：

> 以节俭名义进行的国务院开支削减，注定将成为本届国会的一个重大错误，很难不让人质疑它是惩罚性举措。许多有影响力的议员批评过“一味奉承只求升迁的人”和“过于注重衣着的人”，只是没有点明那些人正进行目光短浅的报复行为。麦卡锡参议员让人强烈感到，艾奇逊国务卿*手下制定政策的人不是危险分子就是嫌疑犯。[26]

社论进一步指出，缺少了外交官、政治官员、劳工和商务官员、农业和经济专家、公共关系官员和其他必要人员的使馆将无法运转。社论质问“国会议员就削减问题投票时，是否想过美国是世界上最强大的国家，而且我们正面临着一场与共产主义的残酷斗争。当美国成为世界领袖时，我们的许多领馆却被迫关闭”。无论批评者是否接受庞大繁杂的使馆人员，他们都清楚地认识到，削减开支会妨碍美国外交，这是典型的“把婴儿和洗澡水一起倒掉”的例子。节约是必要的，但削减开支却以牺牲外交建筑项目为代价，无视对未来经济、政治、军事的影响。没有人考虑已经确立的目标是否应保留，如何评价削减项目的功过是非，或是怎样确定外交优先权。并不是说已确定的项目神圣不可侵犯，但批评者希望杜勒斯及其同僚，在节省开支的同时评估一下削减带来的影响。

劳里的削减计划被指责是武断而急躁的，这没有打击外交建筑局，反而有利其发展。1953 年 6 月，劳里请来了两名顾问——韦伯斯特·托德和

---

* 艾奇逊是杜勒斯前任的国务卿。——译者注

尼尔森·肯沃西，检查外交建筑项目并提出行动建议。托德是托德 - 布朗公司和纽约托德合伙公司总裁，这两个公司专长于工程、设计和施工管理，肯沃西是他的高级副总裁。托德 - 布朗公司以监督管理威廉斯堡桥修复工程（1928—1932 年）和洛克菲勒中心的施工、运营、维护、管理（1932—1942 年）而闻名。肯沃西是职业工程师，参加了威廉斯堡桥和洛克菲勒中心的建设，并管理洛克菲勒中心运营部（1933—1942 年），直到 1942 年加入海军陆战队。在军中，他设计了飞行航站和空军基地。战后，他到纽约与托德重聚。劳里、托德和肯沃西还是普林斯顿大学的同学。

托德和肯沃西对华盛顿进行了两次短暂访问，以了解外交建筑局的运作，并向劳里报告。就在独立日（7 月 4 日）周末前，利兰·金和他的项目陷入了一场危机。利兰·金回忆，1953 年 7 月 2 日，助理国务卿威利斯召集会议，“口头命令我停止使用‘现代’建筑，而接受乔治亚风格”。[27]当威利斯告诉他将把梵蒂冈驻华盛顿外交代表团的意大利风格豪华宅邸作为使馆原型时，利兰·金惊呆了。该建筑当时的官方名称是罗马教皇代表团，但通常被叫做“梵蒂冈使馆”，现在是副总统官邸（1984 年和梵蒂冈建交以来，它被正式叫做罗马教廷大使馆）。利兰·金对此提议深感困惑，因为这个原型根本不是“乔治亚风格”。华盛顿建筑师弗雷德里克·墨菲于 1938 年设计了这座建筑，很明显，参照的是文艺复兴时期的建筑(图 47)。

尽管面临风险，利兰·金还是勇敢地捍卫他的外交建筑项目并沿用现代建筑。私下里，他称威利斯的建议是“愚蠢”的。在给威利斯的信中，他公开提出以下九点：由“现代形式”向“传统形式”的转变将使投资 900 万美元的 22 个项目受到影响，几乎所有参与设计的建筑师都将辞职；过去 10 年间，现代主义以外的建筑形式在美国和海外几乎一事无成，这主要是经济和技术原因；“即便在更保守的艺术圈里，‘现代’形式也丝毫不逊色于其他艺术形式”；过去 20 年间，没有任何学校和团体将建筑奖授予传统形式；没有理由将高品质的现代建筑同实验性或晦涩难懂的建筑混为一谈；建筑界知名人士不会为操控设计的客户工作；外交建筑局聘用私人建筑师和工程公司的政策在业内广受赞扬，并为政府节约了资金；国会最近要求公共房屋管理局所有项目都要聘用“有竞争力的私人建筑师”；《生活》和《建筑论坛》关于外交建筑局的文章中没有对“现代”建筑提出过批评。“公众普遍钟情于美国风格的建筑，让我相信这是对建筑风格的真正认同”。[28]

在总结时，利兰·金指出，“作为现代主义的佼佼者，美国建筑要想真正代表进步和典型的美国生活方式，国务院就应该顺从世界范围的现代主义趋势”。[29]对于那些仍然担心现代建筑的人，他建议成立一个由著名建筑师、国务院和民众代表组成的设计审查委员会。

1953年7月9日，利兰·金会见了威利斯和预算官爱德华·威尔伯，次日，他再次致信威利斯，进一步要求成立设计审查委员会，他急切希望委员会可以认同他的设计政策并保护设计免受干扰。他认为，如果所有重要项目都交给“业内专家组成的委员会，并由他们给出意见”的话，设计问题将得到解决。他建议委员会成员应包括美国建筑师协会主席选定的一位代表，劳里和威利斯选定的一位国务院代表，外交建筑局局长，一位来自国家美术委员会（NCFA）的代表——大卫·芬利、约瑟夫·赫德纳特或是皮特罗·贝鲁斯基。当时，芬利是国家美术委员会主席和国家美术馆馆长，赫德纳特是国家美术委员会委员和哈佛设计研究生院院长，贝鲁斯基是国家美术委员会委员和麻省理工学院建筑系主任。[30]

不久，托德在致劳里的长信中勾画了他的设想，包括建议设立一个类似的建筑咨询委员会。[31]他称赞外交建筑局通过使用“冻结”的国外信贷而节省纳税人金钱的做法，称赞其早期作品正确考虑了周围建筑，“与场地相适应”。但是，在谈到他自己和肯沃西的立场时，他说：“近期的建筑有些过分热衷所谓的‘现代主义’……它的适当性在近期一些项目中引发了强烈争议。”他说外交建筑局缺乏足够的指导，需要明确建筑政策。他问道，政策的目标是投身“国际风格的现代主义”，还是以因地制宜、促进外交发展为目的，提供必要而充足的外交建筑？他还指出，外交建筑局与国务院之间的业主—客户关系有些混乱，需要澄清。

肯沃西的建议既简洁又出奇的公正，包括：明确外交建筑局为国务院服务；修改建筑政策，强调发展外交的重要性和有效的平面布局，而不是建筑风格；成立由国外政府指定人士组成的名誉委员会，对建筑形式提出建议；成立一个小型的“平衡良好的”美国建筑师咨询委员会，对建筑政策提出建议；成立一个小型的杰出室内设计师组成的名誉委员会；制定并遵守一部外交建筑局政策与标准的完整手册。托德知道劳里将为外交建筑局任命新的领导。他说，继任者应该支持国务院的政策，应该具备施工和建筑经验，最好来自国务院内部。

接到托德的信后，劳里要求两位顾问做进一步建议，但他们没有给出更多的具体措施。肯沃西说，他不知道究竟能提供什么具体措施，“我就是措施!”[32]从1953年9月开始的9个月里，肯沃西即以外交建筑局代理局长的身份负责重组工作，包括起草新的（实际上是第一份）建筑政策，决定如何处理推迟的项目，建立管理系统，迅速地挑选一流的建筑咨询委员会成员。

利兰·金的某些想法可能得到了贯彻，但他保护自己的努力却失败了。他在1953年夏天被威利斯“解雇”了。这个事件的悲剧在于，利兰·金认为自己是1953年一系列事件的受害者，却从没认识到他的离开是政治环境所迫，而且是不可避免的。拉金退休时仍和鲁尼保持密切联系，继续在幕后做着顾问工作，躲开了公众视线，避免了和利兰·金一样的命运。

利兰·金的强硬使他在外交建筑局鲜有朋友，在外交圈中就更少了。后来的外交建筑局局长约翰斯东不认同利兰·金是被拉金的敌人搞下台的说法。他回忆说，“大使想要什么东西，只要和拉金关系好就能得到；如果拉金不喜欢他，他就得不到。”因此，拉金有许多敌人。利兰·金也是如此。约翰斯东形容利兰·金是拉金的“挚交”，一个“自视清高的人”。[33]外交建筑局前副局长保罗·赛瑞认为利兰·金是“粗暴”的人。[34]然而，有人对利兰·金评价极高。建筑师雷铎形容利兰·金是“我非常喜欢的专业合作者之一”，称赞利兰·金不是官僚。最终，正是这个原因可能导致利兰·金丢掉了工作，但却取得了在任时的成绩。雷铎称赞利兰·金在重重困扰中仍然坚定地支持现代建筑，“他勇敢地推翻了伪殖民式的建筑政策，转向创造性的美国式建筑实践，这对现代建筑的发展具有历史意义”。[35]

当其他政府建筑热衷于传统形式时，利兰·金还能坚持进行现代建筑。对于这个问题，利兰·金这样回答道：

> 首要原因在于项目运作过程中，几乎没有来自国务院、国会或媒体的指导和限制。这种行动的自由，加上有组织的自治机构和独立拨款，是很多其他政府部门不曾拥有的……这种来自行政系统的自由从1941年持续到1953年中期，直到助理国务卿威利斯要把这些项目置于外交控制之下。[36]

他还应该加上一点，从1953年开始，国会也试图扩大对外交建筑项目的影响力。

利兰·金离开外交建筑局时，美国建筑师协会执行主席艾德蒙·普沃斯称赞他为现代建筑作出的贡献，以及对私人设计公司的支持。弗雷德里克·古特海姆在《进步建筑》撰文重申了这种赞扬，形容外交建筑局是“政府机构中最好的建筑管理部门”。古特海姆当时是美国建筑师协会助理执行主席，他为外交建筑局在1953年遭受的浩劫而悲恸。他称赞外交建筑局巴黎办公室主任雅各布斯在欧洲的“杰出工作”，提到了邦夏和雷普森的优秀作品，说他们是公共建筑的“最佳人选”。[37]作为美国建筑师协会的发言人，古特海姆宣称“使馆这类的重要公共建筑应该由私人建筑师设计”。他担心胆怯、容易妥协的行政人员取代利兰·金的位置。他强调，重要公共建筑设计要勇于创新，他为缺乏“具有利兰·金般能力”的人来接管这份工作而遗憾。[38]这是对利兰·金的支持和认可。

利兰·金将个人命运同其他被麦卡锡指控和迫害的人联系起来，他后来指出，“在我的遭遇中，受害者是外交建筑，而不是共产主义”。[39]毫不奇怪，即使后来调查结果表明，对利兰·金和外交建筑局欺诈与工作失误的指控都不成立，但他仍称这一时期的一系列事件是悲剧性的。实际上，最大的受害者不是外交建筑，而是利兰·金本人，是他对外交建筑项目管理上的自由度。利兰·金和他的外交建筑从未受过共产主义倾向的指控，但在艾森豪威尔当选后的“清洗”中，他被视为气数已尽的杜鲁门政府的遗留分子。他在任期间修建的外交建筑仅仅被指责为“不合时宜”，而不是伤风败俗的。由于有建筑界的强力支持，利兰·金的临时继任者肯沃西的开放态度，加之外交建筑项目已经成形，威利斯“使用乔治亚风格”的命令被忽略了，现代建筑得以延续。

米勒的小组委员会对外交建筑局的指控，主要集中在管理失误和浪费上，但肯沃西还是将机构重组和制定新的建筑政策作为首要任务。他必须让威利斯这样喜爱传统设计的人满意；除了满足个人喜好外，他还必须放眼于公共外交这样的重大事件。肯沃西 1953 年 10 月份的重组计划包含两个重要部分：修改建筑政策；成立委员会，对建筑方案提出建议。从肯沃西早期关于委员会的一些记录中可以明显看出，他把委员会设想为交流不同意见的论坛，而不是只会照章办事的机构。他建议委员会应包括至少一名非建筑专业的国务院官员，来代表客户的利益。当然，由三位知名建筑师和一位外交官组成的委员会不可能是开放的论坛，更不可能是听取广泛批评意见的论坛。但是如果成员足够有权威的话，至少可以保护国务院免受不必要的批评。毕竟，如果来自国务院以外的知名“专家”批准了一个设计，他们便会对方案的恰当性承担责任。如果他们认为设计合理，谁又会反对呢？成立审查委员会以远离批评，这是一种司空见惯的伎俩，但同时也是一种真诚的努力，可以让外交建筑局更好地理解什么样的建筑才能够传达国际“友善”。这种审查委员会在华盛顿已有先例，国家美术委员会和国家首都联合委员会就是两个例子。

一年后，一个由共和党人弗兰克·鲍、山姆·库恩和民主党人普雷斯顿组成的国会委员会到欧洲和远东调研，之后向众议院拨款委员会下设的小组委员会提交了一份关于外交建筑项目的报告。尽管调研始于 1953 年 9 月，但正式报告直到 1954 年 1 月才提交。在共和党处于优势的短暂时期（1953—1954 年，艾森豪威尔前半个任期），克里夫·克莱芬奇暂时取代民主党人鲁尼，担任众议院拨款小组委员会主席。该小组委员会拒绝在 1954

财年为外交建筑拨款，以表达对外交建筑项目的不满。这份被称为《鲍的报告》的调查报告增加了对外交建筑项目的忧虑，其尖锐的批评对外交建筑局随后的建筑政策产生了影响。

《鲍的报告》中充斥着“所谓国际风格建筑”的字眼及其无数的缺点，首当其冲的是，这种建筑“过于精致”，过于引人注目，不适合作为美国外交建筑。[40]报告审查了新近完成和即将完工的布鲁塞尔、安特卫普、马德里和东京项目（调查人员没有前往哈瓦那和里约，否则这些项目一定也会榜上有名）。调查人员们说，布鲁塞尔使馆办公楼与周围环境不协调，大使办公室的“现代家具缺乏高贵”；安特卫普领馆是“所谓国际风格建筑”的另一例证，也“缺乏和邻近建筑的协调性”；他们批评马德里使馆办公楼和官邸在西班牙激起民愤（但这只是空口无凭）。在表扬东京外交官公寓楼不太“奢华”的同时，他们仍对该项目提出了批评，说如果使用“更传统的设计”将大大节省成本。

报告没有预见到外交建筑未来的需求，忽视了二战后珍贵房产炙手可得的事实——即便冒着过量拥有的风险也应获取这些珍贵的房产。报告态度强硬地认为，国务院不应以投机为目的购买或持有房地产。报告还谴责外交建筑局购买与实际需求严重不符的过于精致的古老房产。当调查人员考察外交建筑局在 1948 年仅花 149 071 美元国外信贷购置的有六公顷花园的罗马别墅时，这幢别墅正被一位低级别的外交官使用。报告认为，这样做“太过张扬”，强烈要求外交建筑局立即将别墅处理掉。

报告对在巴黎购买的罗斯恰尔德官邸批评更加严厉。在重新回顾了传奇的购买史后，报告形容这个贵族官邸“毫无实用价值”，再次要求外交建筑局尽快将其处理掉。国会调查人员和审计局人员不顾它的重要位置，仅因反感其华丽外表就得出结论：“这处房产要想派上用场，必须彻底拆除重建”。[41]他们认为，外交官没必要住这样的“华丽景点”，甚至建议所有外交官都应住得简朴，尤其不能炫耀。

同时，报告也公正地指出，虽然购买罗斯恰尔德房产使用的是国外信贷，但房产的维护和运营对于美国纳税人来说是昂贵的负担。国外信贷仅是便利了房地产购买，日后的维护费用还要依靠财政拨款。

肯沃西在1953年10月起草外交建筑局第一份建筑政策时，注意到了这份调查报告。避免张扬和惹人注目、建筑应与环境相融合以及兼具实用性与美观性，这些因素都被纳入他的政策，并在后来的修改中进一步加强。他的第一份政策草稿原文写道：

> 建筑政策是要通过建筑风格和形式来提供必要的、充足的外交建筑，通过明智地评估、认知和使用与场地及所在国相符的、适当的建筑外观来展示友善。重点应该放在通过卓越的建筑品质，而不是局限于给定的建筑风格来展示友善。设计应遵循已有的成功经验，有益可靠的施工技术、材料和设备。[42]

很快，肯沃西修改了第一句话：

> 建筑政策是要通过卓越的建筑风格和形式来提供必要的、充足的外交建筑，反映美国地位，通过明智地评估、认知和使用与场地及所在国相符的、适当的建筑外观来增强友善。[43]

只是展示友善还远远不够，建筑必须具有感染力。肯沃西担心建筑师不会接受使用成熟技术和材料的要求，但他要求“防止重蹈近期设计中的失误，并明确外交建筑局不是建筑试验室”。[44]什么样的设计是失误的呢？对肯沃西而言，在烈日下的古巴建造全玻璃建筑和使用“不协调”、不舒适的诺尔家具就是失误。同样，为布鲁塞尔使馆选用同样的诺尔家具，在哈瓦那使馆安装不起作用的空调系统，里约使馆未能达到当地建筑规范，这些都是失误。其实还有许多项目给外交建筑局带来了严厉却不乏客观的批评。1954年1月，肯沃西在向新成立的建筑咨询委员会提交政策文稿时，又增加了一条建议：“建筑的建造、运营和维护过程应本着节俭又不失尊严的原则。”

在为建筑政策辩护时，肯沃西强调对建筑采取开放态度的重要性。他向谨慎的国会议员保证，“我们既不会倾向玻璃鱼缸式的现代建筑，也不会倒向乔治亚传统风格”。[45]如果建筑政策的目的是避免国会的批评，那么国务院为什么会避开稳重的传统形式，而选择惹人注目的现代建筑呢？其原因正如利兰·金早期说过的，在外交建筑项目中，现代建筑已被视为美国的海外资产。因此肯沃西并没有否定现代建筑，但他也让国会相信，新的建筑政策将确保不会在未来遇到麻烦。为什么政策忽略了对永久性和纪念性的品质要求，忽略了对美国力量和权威的传达？因为现代建筑的自我意识使其不适合表现庄重雄伟，而且现代建筑更重空间而不是实体，更重平面而不是体块，所以后来某些新使馆显得虚幻也不足为奇。20 世纪 50 年代，大多数现代主义建筑师都在探索强调空间、否定实体的方式。冷冰冰或是刻意的纪念性混凝土建筑与传统基础上改进的建筑一样，都不能很好地完成外交建筑项目任务。新的建筑政策指出，建筑所要表达的是尊重，而不是强势。

肯沃西的建筑政策是针对使馆设计的首份官方声明，它将使馆定义为迎合驻在国，而不是取悦国内批评者的建筑。肯沃西当然明白国会有许多人反对现代建筑。“我必须承认许多批评……是由于项目做得确实不好，缺少功能性，与现代设计背道而驰”。他继续说道：

> 如果你要对建筑进行区分，那就要看它是现代的还是现代派的。我对现代设计没有成见。对我而言，现代设计或传统设计并不是关键，真正的问题在于是不是好设计。[46]

为了使自己更好地熟悉外交建筑局项目并为申请拨款做准备，1953 年 12 月，肯沃西到海外考察。当得知在重大项目上，外交建筑局对建筑师只提笼统的要求却没有任务书时，他非常吃惊和不安，他决心要改变这一现状。他期待所考察的外交建筑都能正常运转。肯沃西认为，建筑设计应该由内而外，而绝大多数建筑师工作程序颠倒。在赫尔辛基，他检查了沙里宁的新使馆办公楼方案，认为其中存在问题，他指出，“很遗憾，许多人认为每一次的设计都应具有创新性”。赫尔辛基使馆是唯一从外交建筑局项目中砍掉的一个，而其他筹备之中的项目都得以批准实施。包括雷蒙德和雷铎设计的雅加达使馆办公楼，WRJ 公司设计的利奥波德维尔领馆办公楼和外交官公寓，以及当地建筑师事务所 M&M 设计的西班牙港领馆办公楼。

肯沃西还否决了伦敦官邸大规模的修复计划，而只是让 PSH 公司进行了有限的修缮方案。伦敦官邸是摄政公园里一处宫殿式住宅，二战后该房产的女继承人芭芭拉·哈顿将其赠送给美国政府，它取代 J. P. 摩根住宅成为美国大使官邸，J. P. 摩根住宅在 1956 年以 138 198 美元出售。[47]摄政公园官邸曾作为军事俱乐部，为了恢复其官邸用途，需要大规模改造修护。然而，在肯沃西看来，这座官邸不需要彻底翻建。他认为这是一处“完美的高雅场所”，无需重建，所需要的只是对大使私人用房进行简单改造——一个家庭餐室和方便做饭的厨房。肯沃西熟悉 PSH 公司建筑师威廉·佩里的作品，他们曾一起参与了威廉斯堡桥的修复工作，肯沃西知道佩里对乔治亚式建筑“心领神会”。

为了给咨询委员会物色优秀专家，肯沃西向美国建筑师协会求助。美国建筑师协会是代表美国建筑师及其职业精神的最高专业组织，总部设在华盛顿，地缘优势使之得以通过游说获得了保护和加强其业务的立法。它长期致力于鼓励联邦政府雇用私人建筑师，强调私人公司能提供比政府建筑师更优质且廉价的服务。1954 年 2 月，美国建筑师协会在华盛顿主办了首届外交建筑局项目展览，目的在于向有关各方表明，希望其成员能够承担更多的政府项目。

美国建筑师协会官员建议肯沃西请拉尔夫·沃克协助组建咨询委员会。沃克毕业于麻省理工学院，1949 年至 1951 年担任美国建筑师协会主席。沃克代表肯沃西与亨利·谢普利和皮特罗·贝鲁斯基进行了联系。谢普利曾在哈佛和巴黎美术学院接受教育，是一位广受尊重的业内领袖，他是美国建筑师协会成员，国家设计学院和波士顿建筑师协会成员，纽约建筑联盟荣誉金奖得主，还是财政部、联邦工作署和国家美术委员会的建筑顾问，多年致力于哈佛大学校区的开发建设。贝鲁斯基是三人中最前卫的，以设计现代主义风格的公正大楼（俄勒冈州波特兰，1948年）而闻名。他在罗马大学和康奈尔大学接受教育，在波特兰工作到1942年，之后到麻省理工学院担任建筑系主任。肯沃西向威利斯推荐了这三位建筑师。他们的设计涵盖保守/传统风格和现代主义风格。作为备选，肯沃西还推荐了约翰·鲁特、乔治·豪和威廉·沃斯特。最终，威利斯选择了前三位。

肯沃西推荐哈里·麦克布莱德上校担任咨询委员会主席。麦克布莱德是前外交官和助理国务卿，1939年至1953年，曾担任国家美术馆行政官。麦克布莱德才识渊博，曾在多个政府部门供职。他21岁即进入外交界，先后被派驻德累斯顿、西班牙、瑞士、比利时刚果、英国、利比里亚和波兰。1930年至1931年，他返回美国担任外交建筑办公室助理主任。那时国会刚刚通过《外交建筑法案》，外交建筑办公室正处于二战前的巅峰状态。之后，他成为国务卿斯廷森和赫尔的助理，1936年，被任命为总领事，1938年，担任新成立的国家美术馆行政官，监督国会山脚下这座美术馆的建设。1941年美术馆开业后，麦克布莱德负责行政管理和艺术品保护工作。二战期间，他在非洲和欧洲的总参谋部工作，1943年跟随国务卿赫尔出访莫斯科。1953年从美术馆职位上退休。

1954年1月初，国务卿杜勒斯正式邀请几位成员加入，这标志着建筑咨询委员会（AAC）的成立。委员会的成立没有正式文件，其最初目的是委任四名委员，每人任期两年。[48]在发布一系列新闻通报之后，国务院宣布了委员会的成立。委员会在1954年1月21日首次召开会议，进行了宣誓并会见了国务院官员。建筑咨询委员会负责为外交建筑项目推荐“最合适的建筑形式”，审查设计品质和适当性，对有争议的地方提出各方观点。[49]在首次会议上，委员会审查了进行中的西班牙港和贝鲁特项目以及拟建的香港总领馆办公楼。

在这次会议中，贝鲁斯基同意起草一份指导委员会工作的总体纲领。[50]

他提交了一份备忘录，赞同肯沃西的建筑政策，并加入了自己的理念，包括关注当地历史、探索新形式、具备“美国”特征的重要性。贝鲁斯基把外交建筑项目作为在海外展示高层次美国文化成就的机会，他写道：

> 对于敏锐而具有想象力的建筑师来说，他们要去仔细研究当地气候和场地条件，去理解并认同当地民俗，并去抓住建筑所在特定环境的历史意义。他们要以一颗不受陈腐思想支配的自由心智去从事这项事业，要避免使用稀奇古怪或过分时尚的风格，同时要不惧怕有助于促进建筑思维的新技术、新想法。
>
> 希望建筑师不要狭隘地思考建筑风格，而应把它当作一种赋予建筑的品质，一种反映对环境和人民深刻认知的品质。如此，其率真和清新的手法才会具有杰出的美国品味。
>
> 委员会认为，如能遵循上述宗旨，我们将无需惧怕批评。另一方面，如果我们胆小怯懦，只求避免来自各方的批评，那将注定只能以愚蠢的妥协结束，以平庸的建筑收场。那样，我们将丧失在建筑领域里展示高层次美国文化成就的机会。[51]

尽管贝鲁斯基在文章开篇表达了对肯沃西建筑政策的支持，但他没有刻意强调实用性，没有对功能和经济性提出要求。另外，他过于注重得到建筑师的认可，没有提及使用这些公共建筑的广大用户，更重要的是没有为建筑师提供化解同时体现当地特征和美国特性这一矛盾的对策。贝鲁斯基的言论被许多刊物引用，与外交建筑项目紧密联系到一起。

对建筑咨询委员会成立的宣传使许多人迷惑，有人错误地认为，外交建筑局的全部项目和对现代建筑的应用都始于 1954 年贝鲁斯基的“宣言”。1953 年，外交建筑局重组后，出于政治原因，美国外交建筑的现代形象不可能归功于利兰·金。作为外交建筑局代理局长，肯沃西则保持低调。《波士顿环球邮报》就曾错误地报道：

> 国务院直到1954年，即外交建筑局对不断扩大的外交建筑项目感到应接不暇时，才开始启用国家的建筑精英们。之前，所有项目都被呆板的政府建筑师设计得墨守成规。[52]

《时代周刊》和《纽约时报》也认为，外交建筑局的首个现代建筑作品产生于1954年。[53]一些出版物，包括《时代周刊》，把赋予美国崭新外交形象的“大胆决策”归功于外交建筑局局长威廉·休斯，但休斯是在建筑政策起草完成和咨询委员会成立之后才加入外交建筑局的。1954年，改变的并不是外交建筑项目，而是对它的管理。

在所有参与外交建筑项目的人当中，建筑咨询委员会的首批成员是最努力、最致力于促进并维护项目的完整性的。他们积极参加例会，对项目的浓厚兴趣和热情使他们远远超出了原定的两年任期。除沃克以外，其他人均超期工作，谢普利工作了三年，贝鲁斯基工作了三年半。

尽管有的时期没有外交建筑项目或者项目很少，建筑咨询委员会还是持续存在了40多年。1957年，建筑咨询委员会正式更名为建筑咨询小组（AAP），在1967年至1971年间，被称作建筑顾问团，之后被称为建筑咨询理事会（AAB），其职责还是审查新使馆方案并为国务院提供设计建议，其成员构成仍然是业内的佼佼者。然而，也就是在这一时期，新使馆的建筑风格几乎已经面目全非。

注　　释

1. 赫姆尔森致拉金的信件，再版在《山姆大叔建造他的梦幻住宅》，第24页。
2. H. Rept. 1396，表3，《外交建筑项目，按照使用国外信贷的授权方案分配》，第16—19页。
3. 同2，第6页。
4. 同2。
5. 参议院外交关系委员会：《外交建筑授权》，H. R. 6661，1952年，第31页。

6. H. Rept. 1396，第 3 页。

7. H. Rept. 1396，表 1，《国外信贷情况及 1953 年项目资金使用》，第 10 页。

8. 托马斯·柯蒂斯议员：《国会记录》，82 届国会第 2 次会议，1952 年 4 月 1 日，第 3331 页。

9. 威廉·兰塔夫议员：《国会记录》，82 届国会第 2 次会议，1952 年 3 月 31 日，第 3208 页。

10. 同 8。

11. H. Rept. 1396，1952 年 2 月 20 日，第 1 页。

12. 同 5，第 48 页。

13. 《国会记录》，82 届国会第 2 次会议，1952 年 3 月 31 日，第 3204—3210 页。

14. 凯南：《生活速写》，第 159 页。

15. 同 5，第 42 页。

16. 保罗·鲁道夫，引自“联合国大会议厅”，《建筑论坛》97 期，1952 年 10 月，第 144—145 页。关于联合国总部的评论，另见“联合国秘书处，一座钟楼，一个玻璃悬崖，一场激烈的辩论”，《建筑论坛》93 期，1950 年 11 月，第 93—112 页；路易斯·芒福德：“天际线”，《纽约客》，1951 年 9 月 22 日；“联合国完成了链接”，《建筑论坛》96 期，1952 年 4 月，第 104—110 页；“联合国大会议厅，建筑师如何喜欢它?”，《建筑论坛》97 期，1952 年 12 月，第 114—115 页。

17. 皮特罗·贝鲁斯基致作者的信，1991 年 12 月 13 日。

18. 众议院拨款委员会小组委员会：《1954 年拨款》，1953 年，第 8 页。

19. 《外交建筑局有关德国领馆项目的档案摘要揭示了其强化德国经济的决定》，众议院德国项目小组委员会，《德国项目听证会补充文件》，1953 年 2 月 17 日，第 82 页。

20. 利兰·金：《我的国务院经历，1937—1954》，私人回忆录，未曾出版，含在致作者的信中，1993 年 6 月 1 日。

21. 莫斯利：《杜勒斯：埃利诺·杜勒斯、艾伦·杜勒斯、约翰·福斯特·杜勒斯和他们的家族网》，第 312 页。

22. 同 20，第 3 页。

23. 见外交事件口述历史项目，托马斯·斯特恩对威廉·克罗基特（1990年6月20日—6月22日）和伊达尔·李梅斯泰特（1990年6月22日）的采访，乔治敦大学图书馆。

24. 众议院拨款委员会小组委员会：《1954年拨款》，1953年，第164—165页。

25. 众议院政府项目小组委员会：《德国项目听证会》，1953年6月2日，第14页。

26. “削弱我们的外交”，《纽约时报》，1953年6月10日；再版于《外交期刊》，1953年7月，第38页。

27. 利兰·金致安妮·尼森的信，1983年5月27日，国家建筑博物馆档案。

28. 利兰·金：《1953年7月9日与助理国务卿威利斯和预算官威尔伯的会议上的发言笔记》，1953年7月7日，利兰·金的文件。

29. 同28。

30. 利兰·金：关于《外交建筑局设计准则》的备忘录，1953年7月10日，利兰·金的文件。

31. 韦伯斯特·托德致唐纳德·劳里的信，1953年7月14日，引自外交建筑局总建筑师托马斯·波普的档案文件《咨询委员会背景和文件》。

32. 肯沃西录音访谈，国家建筑博物馆档案。

33. 作者对约翰斯东的采访，1992年10月16日。

34. 作者对保罗·赛瑞的电话采访，1992年5月26日。

35. 雷铎致作者的信，1993年1月18日。

36. 利兰·金：《关于外交建筑项目建筑师的注释》，1992年4月28日，利兰·金的文件。

37. 弗雷德里克·古特海姆：“华盛顿的希望”，《进步建筑》，1953年11月，第4页。

38. 同37。

39. 利兰·金：《我的国务院经历，1937—1954》，第1页。

40. 《鲍的报告》，第292—293页。

41. 同40，第295页。

42. 肯沃西，致爱德华·威利斯的备忘录，1953年10月23日，外交建筑局杂项档案。

43. 《国务院建筑政策和建筑咨询团队特殊职能的声明》，这份声明提交给了1954年1月21日召开的建筑咨询委员会第1次会议。

44. 同42，第2页，外交建筑局杂项档案。

45. 众议院拨款委员会小组委员会：《1955年拨款》，1954年，第314页。

46. 肯沃西录音访谈，国家建筑博物馆档案。

47. 众议院拨款委员会国务院、司法部、商务部小组委员会：《1954年国务院、司法部、商务部拨款》，H. R. 4974听证会，83届国会第1次会议，1953年3月25日，第168页。

48. 1926年的《外交建筑法案》中有主管部门雇用建筑师和建筑顾问的规定。1954年1月14日发布的一份书面声明中公布了对四位建筑顾问的任命，他们的报酬是每天40美元，外加交通费用。

49. 有关建筑政策的正式声明在1954年1月14日提交给了建筑咨询委员会成员，外交建筑局杂项档案。

50. 建筑咨询委员会会议纪要，1954年1月14日。

51. 贝鲁斯基，致肯沃西的备忘录，1954年1月27日，外交建筑局杂项档案。

52. 玛丽·克莱蒙："世界各地的美国使馆"，《波士顿星期日环球杂志》，1958年1月5日，第27页。

53. "美国的海外新面孔"，《时代周刊》，1960年7月11日，第34页；托马斯·恩尼斯："专家设计的众多使馆在用多种语言'发出声音'"，《纽约时报》，1958年1月26日；艾达·路易丝·哈克斯泰布尔："尖锐的辩论：使馆应该是什么样？"，《纽约时报杂志》，1960年9月18日，第36页。

第六章

权力更迭

20 世纪 50 年代，国会中的一部分人意识到外交建筑项目可作为恢复美国海外“冻结”资产的一种手段，予以强烈支持，但批评声也随着国会与国务院、白宫之间争夺国际事务权力而不断增加。那些声称代表“普通”美国人、自诩举止谦逊的议员们，在同那些被他们称为特权“精英”的国务院官员的斗争中找到了乐趣。前大使罗纳德·帕默形容这是一场涉及阶级议题的斗争，是权力分配斗争的一部分，对后来的外交建筑史有深远影响。[1]

艾森豪威尔总统执政时期，国会热衷扩大其影响力，对美国不断增加的国际义务提出新质疑，这些都强烈影响了外交建筑项目。特别是在 1954 年民主党重新夺回国会控制权后，国会与行政部门之间的争斗加剧。外交机构增员的要求和部门间对资金与装备的争夺也影响了外交建筑项目。非政府团体也介入了政治斗争，试图保护并强化自身利益。很自然地，建筑师也在争取获得外交建筑项目，在这场包含了无权的党派、有影响力的批评者的斗争中，建筑师是最有力的参与者。国会议员鲁尼和海斯是一对死敌，他们因各自的影响力而格外引人注目。不断减少的国外信贷以及变换的海外形势给这场政治权力斗争火上浇油，导致外交建筑项目在 20 世纪 50 年代末到 60 年代初的这段时间里举步维艰。这段时期，资金中断，新建项目停止。1963 年，一项新授权允许外交建筑局恢复项目运作，但那时海斯已成功取得对外交建筑项目的重要控制权。尽管建筑咨询小组一直在履行职责，新项目也仍在建设，但直到海斯离开国会以及美国在 20 世纪 70 年代末开始从越战中恢复，外交建筑项目才真正重获生命力，但已是不同于20世纪50年代那些备受关注的建筑类型了。

截至1950年，美国外交人员的数量从二战前的750人增加到3 000多人。格雷厄姆·斯图亚特在其1952年出版的《美国外交和领事实践》中写道，外交官们多年不能参与制定影响他们海外生活和工作的政策，对此他们愤怒不已。[2] 工作人员规模的快速增长也加剧了紧张局面。拉金在领导外交建筑局期间，一直根据自己的意愿做出决策，他的工作取悦的不是外交人员，而是控制拨款的国会重要成员。1953年，国会调查人员视察驻外机构时，听到了对恶劣居住条件和匮乏生活津贴的抱怨，但他们认为这些批评意见没有价值而未予理会，反而觉得提出抱怨的人缺乏“忠诚”和“爱国主义”。[3] 外交官们不能向外界表达不满，因此国会根本听不到什么抱怨。但是有些气愤的大使对使馆状况的批评促使华盛顿的报纸报道了马尼拉、莫斯科、德黑兰和巴格达破损的美国使馆。一份报纸说，在马尼拉，美国外交官仍然住在战后救急用的活动棚内。[4] 洛伊·亨德森在任伊朗大使时，谴责他在德黑兰的官邸有倒塌的危险；沃尔德玛·高曼在任伊拉克大使时，房东拒绝为他租用的官邸提供必要修缮。对上面两个例子，国务院都迅速做出了反应，计划建造合适的美国新使馆。但即使有了资金充足的建设计划，国务院仍无法解决所有问题。

变化的外交任务以及迅速涌入驻外机构的大量工作人员也增加了国务院的压力。麦卡锡时代造就了国务院内部的道德败坏、纪律松散，职业外交官和国内事务官员间的冲突也在增加。外交新业务需要经过特殊培训的专业人员，这对外交圈内俱乐部式的氛围形成了挑战，削弱了职业外交官营建的“上等俱乐部”的优越感。[5] 他们不愿意同那些战后涌入使馆的普通美国公务员分享地盘和资源；他们对外交政策重心由外交任务转向提供军事和非军事援助而心生厌恨；他们更为自己在国务院的地位下降而气愤。随着外交工作更加“民主”和不再高不可攀，职业外交官们担心失去其长期享有的特权，他们对国会议员的批评尤其感到不满，认为这些议员对外交事务的了解仅限于在招待会和旅行餐会上的道听途说。

国会中的批评者和外交官间的敌意加深了国会和国务院之间已有的敌对关系。国会对外交人员、他们的代言人及其同盟者的不满全部发泄到了外交建筑局身上，外交建筑局成了众矢之的。批评者特别乐于抨击外交建筑项目的矫饰和安逸，例如佣人房、餐厅、游泳池和空调、娱乐等设施——这些对外交官来讲，就算不是必需的，也是重要的，但批评者却认为这些设施相对国内生活标准而言是奢侈而不能接受的。

20 世纪 50 年代，“传统主义者”占据国务院驻外人员的绝大多数。他们有相关的教育背景，专栏作家约瑟夫·奥尔索普揶揄他们是来自“白人特权”阶层的人们。[6] 代表外交建筑局在国会提出预算申请、接受各方质询、为外交建筑工作的国务院主要官员洛伊·亨德森、艾萨克·卡朋特和威廉·休斯都具有这种背景和特权，尽管卡朋特和休斯不是职业外交官。

亨德森是前驻印度和伊朗大使，卓越的外交资深人士。1955 年，艾森豪威尔总统把他从德黑兰调回华盛顿，担任负责行政事务的副国务卿帮办。他的新工作包括管理外交建筑项目，他对这项工作很熟悉并有浓厚兴趣。亨德森在阿肯色州的农场长大，1915 年毕业于西北大学。美国加入一战时，他刚刚进入法学院。他在国外为红十字会工作，1922 年进入外交界，成为都柏林副领事。令他失望的是，都柏林领馆位于一个酒吧楼上。在签证旺季，他说，“人们都等着拿签证，从楼梯一直排到街上……因为楼上没有地方供人们在那里等待”。当美国和爱尔兰建交时，亨德森想办法让酒吧搬走，得到了“体面的”使馆。[7]

离开爱尔兰后，亨德森首先来到拉脱维亚，负责组建里加的美国使团，然后又到苏联，协助组建美国在莫斯科的新使团。1943 年，他成为驻伊拉克公使。亨德森批评这处租用的使馆，形容它是白宫的“拙劣仿造品”。在巴格达期间，他设法引入空调系统并计划为使馆物色更好的新址。1948 年，杜鲁门总统任命他为驻印度大使。在那里，他发觉使馆用房同样短缺。美国在新德里的外交房产是分散租用的陈旧建筑，其中一处是原来的宫殿。所有建筑都拥挤、酷热。亨德森为新使馆弄到了一块很好的地皮。1951 年，他又到伊朗任大使。德黑兰新完工的美国使馆被称作“亨德森大楼”，这让他很满意。这座外观并不出众的红砖建筑很好地满足了使用要求，尽管它“同当地伊朗建筑根本不和谐”——建筑与环境和谐是亨德森很看中的一点。[8] 他建议新建官邸以取代破损的老官邸，并希望新建筑充分利用当地的山景特征。

亨德森的助手卡朋特是一位富商，并不是经验丰富的外交官。他毕业于达特茅斯学院，之后进入哈佛商学院学习，一战开始后到军中服役。1954 年，他离开其家族纸业公司董事会主席的职位，接替出任南非联邦大使的威利斯，成为负责行政和人事的助理国务卿。[9]

作为肯沃西重组计划的一部分，1954 年 5 月，威廉·休斯出任外交建筑局局长。此前，他是国际边界河流水资源委员会预算财务官。他没有施工和设计方面的背景，只有一些中层管理的经验。休斯拥有贝勒大学商务管理学士学位和哈佛大学工商管理硕士学位，曾在加拉德特学院担任审计员，在洪都拉斯和巴西的美洲事务学会任行政官，之后到国务院做内勤工作，担任过外交人力计划处处长助理和美洲事务办公室执行副主任。把休斯调入外交建筑局的人认为，他适合管理外交建筑项目。休斯直接向卡朋特汇报工作，卡朋特向亨德森汇报工作。

亨德森赢得了包括国务院政敌在内的几乎所有人的尊重。他强调，保持美国外交形象的尊严，并致力于保持传统。私下里，他敦促休斯在设计上追求现代。在公开场合，他最重要的任务就是在国会面前捍卫外交建筑项目，在休斯与国会山的争执中支持他。

在那些顺着政治扶梯爬上国会权力地位的移民、农民和工人后代眼中，美国外交官常被看作“外来者”。甚至，对许多人来讲，将外交界勾画成异类和精英是一种政治策略。尽管在国会山受到普遍尊重，亨德森和他国务院的同事还是被鲁尼嘲讽，鲁尼的小组委员会决定国务院能得到多少使馆建设资金。作为爱尔兰移民的儿子，鲁尼喜欢嘲讽“衣冠楚楚”的国务院官员，1955 年，他指责增加外交官生活津贴的要求是“给热衷社交聚会的人提供酒会津贴”。[10] 鲁尼的大多数言论旨在减少浪费和保证布鲁克林选区对他的支持。他对国务院的嘲笑并不代表他对外交需求的漠视，只是对外交特权的反感。但他热爱海外旅行，希望在视察使馆时受到款待。国务院的官员确保他在旅途中享受所有他那个级别的临时津贴。[11]可一旦回到美国，他又会一如既往地批评国务院的低效和浪费。

鲁尼懂得如何威吓和哄骗外交建筑局以减少预算，这在他的选区起到很好的宣传效用。他的小组委员会召集的听证会全是对新使馆和良好设施的质疑。为了保持节俭的美誉，鲁尼从不放过任何削减预算的机会，包括外交建筑局的预算。鲁尼擅长逐字逐句地仔细审查预算报告，并有办法威胁证人。毫不奇怪，逐渐地，国务院很多人把他看作“恶魔”，很少有人看得出他所做的许多工作都是为了做样子。尽管亨德森表面上憎恨鲁尼，但还是称他为私人朋友，说他们彼此理解对方。亨德森承认国会为外交建筑局设置难题。他后来富于哲理地说，“这是他们要做的事情，防止我们过度开销是他们的工作”。但他又声称，如果因减少项目开支而使国务院不能建设和维护“代表美国形象并为我们赢得尊敬”的外交建筑，将是绝对不能接受的。[12]

1955 年，外交建筑局不得不开始增加美元拨款申请，以补充国外信贷资金，鲁尼的权势在这时得到了极大加强。当拨款是国外信贷时，鲁尼对拉金非常慷慨，但当拨款是“纳税人的美元”时，鲁尼就不那么大方了。[13]直至 1975 年从众议院退休，鲁尼一直审查外交建筑局的拨款，经常削减拨款并在特殊项目上发表个人意见。他还安排老朋友拉金常年作为顾问并享受薪金。

国会与国务院激烈斗争中的另一重要人物是俄亥俄州的民主党人韦恩·海斯。海斯是农民的儿子，1948 年当选国会议员，1955 年成为众议院外交事务委员会委员，1957 年成为国务院机构和海外项目小组委员会主席。没有他的批准，国务院就不能建新使馆。20 世纪 50 年代末，由于海斯和休斯在都柏林新使馆设计问题上陷入难分难解的权力斗争之中，所有新建项目都停止了。

海斯敏锐地注意到参议院外交事务委员会的权势，希望利用自己的影响力将他的小组委员会打造成同等重要的部门。随着海斯对国会山影响力的增加，他还加强了对国务院和外交建筑局的影响，并间接增加了对外交政策的影响。他在非洲新首都使馆项目谈判和都柏林使馆方案的争论中验证了自己谈判的实力——这将他置于整个国务院和白宫的对立面。1961年，海斯取得了对外交建筑局项目的否决权。像鲁尼一样，他召开冗长的听证会，让国务院的参会者不堪重负；像鲁尼一样，他批准的预算通常都比国务院官员需要的少；像鲁尼一样，他也被国务院官员称为“恶魔”。[14]

鲁尼和海斯为竞争外交建筑项目的势力范围而成为政敌。他们对一些项目的部署和决策意见分歧。例如，鲁尼和鲍谴责国务院在巴黎购买罗斯恰尔德房产，尽管他们知道购买使用的是国外信贷，并未花纳税人的钱。1957 年，他们拒绝将这处历史房产整修为大使官邸，并敦促外交建筑局把它处理掉。1959 年，休斯向海斯建议卖掉或拆除这处房产，以便新建办公楼，海斯异常愤怒。他正确指出巴黎人永远不会允许这样一座建筑被铲平，并坚持将它重新当作官邸使用。海斯明确告诉休斯，修建计划应进行下去。[15]海斯对这处巴黎房产的热情，部分是因为个人喜好（他的批评者调侃说，他幻想有朝一日会成为法国大使），但更多是出于和鲁尼作对的渴望。

使鲁尼和海斯分裂的另一个关键因素是外交建筑局是否应最大限度使用美国产品。鲁尼认为，可以使用国外信贷来购买地毯、家具和其他物品，完全没有必要使用“美元这一硬通货”，他让休斯尽可能多地在国外采购。海斯则持相反意见，要求休斯“买美国货！”[16]虽然海斯也赞同没必要跑到弗吉尼亚为堪培拉的新使馆订砖，之后再长途运到澳洲，只为与使馆早期使用的砖相吻合，但他坚持许多其他产品可以、也应该在美国购买，以繁荣美国经济，哪怕采购费用高于国外。[17]海斯提这些建议是出于对自己选区的考虑，他需要满足俄亥俄州瓷器和玻璃制造商的利益。外交建筑局夹在两位议员中间，只得同意，如果国会要求，他们将只购买美国产品。1963年通过的立法推翻了外交建筑局在 1952 年取得的豁免权，要求其在外交建筑中最大限度使用美国产品。

为强化各自的权力，海斯和鲁尼都在国务院重要位置安插了亲信。鲁尼在为其门生威廉·克罗基特安排工作后，使自己的影响力直达国务院。

鲁尼是在罗马与克罗基特相识的，当时克罗基特是克莱尔·卢斯大使负责行政事务的参赞。克罗基特不是职业外交官，这让他获得了鲁尼的青睐，更受到鲁尼助手杰伊·豪的赏识，因为豪也看不起外交官。卢斯大使是个挑剔的人，她认为从天花板掉落到床榻和餐盘中的油漆碎屑会使她中毒。她憎恨鲁尼，批评使馆和官邸的破败状况，谴责使馆设施短缺。这个富有且品味奢侈的女人批评鲁尼对外交“紧急事件”基金把持过严。作为报复，在卢斯邀请的所有宾客都到齐后，鲁尼拒绝和她一同出席午宴。在那次旅行中，克罗基特把鲁尼招待得很满意，给他留下良好印象。作为回报，1958 年，鲁尼帮助他成为负责预算和财政的助理国务卿帮办。

1960 年，约翰·肯尼迪当选美国总统，他决定由职业外交官出任所有重要的大使级驻外岗位（包括在欧洲的岗位），以抵制那些富有的选举捐款人（对于这些捐款人而言，罗马和伦敦这样开支巨大的使馆早就为他们预留了）。肯尼迪和他的顾问们明白，大多数职业外交官负担不起蜂拥而至的造访者高额的接待费用和外交代表自身的开销。克罗基特说，肯尼迪及其顾问要求鲁尼“做些能使这些任命得以实施的事”。鲁尼告诉他们，可以通过增加使馆“紧急事件”基金来解决问题，但坚持“他只信任克罗基特来处理那些经费”。尽管克罗基特几乎不为人知，甚至在被任命之前从未见过国务卿迪安·鲁斯克，但他还是在 1961 年被悄悄任命为负责行政事务的助理国务卿。不久，总检察长罗伯特·肯尼迪把他叫到司法部办公室，克罗基特发现面前卧着一条大狗。“肯尼迪根本没有抬头”，克罗基特回忆说，“但他知道我来了，说‘迈过它’。于是我迈过那条狗，靠近他的办公桌。他让我坐下，头也没抬就直奔主题”。罗伯特·肯尼迪说：

> 我不知道你是怎样得到这份工作的，也不知道你对获得这个职位作何感想。但我能告诉你怎样做才是忠诚。你为我的兄弟——美国总统工作，无论他说什么，你都要照做。你的工作是确保国务院里所有人明白他们是在为总统工作，需要忠实于总统。现在你知道你的工作了吧！[18]

罗伯特·肯尼迪继续说，“你知道该怎样做你的工作吗?”克罗基特犹豫了。“你要狠狠地对待使馆的人，让他们怕得发抖。那就是你将要做的。那就是如何完成你的工作!”面谈就这样结束了。克罗基特后来不时接到电话，“命令”他做一些事情，他都照做了。他被要求为前肯尼迪竞选班子成员安排工作，还为反暴动行动提供资金。[19]

为了能让某些大使负担得起职位的开销，克罗基特用来自“秘密基金”的赠款贴补他们的工资和津贴，这些钱可以用作任何合法目的，通常被用来购买食品、衣服和礼品。“我去找国税局长讨论这些赠款的纳税问题”，克罗基特说，“我们从他那里得到一封信，这封信将这些赠款不记入应税收入中。”克罗基特认为这是一个很好的方式，让“许多外交官担任了原本经济上负担不起的职位”。这些基金还被用来支付总统的出访接待(因为使馆正常预算不可能承受得起接待像林登·约翰逊总统这样的客人)，为紧急旅行租用私人备用飞机，甚至购买欢迎人群手中挥舞的美国国旗。克罗基特和他的同事没有过多讨论这些特殊基金，“目的是保持这种做法和‘秘密基金’的机密性”。[20]

1963 年，克罗基特已经和海斯建立了友好关系。在海斯的支持下，克罗基特升至负责行政事务的副国务卿——一个让他垂涎的职位。[21]克罗基特总是不停地要让鲁尼或海斯满意，有时要让两人都满意。当海斯和鲁尼都准备让他陪同出访时，克罗基特做出了从政治意义上来说正确的决定——他让医生说他病得厉害，无法陪同任何人出访。

海斯比鲁尼更爱染指国务院的人事问题，他尤其讨厌休斯。[22]1959 年，休斯向他申请都柏林使馆和新首都总体建馆资金时，海斯早已对他无法容忍，要求亨德森把他换掉。海斯通过威胁要卡住外交建筑局的资金，迫使国务院解雇了休斯。此后不久，亨德森将这一职位给了随和乐观的外交官詹姆斯·约翰斯东。约翰斯东认为“没有理由不让国会了解外交建筑项目”，同样，也没有理由认为国会的意见都是糟糕的或带有偏见的。[23]这种开放的态度对他的上司克罗基特是一种威胁，克罗基特认为自己控制着与国会的沟通渠道。他妒忌约翰斯东与海斯、鲁尼的关系；与鲁尼委员会中的共和党高层弗兰克·鲍的亲密关系；同被称为“共和党元老”的弗朗西斯·博尔顿的友谊。博尔顿广受尊重，鉴于她的显赫地位，她是唯一能够反驳海斯又不惹怒他的人。野心勃勃的克罗基特对约翰斯东越过自己直接与博尔顿联系感到气愤。1965 年，克罗基特“抛弃”了约翰斯东，让约翰斯东离开外交建筑局，出任法兰克福总领事。他认为约翰斯东想坐他的位子。[24]

约翰斯东离开后，克罗基特任命了由海斯亲自选定的外交建筑局继任者——外交官拉尔夫·斯卡里特。海斯在几周前对墨西哥城的访问中才第一次见到斯卡里特。“他是海斯在国外见到的最后一位外交官，这就是选他的原因”，约翰斯东后来说。[25]就这样，得益于海斯，斯卡里特成为外交建筑局局长（见附录 A）。

接下来，作为对自己最后的政治交代，海斯安排他的老友奥兰·拉尔斯顿做卡斯里特的副手。同海斯一样，拉尔斯顿也来自俄亥俄州，在那里经营过一家百货商店，1948 年，海斯在他的店里租了第一间议员办公室。拉尔斯顿从未做过外交工作，也没有任何施工或建筑经验。幸运的是，他的工作基本都是礼节性的。同事们描述他是十足的外行，没有时间规律，对行政事务也不感兴趣。[26]海斯承认，他严密监督着拉尔斯顿在国务院的举动，因为“他来自俄亥俄州，我想确信他不会让我难堪”。[27]1973 年，外行的拉尔斯顿取代斯卡里特的继任者——欧内斯特·沃劳，成为外交建筑局代理局长，1974 年成为负责外交建筑项目的助理国务卿帮办，并占据这一位置直至 1977 年。拉尔斯顿在外交建筑局期间，海斯得以将合同授予他的朋友和选举人。

海斯和休斯的真正分歧在于权力，而非品味。海斯取得的主要成就是使他的委员会每隔一年便审查一次外交建筑局的资金和项目计划，而不是每五年或十年。通过这个措施，他取得了对外交建筑项目实质性的否决权。而且，他成功阻止了对手鲁尼通过每年审查国务院拨款申请来控制外交建筑项目的企图。海斯两年一度的审查对于依赖长期规划，设计和建设资金跨越多年的外交建筑项目是一个严重打击。[28]

许多国务院官员并不明白，促使国会发掘并削减预算“浪费”的是政治需求，不明白所有联邦政策和建设项目都是政治的产物，分不清合作与对抗，这些官员所表现出的政治天真使他们在国会面前处于劣势。克罗基特和约翰斯东发现，任何根据国会意愿所做的妥协，任何在国务院和国会山“敌人”间营造合作氛围的努力，都会受到国务院的怀疑。休斯离开外交建筑局时，就攻击他的继任者约翰斯东是“懦夫”，因为约翰斯东准备与国会密切合作。休斯尖刻地说，“任何与海斯及其委员会相处的人，都要拍他的马屁”。[29]

由于预算单独分配，外交建筑局很容易就成为国会批评的目标。在寻找削减联邦预算的“稳妥”的突破口时，议员们发现外交建筑局、国际开发署、美国新闻署是很好的对象，因为它们的预算单列于整个联邦预算之外。设计、施工、租用办公楼和官邸是外交政策的基本部分，而国会，尤其是众议院，却认为这些无关紧要。有关外交援助（通过国际开发署实施）、新闻传播和外交建筑预算案的辩论，为批评和调整政府政策提供了机会。1957 年，海斯的外事委员会有整整九天都在评估外交建筑局的拨款申请，1962 年，同样的听证会开了八天，1963 年有七天。作为主席，海斯盘问国务院外交建筑项目的各个方面。他还要求提供大量数据，并说明每个项目过去和预计的资金分配。在某种程度上，他的审查是在威胁国务院，但他的许多提问是合理和必要的。从政治的观点看，削减外交建筑局预算特别容易，因为遥远的外交建筑项目对美国纳税人而言，即便有关系，也是遥不可及的。国会议员既可以削减预算，又不伤害忠诚的选举人，这些选举人对外国人、外国和驻外工作的外交人员都抱怀疑态度。

对外交建筑的辩论是外交任务辩论的一部分。要求提高军费开支、更多介入外交事务的政客同那些倾向平衡预算、更注重国内项目的政客间的辩论，引发了对援助、国际义务、国际组织功效（包括联合国）的疑问。

外交建筑项目就像政治足球一样被踢来踢去，终于呈现出受伤的征兆。

1959 年，所有新首都使馆项目都被推迟，一年后，外交建筑局用完了建设资金。一些鼓舞人心的外交建筑项目看起来前景黯淡。在中断两年之后，国会于 1962 年计划通过一项新的外交建筑项目拨款，但由于发生华盛顿特区居民反对外国使馆建在居民区的事件，导致外交建筑项目又推迟了一年。1963 年，时任参议院外交关系委员会主席的威廉·富布赖特与新的众议院权力代理人海斯达成妥协，通过了总额 4 982.4 万美元的两年期授权拨款，直到此时，外交建筑项目才得以恢复。

外交建筑项目有反对者，但这中间不包括建筑师。建筑师把外交建筑项目看作展示现代建筑和增加对他们职业认同感的手段。他们的参与增加了外交建筑项目的信誉，扭转了公众的批评，传达了政府建筑项目可以与政治无关的信息。《时代》和《生活》这样的流行刊物刊载了引领公众认识现代建筑的文章，它们为现代建筑欢呼，把它视作对苏联复古主义的对抗。建筑师和评论家尽管人数不多，却有绝对的影响力，他们呼吁更好的外交建筑，称赞外交建筑局雇用私人设计公司的改革举措。建筑师把使馆任务看作"美差"，经常不计成本甚至赔钱工作，只为参与这一广受瞩目的项目。他们希望高品质的设计能够获得国际认同，为美国赢得尊重。这或许有些自私和幼稚乐观，但是崭新的美国外交建筑确实展示了美国积极活跃的海外形象。

建筑界领军人物对现代建筑、历史的意义、文脉的重要性、如何避免感性主义的问题也没有一致意见。在 1954 年美国建筑师协会大会上，保罗·鲁道夫批评了现代建筑的单调性，嘲笑底层架空手法和玻璃的滥用，质疑建筑同周围环境的不协调性。鲁道夫在哈佛师从格罗庇乌斯，尽管当时他只有 36 岁，却已是建筑界的代言人了。他指责建筑师设计了"太多的玻璃盒子，太少的实体建筑"。在大会上发言的还有埃罗·沙里宁、约瑟夫·塞尔特、威廉·沃斯特和拉尔夫·沃克。[30]

在被《建筑实录》形容为"最受关注的发言"中，塞尔特批评现代建筑是"惊人乏味的陈腐作品"，呼吁建筑师设计出能与场地和谐的建筑。

沃斯特呼吁更多地关注历史。新被任命为建筑咨询委员会成员的沃克强调了历史作为创作源泉的重要性，称为特定时期所做的设计是荒唐愚蠢的，说这种设计注定会很快变成“做作、肤浅和经常被复制的套路”。这些发言者后来都参与了外交建筑局的项目。塞尔特设计了巴格达使馆；沃斯特设计了香港总领馆，并为建筑咨询小组工作；沙里宁设计了奥斯陆和伦敦使馆，也为建筑咨询小组工作；鲁道夫设计了安曼使馆；沃克是建筑咨询委员会的首批重要成员。他们的观点在大会上发表并被刊登在重要建筑刊物上，代表了那个时代建筑师的流行思想。《建筑实录》刊登了关于大会的“变化的建筑哲学”一文，还列出了知名建筑师和现代主义捍卫者的相关文章目录，包括约瑟夫·赫德纳特、西格弗里德·吉迪恩、弗兰克·劳埃德·赖特、路易斯·芒福德和皮特罗·贝鲁斯基。在所列的 20 多篇文章中，1951 年以来几乎都正式发表了。这些文章是对现代主义功过是非的一场辩论。

与外交界一样，在 20 世纪 50 年代早期，由少数建筑界精英组成的团体也像一个私人俱乐部。重要成员都毕业于常青藤盟校，主要是哈佛大学和耶鲁大学，也有麻省理工学院和伯克利大学。他们在求学、执教或专业协会中彼此了解。1954 年，在美国建筑师协会大会上发言的五位建筑师中，鲁道夫毕业于哈佛设计研究生院，后来成为耶鲁建筑学院院长；沙里宁毕业于耶鲁大学，1953 年起在麻省理工学院执教；塞尔特在耶鲁大学教书，1953 年成为哈佛设计研究生院院长；沃斯特毕业于伯克利大学，在哈佛大学学习过，后来成为麻省理工学院建筑系主任，1950 年成为伯克利大学环境设计学院院长；沃克毕业于麻省理工学院。知名建筑师们在纽约、波士顿、芝加哥和洛杉矶进行建筑创作，他们的作品在纽约展出并被刊登在许多建筑刊物中。他们的工作报酬相对较低，在资金上通常是不依靠其他人，很少担任公职或在政治和社会事件中表态。那些在二战前和二战中移民美国的建筑师，有的是为了逃避专政和迫害，有的是单纯地为了更好的工作，他们很少介入外交事务或与专业无关的政治事件。[31]

建筑师运用专业的建筑语言并设法将分歧控制在内部，强化了他们职业的独立性，非专业人士很难对他们的工作品头论足。为外交建筑局工作的私人建筑师除了与外交建筑局的建筑师打交道以外，几乎不和他人交流。当国会要求汇报时，国务院会代他们说明设计方案，建筑师本人从不出席听证会，尽管他们的名字经常被提及，设计方案经常被讨论。毫无疑问，建筑师认为外交建筑项目与政治无关，从不直接参与政治事件。相反，他们自认为是艺术家，像艺术家一样，他们更愿意依靠外交建筑局这位慷慨富有的赞助商，而不愿去培养会对他们的作品带来更多关注的大众群体。

通过强调自身的独立性，建筑界确立了它是唯一有资格协助并指导外交建筑项目决策的专家。这种状况有积极的一面，即建筑师与建筑咨询委员会密切合作，按肯沃西和贝鲁斯基的建筑政策行事。他们考察地皮，提议经济适用的施工方案，了解当地的情况，通过他们的设计传递美国的乐观主义。由老一代大师理查德·诺伊特拉、沃尔特·格罗庇乌斯与年轻大师休·斯塔宾斯、埃罗·沙里宁、哈里·维斯设计的卡拉奇、雅典、丹吉尔、伦敦、阿克拉项目成为经久不衰的标志性建筑，受人称颂，当然也遭到了建筑师同行和非建筑人士的批评。消极的一面是，建筑师忽视了国务院这位业主，建筑师的自主行事被外界形容为“刺儿头”。鲁道夫就在对种种约束条件的艰难抗争中设计了安曼使馆。有的建筑师漠视在外交建筑中工作和生活的外交官的需求。迈克尔·黑尔就忽视并错误理解了特古西加尔巴的气候，他设计的官邸让大使及家人、工作人员在穿过露天廊道时经常被暴雨淋透。更糟糕的是，洪都拉斯的这块地皮有令人惊叹的景观，但黑尔的设计却遮挡了这一景观，而且他还拒绝增加窗户。这些是建筑师自视为艺术家而自己制造麻烦的例子，在安·兰特 1943 年的小说《源》中对这类人已有过描写。其他建筑师没有这么惹眼，他们更愿意根据项目要求来工作，但也很难回避把使馆项目当作“标志性成就”的诱惑。

注　　释

1. 作者对罗纳德·帕默的采访，1994 年 4 月 1 日。

2. 斯图亚特：《美国外交和领事实践》，第 48 页。

3. 《鲍的报告》，第 292 页。

4. 爱德华·弗利亚德："美国使馆震惊了海外游客"，《华盛顿邮报》和《先驱时报》，1955 年 9 月 6 日。

5. 见马丁·魏尔：《一个完美的俱乐部：美国外交的奠基者们》，诺顿出版公司，1978 年版。

6. 约瑟夫·奥尔索普，亚当·普拉特：《我已领略过最佳：回忆录》，诺顿出版公司，1992 年版。

7. 亨德森录音访谈，国家建筑博物馆档案。

8. 同 7。

9. 1955 年 1 月，亨德森从伊朗回国以后，曾临时取代卡朋特成为助理国务卿。此间，卡朋特成为了国务院审计官。1955 年 8 月亨德森被任命为副国务卿帮办，卡朋特再次成为了助理国务卿。见众议院拨款委员会国务院、司法部、法院及相关机构拨款小组委员会：《获取海外建筑：拨款小组委员会听证会》，84 届国会第 1 次会议，1955 年 2 月 14 日，第 201 页。

10. 爱丽诺拉·舍内鲍姆：《政治概略：艾森豪威尔时代》，《真实档案》公司，1977 年版，第 522 页。

11. 对克罗基特的采访，外交事件口述历史项目。

12. 同 11；亨德森录音访谈，国家建筑博物馆档案。

13. 众议院拨款小组委员会：《获取海外建筑》，1955 年，第 285 页。

14. 作者对约翰斯东的电话访谈，1994 年 5 月 18 日。

15. 众议院拨款委员会国务院、司法部、法院及相关机构拨款小组委员会：《国务院：对拨款小组委员会所做的听证会》，85 届国会第 1 次会议，1957 年 2 月 25 月，第 906 页；众议院外交事务小组委员会：《1959 年外交建筑法案修正案》，第 42 页。

16. 众议院拨款小组委员会：《国务院：对拨款小组委员会所做的听证会》，第 900 页。

17. 众议院外交事务小组委员会：《1962 年外交建筑法案修正案》，第 28 页。

18. 同 11。

19. 同11。

20. 同11。

21. 约翰斯东：《关于1990年6月22日副国务卿帮办克罗基特报告的意见，致乔治敦大学，供外交研究》，未发表，约翰斯东致作者的信，1993年12月4日。

22. 作者对约翰斯东的访问，1994年5月18日。

23. 作者对约翰斯东的访问，1992年10月16日。

24. 同23。

25. 同23。

26. 同23。

27. 鲍勃·伍德沃德，卡尔·伯恩斯坦："国务院被海斯当作了私人领地"，《华盛顿邮报》，1976年8月14日。

28. 众议院外交事务小组委员会：《1959年外交建筑法案修正案》，第28页。

29. 对克罗基特的采访，外交事件口述历史项目；作者对约翰斯东的采访，1992年10月16日。

30. "变化的建筑哲学"，《建筑实录》，1954年8月，第180—183页。

31. 布鲁诺·赛维是个特例。二战期间，他在美国为反对法西斯而工作。二战以后，他返回意大利，其事业成功地集建筑、新闻、政治活动于一体——这是罕见的集合。

第七章

建筑咨询委员会

在外交建筑局完成了基本职能、确认了工作职责后，新指定的建筑咨询委员会开始审查项目工作，并着手选择新的建筑师。截至 1954 年 3 月，外交建筑局已经和第一批建筑师签订设计合同，到那年的初夏，在新局长休斯的指导下，委员会开始复审香港、亚松森、神户、拉各斯、利奥波德维尔、特古西加尔巴等新项目的方案。项目必须快速推进，每个人都明白趁着资金在手加速工作的紧迫性。

建筑师在开始设计外交建筑时，实际上并不知道该如何入手。除了些泛泛的政策性说明外，外交建筑局还提供了各种基本的功能要求，但仅此而已。建筑师得不到以前使馆项目的参考资料，实际上也没有这样的资料。他们所能搜集到的信息都是些趣闻轶事，而且大多来自于与外交建筑局官员的会谈。没人对此有什么研究，外交建筑局内部的人也一样。

沃克、谢普利和贝鲁斯基都认为应该保护建筑师设计决策的独立性，但他们通常对设计方案是否符合新的建筑政策给予非常严格的审查。继任的委员也遇到了同样的难题，即如何能创造出合适的建筑，又尽量不做说教式或美学性的限制。给设计挑毛病比事先制定详尽的设计要求容易得多。比如，要求建筑师把设计做得“不那么张扬”很容易，而真正难的是，如何在设计开始时就向建筑师说明怎样才能将建筑设计得“庄重得体”。

1954 年至 1956 年，在重组后的外交建筑项目发展成形的这三年间，建筑咨询委员会经常开会。委员会在肯沃西及贝鲁斯基的建筑政策指导下，建立了自己的工作规章和程序。在早期阶段的会议中，委员们就对他们在整个设计过程中所能施加的影响做了限定。例如，他们决定不对“特定项目设定建筑风格”，尽管很多国务院官员要求他们这样做。[1]委员们同意让建筑师自由发挥建筑的表现形式，根据新的建筑政策采取“一事一议”的原则审批项目。委员们本人都是建筑师，但他们不会用自己的能力来代替项目的建筑师。如果委员们对某个方案不满意，也不会越俎代庖，提供替换方案。

委员会早期评审的项目之一是由黎巴嫩建筑师设计的贝鲁特使馆，这个方案让委员们联想起以前的里约、哈瓦那和马德里使馆。对该设计是否得体，大家观点不一，随即也讨论了不同的替代方案。这让委员们发现他们已经开始在以建筑师的身份工作了。于是，他们建议重新选择一位建筑师“另起炉灶”。[2]（1957 年外交建筑局聘请雷普森设计贝鲁特使馆，但 1958 年由于黎巴嫩内战而推迟。1971 年外交建筑局聘请 MBT 公司设计，同样因内战而使项目推迟，没有上马。）

1955 年 5 月，理查德·诺伊特拉“在动手设计卡拉奇领馆办公楼之前曾试图征询委员意见”，建筑咨询委员会委员们则重申了“不干涉”的立场。[3]他们拒绝同诺伊特拉交换想法，但当委员们在 8 月份审查第一轮方案时，还是提出了严厉批评，反对方案设计。会议记录写道：

> 委员会认为设计散乱，缺乏组织，更像是一个邮购商店似的商业建筑，而非得体的美国使馆。委员会特别指出主入口过于粗糙，有点好莱坞似的浮夸，要求重新设计，使之看上去不那么奢华。[4]

委员们还是指出了方案的优点（很少，他们认为）以及哪些地方有待改进，但没有要求更换建筑师。委员们告诉诺伊特拉的合伙人罗伯特·亚历山大，该方案中办公室的走廊过于狭长。他们还要求建筑整体后退，更好地进行景观规划，并把车库、停车场和商店整合起来围绕庭院。他们进一步指出，该方案过分突出了筒形拱顶的仓库，而这根本就不应该是设计的重点。亚历山大带着这些指示离开了会议，对设计任务进行了重新研究，并做了新方案。[5]

与上述情况类似的是，1955 年初，凯里奥西尔·史密斯向委员会汇报亚松森使馆设计方案时，委员们明确提出设计需要进行调整以满足设计任务书中提出的要求。委员们指出，在坡地上过多建造平台会额外增加造价，方案不会得到批准。他们批评方案面积超标，并要求控制在给定的面积和预算范围内。他们仔细询问建筑师对材料的选用和将大理石作为面层的意图，建议她对屋顶做结构性修改，遮挡屋顶开放部分以防止动物和小鸟进入，并在混凝土表面贴砖以防止滋生苔藓。[6]

根据建筑咨询委员会首批成员的建议，外交建筑局采纳了在所有重要新使馆项目上“聘用美国建筑师”的政策。[7]尽管国会并未要求不再使用外国建筑师，但国务院还是感到了聘用本国建筑师的重要政治涵义。通过游说，美国建筑师协会造就了美国建筑师比外国建筑师出色、私人建筑师比政府建筑师出色的印象。美国建筑师业界对聘用本国建筑师的政策拍手称快，具有讽刺意味的是，许多受雇的建筑师都是二战前夕或在二战期间新移民到美国的欧洲人。

建筑咨询委员会还提出了另外两项新建议：一是应该给建筑师的前期工作付费以防项目突然中止；二是建筑师应在开始设计前被派至现场进行“实地考察”。在外交建筑项目早期，建筑师都是闷头对从未谋面的地皮进行设计。即便是在 1953 年设计雅加达使馆时，雷蒙德和雷铎也都没去过现场，他们只是派助手查看了场地。建筑咨询委员会决定避免此类状况的发生。然而，短期考察往往不能提供充分的信息。新德里使馆的外交官们就开玩笑说，斯东一定是在冬季或旱季来考察的，所以他才严重低估了风雨对建筑和使用者的影响，使馆内庭院有遮挡但没有封闭，经常在雨季被大雨浸泡。

建筑咨询委员会的委员们在地理、历史或国际关系方面并不是专家，当然他们也没有考察过所有需要评估的项目场地。国务院确实曾派谢普利和贝鲁斯基考察新德里使馆地皮。在这次实地考察中，两位建筑师还到访了安曼、巴格达、贝鲁特、卡拉奇、伦敦及罗马，他们与当地建筑师和承包商会谈，了解更多影响外交建筑项目的情况。沃克也代表国务院访问了伦敦、海牙和都柏林。后来的委员未能经常考察场地，只有建筑师才能在项目开始前考察场地，并且通常只是一次。

建筑咨询委员会明白，外交建筑局官员负责对新建筑的功能进行评估，而重要的安全和结构问题将由专家审核，包括军队工程师。但功能和外观通常很难分开，建筑咨询委员会委员很快就发现他们在讨论美学问题的同时也在研究功能问题。项目由设计转到施工阶段后，委员们就不再介入了，而当施工现场监管不力时，建筑师也鞭长莫及。诺伊特拉的合伙人亚历山大就向外交建筑局大声抱怨，卡拉奇当地承包商在混凝土配拌中注水过多，导致强度下降。他甚至警告说建筑可能倒塌（幸运的是这并没有发生），但他无力纠正错误，因为他的公司并没有施工监督的合同，他的意见也被人忽视。多年后，威廉·麦卡夫对吉萨官邸（开罗）缺乏施工监管的警告同样被忽视，由于施工质量低劣，一个原来很好的项目不得不被废弃了。[8]

在评审新项目之前，建筑咨询委员会先审查了外交建筑局正在进行的项目。1954 年，除了沙里宁设计的赫尔辛基使馆仍停留在最初状态没有进展以外，外交建筑局还有六个项目在进行：其中两个授予美国私人建筑公司——马尼拉外交官公寓（加德纳·戴利）和雅加达使馆（雷蒙德和雷铎）；两个由外交建筑局建筑师设计——利奥波德维尔领馆和公寓以及曼谷外交官住宅；两个由外国建筑师设计——西班牙港使馆（M&M 公司）和贝鲁特使馆（马克迪西）。当时有大约 10 多位外国建筑师为外交建筑局工作。[9]对这些进行中的项目，建筑咨询委员会要求对其中四个进行重大修改，否决了贝鲁特和利奥波德维尔项目。建筑咨询委员会认为，利奥波德维尔领馆办公楼和外交官公寓“令人无法接受，毫无动人之处”，并声明整个设计与热带环境不相符，[10]要求外交建筑局重新聘请建筑师设计。几个月后，外交建筑局把设计任务授予迈阿密的 WRJ 公司。建筑咨询委员会在 M&M 公司提交的西班牙港使馆方案中找出了一大堆问题。贝鲁斯基看到设计草图时被吓呆了。“我毫不掩饰这些草图表现出的拙劣水准带给我的震动”，他在给休斯的报告中写道，“也许建筑师提交的第一批草图就是特立尼达普遍盛行的建筑风格”。谢普利认为设计草图“很不完善，缺乏协调性”。[11]对该项目设计水平的失望促使委员们更加坚信聘用美国建筑师的正确性。

具有讽刺意味的是，聘用美国建筑师反而增加了外交建筑项目的直接成本，这是由于外交建筑局以往可以用外币而非纳税人的美金来支付外国建筑师。尽管政策变了，但美国设计公司仍继续聘用当地建筑师协助进行施工图设计并提供有价值的现场咨询。外交建筑局放弃了聘请当地建筑师做项目负责人的想法，拒绝引入当地的建筑人才，这不是它的首选。要想增加使馆建筑的美国特色，最好的办法就是聘用美国建筑师了——这也是在按政策办事。

对马尼拉和曼谷外交官住房的批评主要集中在实用性上，如洗衣房、垃圾房、储藏室及热水供应等。建筑咨询委员会的结论是，在当地雇佣人的习惯使得有必要扩大厨房并增加出入口，否则在主人们休闲或睡觉的时候，佣人们却要拿着换洗衣服和垃圾穿行起居室。在审查了马尼拉公寓方案四遍后，建筑咨询委员会还要求外交建筑局增加卧室和起居室面积，在每层增设佣人卫生间，提供存放小孩推车、自行车等物品的储藏空间。这两个项目促使建筑咨询委员会提出修改预算局建筑标准的要求，这些标准是为当时所有联邦出资的住宅项目制定的。建筑咨询委员会指出，适用于国内住房的标准不适用于国外，尤其是热带地区。委员会要求提高建筑面积标准，“由于气候、风俗、生活条件有本质区别，而且在美国所能享有的普通服务和设备，到了那些地区需要更多地依赖当地人，因此面积增加是有必要的”。[12]

对当地风俗和条件的实际考虑对很多建议的提出作用重大，但其他因素也同等重要。例如，建筑咨询委员会对将衣服晾在外面就很反感，要求为马尼拉公寓提供室内晾衣设施，“以避免将衣服晾在外面，因为那将有伤风化”。可是有伤谁的风化？当然不是当地人，因为他们不知道还有什么其他晾衣服的方法。那些到国外考察并对他们所见所闻加以关注的建筑师们，自然也是最能理解和欣赏当地风俗习惯的人，一般人觉得习以为常的情景，在他们看来却有独到的魅力。例如，1954 年沃斯特为驻香港总领馆项目去现场考察时，当地喜庆的生活气氛感染了他，尤其是街上挂满竹竿的晾洗衣服让他印象深刻。挂着的衣服让沃斯特想到了飘扬的旗帜，他鼓励其他建筑师尽量利用这种“展示”。[13]但并不是所有人都有同感。建筑咨询委员会成员要求禁止在马尼拉公寓室外晾衣，他们忽视了湿热环境中衣服很难在室内晾干的事实，也忽视了机械烘干所增加的额外电费和维护费用。显然，建筑咨询委员会的反对意见是基于美学考虑。这种实用性与美观的冲突在建筑咨询委员会的决策过程中并不罕见。

雅加达使馆项目引发了另外一种冲突——实用性与政治的冲突。印尼总统苏加诺坚决反对雷蒙德和雷铎的第一轮方案。事实证明，善于在东西方国家之间玩弄把戏的苏加诺，非常希望美国能在雅加达建一座高层建筑，以更充分地展示雅加达的重要性。同时，他还想借美国使馆表现他个人的重要地位，显示美国对他的支持，以此来打击反政府游击队。

第一轮方案是个不太显眼的两层建筑，正面的窗户带有遮阳篷，朝阳一侧的窗户装有固定的百叶帘，入口前有一个简单的门廊，退后于前面的环岛。苏加诺对这个相对较小的建筑很不满意，发电报向美国表达了不满，并隐含着政治威胁，项目延误了下来。苏加诺希望地皮上的一棵大树能够保留，建筑能进一步后退以显示其尊贵地位，要求建筑必须适应当地气候，而不是一个在寒带建筑外面附加了遮阳篷的建筑。他还要求建筑应为高层，以便为周边地区——重要的市区广场一角的发展打下基础。[14]

建筑咨询委员会认为原设计是合理的。但为了不让印尼方面太过尴尬，委员们还是同意让建筑师重新设计建筑主入口，并在门口增加一个小水池，以使建筑整体更加“引人注目”。[15]委员们不仅为该设计对气候和场地的适应性加以辩护（虽然他们当中并没人亲自去过现场），还对建筑规模和形象加以辩护，并且指出，“在低矮建筑环抱的地区建高层建筑（曾在哈瓦那做过）的错误不能再犯”。杜勒斯国务卿签署了一封措辞强硬的电报，要求驻雅加达使馆立刻促成苏加诺同意修改后的方案，否则将对印度尼西亚在华盛顿的外交官进行报复。[16]建筑师按要求做了修改，苏加诺也同意了新方案。在延误了一年多后，这个急需上马的项目终于开工了（图48）。

建筑师在使馆前面增加了扇形的轻巧门廊（由结构工程师保罗·威德林格设计）和两个装饰性格栅——一个由白色大理石薄片制成，另一个由漆成深蓝色的铸铁制成。在门廊下方、水池后面的铸铁格栅上，悬挂着巨大的美国国徽，作为美国的象征，国徽在各个使馆中显示着不同程度的威严。"我并不对设计感到骄傲"，雷铎回忆雅加达使馆时说。他不喜欢对他的小建筑进行"装扮"的做法，但他很高兴苏加诺"接受了这个方案"。[17] 1957年12月的《建筑论坛》刊登了该设计，但同时批评建筑师未能借鉴当地独特的传统建筑风格，尤其是"令人惊叹的'水牛角式'屋顶形式"。但既然建筑师的主要目标是设计一个经济实用的办公建筑，他们所采用的所谓"国际式热带风格"便是可以理解的，他们借鉴当地传统也是注重实效的做法。在外交建筑项目历史上，建筑师为了加速急需的项目建设而做出妥协的例子相当少。但这种妥协通常是值得称赞的，而且不应该被评论家片面归结为"出卖设计信念"。

雅加达使馆非常重要，因为它表明，国务院可以有效地将建筑咨询委员会作为一个专家机构，委员会的决定是完全无可指摘的。苏加诺当时就被告知"专家们"已经批准了设计方案。会议记录显示，外交建筑局仅仅是为了给印度尼西亚一点政治颜面，才对设计进行了修改。

作为一项首要任务，建筑咨询委员会确立了选择建筑师和审批设计方案的大致工作程序，尽管对这两种工作程序的定义还仅是含糊意义的。委员们研读那些对项目感兴趣的建筑师提交的介绍材料，向同事和朋友征集建筑师名单，并在委员会内部交换建筑师信息。在向外交建筑局推荐建筑师方面，建筑咨询委员会实际上取代了原外交建筑局局长和总建筑师利兰·金的职能。1953年，国会议员托马斯·多德质询利兰·金如何选择SOM设计德国领馆时，后者只是含糊地回答说美国有1 800多家符合要求的设计公司，但并没有说他审核过所有（或任何一家）公司的资质。30年后，当外交建筑局局长威廉·斯雷顿说明挑选建筑师的程序时，也重复了这个说法。他说电脑数据库里有“800 家左右”公司的资料提供给委员会的每位成员，但他并没有特别说明这些材料是否被真正审查过。[18]尽管斯雷顿试图说明选择过程是技术性的、严格的、相对客观的，但实际上整个过程还是主观的。

1953 年，国会议员们要求制定更明确的建筑师甄选机制，建筑师们也都在努力争取能为他们带来良好声望的政府项目。新机制改变的不是选择建筑师的过程，而是由谁来做出选择。在建筑咨询委员会成立前后，建筑师业界的关系网是选择建筑师的主要来源。把这个时期形容为“老头子关系网”是非常贴切的，因为 20 世纪 50 年代很少有妇女在建筑行业工作，而能在国会或重要政府部门身居要职的女性则更少。女性很少在驻外机构工作，因此对外交建筑项目的介入也就非常少。凯里奥西尔·史密斯（亚松森）和维克托尼·霍姆塞（德黑兰）是 1954 年至 1976 年间仅有的、以项目负责人身份参与设计评审的女建筑师。还有两位女性议员在国会关于外交建筑项目的辩论中发挥过重要作用——埃德娜·凯利和弗朗西斯·博尔顿。博尔顿机智的提问和敏锐的观察在海斯委员会的听证过程中显得非常抢眼。她对非洲预见性的关注（她曾自己掏钱到非洲完成调研任务）和对外交建筑物业管理的见解对新项目，特别是住宅项目极其有益。她的这些积极意见表明，任何有才识的、能够提供公正见解的男性或女性（像博尔顿一样），都可以对项目评审发挥宝贵作用。

1954 年 1 月，外交建筑局通知建筑咨询委员会，国务院希望尽快启动 10 个新项目。那年的计划包括拉各斯、达喀尔、香港、名古屋和特古西加尔巴的办公楼；福冈、神户、朱亚雷斯、亚松森的办公楼和公寓；丹吉尔的官邸。[19]除朱亚雷斯和达喀尔以外，其他项目都有进展。如果建筑师以为这是一些雄伟或大型的项目，那他们错了。这些项目规模都不大，多在 10 000 平方英尺左右，不可能再建成利华大厦那样的大楼。

受到年度拨款削减的限制，外交建筑局只能进行那些资金负担得起的新项目，而把其他一些同样紧迫的项目推迟到 1955 年以后。1955 年的项目计划包括太子港（不超过12 000平方英尺）和海牙（不超过37 000平方英尺）的使馆办公楼，以及规模最大的项目——新德里使馆办公楼（不超过50 000平方英尺）。

在汇总和交换建筑师名单的同时，建筑咨询委员会开始将建筑师与外交建筑局计划表中的项目进行分配组合。除了已经熟知的建筑师外，委员会还审查了保存在外交建筑局数据库中的名单，甚至向建筑杂志的编辑征求名单。当国会议员询问他们的选举人是否有资格成为考虑对象时，得到的回答是，选择过程是非政治的，由专家负责。感兴趣的建筑师可以将其材料送给外交建筑局。当建筑咨询委员会开始工作时，手头上已有60多位建筑师的资料，但委员会很少将会议时间用于研究这些资料。从委员们的记录、信件中可以明显看出，大多数人选还是来自委员个人的关系或熟识的建筑师。委员们对当红的“明星”建筑师以及他们认为有望成为新一代领军人物的建筑师感兴趣。1955年，名不见经传的建筑师尤斯提斯·迪尔伯恩致信谢普利，希望他的公司能够承担外交建筑局的设计任务，他当然没有被选择的机会。[20]

建筑咨询委员会一直在寻求有成就和声望的、能带来创造性方案的建筑师，他们的重要性和聪明才智可以为外交建筑项目增光添彩。委员们急于想聘请诺伊特拉、格罗庇乌斯、布劳耶这样的现代主义大师，希望他们拿出创新的、鼓舞人心的方案，以引起国内和海外的关注。委员会甚至考虑聘请赖特，尽管那时他的事业已在黯然衰落。1958年，谢普利曾写信给休斯，说他想请赖特试一试。但当一个月后，谢普利看到赖特的巴格达大学方案时，他改变了主意。谢普利再次致信休斯，要求撤回先前对赖特的推荐，他说：“看来赖特已经过时了”。[21]

建筑咨询委员会也愿意尝试一些年轻的、没做过什么大型商业或公共项目的建筑师。1954年，建筑咨询委员会选定保罗·鲁道夫设计安曼使馆时，他仅仅设计过佛罗里达的几个度假屋。山崎实、休·斯塔宾斯、凯里奥西尔·史密斯等人承接外交建筑局项目时，都才40岁出头，事业刚刚起步。擅长创造优秀小型建筑的建筑师们，通常做的都是住宅项目，因此建筑咨询委员会选择了保罗·鲁道夫以及约翰·约翰森这样的人。但由于缺乏经验，一些建筑师难以满足项目要求而反复调整方案，浪费了宝贵的时间和资金。

专业才能当然是另一个选择标准。承担巴拉圭使馆设计的女建筑师凯里奥西尔·史密斯尽管很年轻并且相对缺乏经验，但她比大多数美国建筑师更了解南美。她的丈夫布鲁姆利·史密斯是外交官，1944 年被派驻玻利维亚，她们在那里生活和工作了多年。凯里奥西尔·史密斯在拉巴斯的工作为她在当地建筑界赢得了赞誉，1948 年被任命为美国建筑师协会泛美事务委员会主席。由于巴拉圭与玻利维亚接壤，建筑咨询委员会选择史密斯设计亚松森使馆就很正常了。

建筑咨询委员会在选配建筑师时还会考虑民族背景，例如选择日裔建筑师山崎实设计神户领馆（1954 年），乔治·罗克莱斯设计福冈领馆（1958 年）。[22]在得到圣路易斯机场和神户领馆项目之前，山崎实主要做住宅项目。1956 年完成的机场项目为他成立不久的 HYL 公司赢得了众多奖项，在神户领馆完成前夕，树立了国际声誉。

山崎实、罗克莱斯和乔治·松本的名字多次出现在建筑咨询委员会早期的名单中。一份名单中，甚至在罗克莱斯的名字旁边有铅笔标记“1/2 日本”。这说明了把建筑师与日本项目联系起来的意图，认为他们可以带来特殊的设计灵感。后来建筑咨询委员会还选择了阿根廷裔建筑师爱德华多·卡塔拉诺承担布宜诺斯艾利斯使馆办公楼设计（1970 年），黑人建筑师罗伯特·麦迪逊承担达喀尔使馆设计（1965 年选定，1972 年又重新确定），虽然没有政策规定必须这样做。

建筑咨询委员会的委员们在第一次会议中就决定他们不会亲自选定建筑师，而只是提供建议，他们把自己内部之间相互沟通好的名单提交外交建筑局，同时做出特别推荐。谢普利的私人文件中就有一些名单，上面带有他自己或他助手所写的评注。他的文件中还包括贝鲁斯基和其他人的名单。在 1954 年 3 月前整理的一份名单中，谢普利列出了 27 位建筑师的名字。被打“√”的名字包括保罗·鲁道夫、休·斯塔宾斯、莫里斯·科特西姆、卡尔·科克、马塞尔·布劳耶、沃尔特·格罗庇乌斯、霍拉伯德-鲁特、约瑟夫·塞尔特、爱德华·斯东、罗伯特·哈钦斯、弗农·德·马尔斯、罗兰·万克、沃尔特·克汉姆、亨利·希尔。这14人当中，后来有11人得到了外交建筑局的设计合同。被划“×”的名字包括密斯·凡·德·罗、贝聿铭、弗兰克·劳埃德·赖特、菲利普·约翰逊、乔治·凯克、洛里默·瑞奇、查尔斯·埃姆斯。但密斯和贝聿铭后来也得到了设计合同。在贝鲁斯基1954年初整理的一份42人名单中，有28人后来从外交建筑局得到了设计任务（见附录B）。

相对于1954年和1955年的新建项目计划（总共13个项目），建筑咨询委员会提供的建筑师名单太多了。贝鲁斯基提名的建筑师最终得到了29个外交建筑局项目。除了路易·康是在1959年得到罗安达领馆的设计合同外，其他设计委任都是在1954—1957年间完成的，那一时期外交建筑局一共授予了50个新项目设计合同。1954年后的四年中，56%的设计合同被授予了1954年初那份名单上的建筑师。很明显，选择建筑师主要还是考虑其个人声望，而不是他们面对特定场地和特定问题会拿出什么样的方案。这说明，建筑师的选择过程虽然在一定程度上会针对项目需要，但更主要还是选择那些已有广泛声誉并且“值得”外交建筑局聘请的建筑师。有时甚至在具体项目确定前，建筑师就已被确定了。

建筑咨询委员会在审核建筑师名单时，把建筑师与项目进行了试探性的搭配，通常每个项目至少选择两位建筑师。例如谢普利的工作名单就显示，斯东是新德里项目的第一人选，诺伊特拉是备选；塞尔特是亚松森项目的第一人选，诺伊特拉还是备选；鲁道夫是丹吉尔项目的首选，路易·康是第二人选；威德是利奥波德维尔和拉各斯项目的首选，黑尔—赫弛公司（后来合伙人分离，成了两个公司）是特古西加尔巴项目的备选；欧内斯特·卡姆珀和格罗庇乌斯分别是贝鲁特项目的第一和第二人选；鲁道夫和哈钦斯分别是安曼和达喀尔项目的首选。这些名单并没有指明哪些项目是住宅，哪些项目是办公楼。后期项目的建筑师名单中则包含了这些信息，还有每位建筑师曾经工作的地点，以供外交建筑局决策参考。

在1954年3月初建筑咨询委员会第一次正式选择建筑师时，推荐威廉·沃斯特设计香港总领馆（图49）。沃斯特是WBE公司合伙人和伯克利大学环境设计学院院长，曾在旧金山的约翰·里昂·里德事务所和纽约的德兰诺-阿达奇事务所工作。1954年以前他主要设计住宅。他的作品在《美丽家居》和《建筑论坛》中刊载，被认为是能够反映当地特征的建筑师。他不是极端主义者，却是个忠实的现代主义者。他正是建筑咨询委员会想要挑选的那种完全符合要求的专业人士。

截至1954年3月末，外交建筑局已经授予了5个新的设计合同，其中包括聘请黑尔设计特古西加尔巴使馆和官邸，WRJ公司设计利奥波德维尔和拉各斯的领馆办公楼及外交官公寓，斯东设计新德里使馆。沃斯特在3月11日签署了设计合同，16日就提交了第一轮方案。其他人也随后开始提交方案。又有些设计合同被授予了鲁道夫、山崎实、摩尔—哈钦斯、斯塔宾斯和史密斯。1954年年底，外交建筑局已经聘请了9个公司设计10个新项目，外交建筑进入运行良好的新阶段。

尽管建筑咨询委员会是国务院组建的机构，但它并没有沦为外交建筑局的“橡皮图章”。尽管委员们把它当作促进同行们事业繁荣的途径，但它也并没有成为建筑行业的专门展示场。委员们通常都支持项目建筑师，更愿意协助他们调整和改进方案，而非另换他人。为了保护建筑师的艺术独立性，委员们经常处于尴尬的位置上，替他们本不太欣赏的设计方案辩护；但在评审过程中，委员们对设计的批评可是毫不留情，会严厉指责那些他们认为不恰当的设计。

鲁道夫的安曼使馆项目遇到了许多麻烦。该项目可以说明建筑咨询委员会能在多大限度上维护建筑师的艺术独立性，同时也可以说明与那些不能够或者不愿意满足项目要求的建筑师合作是多么艰难。特古西加尔巴项目同样遇到了艺术上的分歧。建筑师黑尔竭力要维护自己的艺术理念，而建筑咨询委员会却不想卷入艺术表现与职业责任之间的争论。这两个例子体现了建筑咨询委员会是怎样发挥作用，以及委员们怎样界定他们职责权限的。

鲁道夫在哈佛大学师从格罗庇乌斯和布劳耶，他的名字出现在多份建筑咨询委员会的名单中。显然，委员会看中了这位青年建筑师的才华。那时，鲁道夫已经获得了多项设计大奖，并且刚刚加入耶鲁大学设计学院。当建筑咨询委员会聘请他设计安曼使馆时，他的作品多数还是虚构的项目和海滩别墅，包括佛罗里达的伞屋（1953 年）。安曼项目是他设计的第一个多功能办公楼。

用于建设安曼使馆的地皮是位于市区的一块规整场地，周边是宽阔的街道。鲁道夫 1954 年 8 月提交的方案及随后的修改方案都是一个矩形的两层建筑，立面九开间，柱子撑起的一系列低矮或扁平的筒形拱顶组成了伞形屋面（图 50）。鲁道夫没有使用空调，而是想通过双层屋面、厚厚的砖墙、小小的内凹窗来让建筑保持清凉。整个建筑架在低矮的平台上，通过一段双向单跑楼梯到达入口。在效果图中，鲁道夫试图展示拱形的立面片段能够与周围建筑很好地融合在一起。然而不幸的是，批评者们并未被他的努力打动。

建筑咨询委员会主席麦克布莱德强烈反对这个方案。他的意见分量之重，不仅因为他是委员会主席，还因为他的意见反映了国务院其他官员甚至国会潜在的批评态度。从一开始，麦克布莱德就认为这个设计不适合美国使馆。8 月会议的最初纪要显示，建筑师和方案得到了委员会“热烈的赞同”。但在麦克布莱德的坚持下，纪要做了修改，删除了原来的评语，改成了“认为很有意思”。[23]就连想对方案表现出热情的建筑师委员们也发现了伞形屋面的问题，并且批评说室内太昏暗，要求建筑师修改入口设计、开窗方式和柱间距，重新修改所有内部楼梯和出口，以满足被严重忽视的安全和消防规范。

在听取汇报之后，沃克和谢普利被方案的许多方面深深困扰。沃克直接给鲁道夫写信，询问更多有关方案的问题。建筑咨询委员会的会议纪要中几乎没有提及方案审查过程的来龙去脉和参与者的个人态度，沃克的信件则很好地揭示了这两方面的情况。他本人最担忧的是“过分花哨”的建筑。他在信的开头充满了鼓励和认可，然后指出方案似乎有些“实验性”，这是使馆建筑应该避免的。他的意见有助于解释麦克布莱德对方案的反感：

> 你也许会遇到一些人，他们仅仅因为现代建筑的新颖，尤其是外观造型，感到无法理解，而不喜欢它。我觉得麦克布莱德对你方案的反应就是这样。因此他特别担心设计的品质。我向他保证这是一个好设计，虽然它确实是实验性的，但可以发展成令人满意并满足安曼使馆要求的方案。[24]

在信中，沃克建议鲁道夫将伞形屋面的拱顶弧度减缓，并考虑如何清洗那些小小的凹窗。他善意地提醒道："我认为美国使馆在各个方面都应该是整洁的，而且应该便于维护"。他批评建筑二层的凸起，说那是"令人难受的起伏外观"，他要求建筑师用更精致的手法加以处理。关于建筑与周围环境的关系，沃克写道："我能够理解用两层楼创造出有趣建筑是很难的，所以你使用了传统形式"。但他提醒鲁道夫注意："我认为美国使馆应该是雄伟不朽的。你的方案可以发展得更好，但一定不要弄成花哨张扬的形式"。沃克的信使用了专业口吻，他为年轻建筑师重新树立了信心，"你是有判断力的。虽然我知道很难，但如果你能够用一些未来的眼光来看待这个设计，它一定可以调整成让大家更喜欢的方案"。在总结鲁道夫模仿当地元素上的失误时，他说："亨利·谢普利想知道你是不是比阿拉伯人还阿拉伯"。

在信的结尾，沃克要求鲁道夫"时刻记住你是项目的建筑师，最终应靠你个人的判断来满足业主的要求"，强调他的批评是"友好的"而不是严厉的。沃克提醒鲁道夫是项目建筑师，意在表明他本人和建筑咨询委员会认同鲁道夫的设计主导地位，并会尽全力维护他的设计。沃克把他的信也给了麦克布莱德、谢普利和贝鲁斯基。尽管会议纪要显示麦克布莱德是鲁道夫的唯一反对者，但沃克的信表明其他人至少赞同麦克布莱德的部分意见。

建筑咨询委员会对安曼方案共审查了五次。每一次鲁道夫都表示要做进一步研究和修改。11 月末，贝鲁斯基同意与鲁道夫联系，以争取解决剩余分歧。贝鲁斯基在向外交建筑局汇报时，要求为该项目争取更大的面积和更多的资金，来给鲁道夫提供圆满实现设计方案的机会。[25]沃克也给鲁道夫鼓劲，并心平气和地劝说他修改设计，但同时保证他本人会维护建筑师的艺术独立性。

委员们可能对鲁道夫的设计有所顾虑，但麦克布莱德是唯一公开反对该方案的人。他把其定义为“实验性建筑”——这是新的建筑政策所排斥的东西，并且声称该设计“不够威严和高贵，不适合作为美国使馆”。[26]外交建筑局局长休斯在给鲁道夫的信中引述了建筑咨询委员会内部的分歧意见，表达了他对方案的担忧，认为鲁道夫的设计像“一个城堡、一个外交使团的哨卡”。像先前沃克的信一样，休斯的信揭示了方案审查过程比官方会议纪要显示的温和措辞要严酷和棘手得多。休斯告诉鲁道夫，委员们认为他最近一版图纸“优秀和出众”，这可能是在取悦鲁道夫；但休斯也非常明确地指出，委员们一致同意，只会维护那些“高贵和有品质”的设计方案，而这正是鲁道夫的方案所缺乏的。[27]

休斯明确重申了麦克布莱德的反对意见，并且提出了自己的观点，他认为从效果图上看，鲁道夫的方案给人的感觉像一座监牢。休斯接着批评鲁道夫继续忽视项目的多项要求，如相邻办公室的设置。他还批评鲁道夫对使用需求缺乏足够的研究，例如“楼梯、卫生间、焚烧炉、烟囱、门的位置和开启方向等”。其他问题包括大使办公室位置太偏僻，应该与政治部门而不是经济部门相邻；所有房间都应该有门；隔墙应该砌到天花板；建筑出口太多，影响安全等等。对于防火问题，楼梯应该封闭，需有一部楼梯直通室外；贯通二层的开放天井是不允许的，车库需要消防喷淋，其他防火和保护设施应该符合美国规范。方案的面积也超出了任务书要求的1/3 左右。

建筑咨询委员会的建筑师委员想尽办法为该方案和鲁道夫的能力进行辩护，委员会在 1955 年 1 月勉强批准了该设计（麦克布莱德缺席）。设计协调工作造成的拖延已经使该项目付出了代价。政局动荡最终导致美国调整了对约旦项目的优先考虑，停止了该项目运作。《建筑论坛》只是说该项目“因中东的动荡而被延缓”。它对鲁道夫还是非常友善的。[28]约旦项目表露了建筑咨询委员会的建筑师委员在为他们的建筑师同行辩护时所面对的困难，也表明了委员会中有非建筑师成员的重要性——这些非建筑师成员能够免受建筑专业背景的约束，在必要的时候站出来说，“皇帝的新衣是不存在的”。

黑尔是在项目要求上与外交建筑局发生争执的又一位建筑师。与鲁道夫的安曼项目不同，黑尔在特古西加尔巴的两个项目都建成了，但黑尔缺乏对当地条件的理解，严重损害了他的设计。而且，他不具备鲁道夫那样的资历和名气。尽管鲁道夫的设计也面临严峻的问题，但他却设法得到了建筑咨询委员会建筑师委员们强有力的支持，而当黑尔向这些建筑师同行们请求援助，以解决他和外交建筑局间的分歧时，却没有得到支持。这其中有部分原因是他与委员们的接触方式，部分原因是他本人的固执。建筑师委员们要求黑尔遵守外交建筑局的意愿，而并未体谅他在艺术创作上受到的委屈。

黑尔毕业于耶鲁大学，曾在巴黎学习建筑，1935 年取得哥伦比亚大学建筑学位。1954 年获得特古西加尔巴的设计任务之前，他一直是唐纳德·赫弛的合伙人。赫弛在纽约有事务所，二战后又在加拉加斯开了事务所。20 世纪 50 年代初期，黑尔和赫弛在委内瑞拉联手设计了一批建筑，包括 1953 年设计的一家大型旅馆，他们具备为国务院在南美进行设计工作的强大优势。建筑咨询委员会考虑给两位建筑师设计任务。外交建筑局在 1954 年聘请黑尔设计特古西加尔巴使馆的办公楼和官邸，赫弛则得到了太子港（1955 年）和加拉加斯（1957 年）使馆办公楼的设计任务。

特古西加尔巴城建于 16 世纪，海拔 3 300 英尺，其所在地区以金银矿闻名。《建筑实录》在 1955 年刊登了黑尔的设计，并形容特古西加尔巴气候“理想”。[29]很显然，建筑师也是这么认为的，因为他设计的两座建筑到处是半开敞的通道和完全开敞的阳台。两座建筑使用了当地的砖、石和锻铁，高高的吊顶、预制混凝土结构和陡峭的斜屋面使它们显得非常出众。

使馆和官邸的地皮是分开的，办公楼在城区，官邸在城外的一块山地上，可以俯瞰山下的优美景观（图 51）。建筑咨询委员会很欣赏黑尔的方案，批准了这两个设计，只要求建筑师做一些微小修改。

设计一直进行得很顺利，直到中途休斯指示建筑师在官邸书房的东墙上做出修改——加一个窗户，"以便从室内欣赏窗外的美景"。休斯明确表示他要"一扇大的景窗"，但黑尔不愿这样做，休斯便让外交建筑局建筑师画了张草图寄给黑尔。收到休斯信函的当天，黑尔便愤怒地回了电报，拒绝修改设计并要求建筑咨询委员会对此进行评判。黑尔指责休斯"破坏了聘用私人建筑师工作的基本原则"，并试图破坏他的设计。他给休斯写了一封长信，详细阐述了他的反对意见，强调了他的困境：

> 我确信这个想法不是您提出来的，因为任何一个有鉴赏力的建筑师都能够明白这个改动是庸俗无理的，在一座代表美国形象的建筑里是根本无法实现的。实际上，我们将会采取象征的手法把景致引入建筑内部。我对景窗本身没有异议，令人反感的是这个想法的低俗品味。[30]

黑尔也给谢普利写信表达他的困境，并请求谢普利"从职业的立场出发"来干预此事。黑尔知道建筑咨询委员会没有授权，也知道他本人无权越过休斯，所以他建议谢普利慎重地推动此事。谢普利的回复简短但切中要害：

> 我收到了你寄来的信和材料。增加景窗确实有损建筑形象，但你的客户已明确决定要这么做，而且已经有一段时间了。他的要求是合理的——不能被漠视。如果你能够客观地看待现在的局面，你会意识到你发的那份电报使我们不可能再为你辩护。我很抱歉，但你必须自己解决这个问题，我不认为这个问题解决不了。[31]

黑尔再次给谢普利写信，把他粗鲁的电报归咎于当时“震怒的状态”，然后又开始争论另外一个话题——是否要砍掉一棵遮挡景窗视野的珍稀且可庇荫的大树。接下来，他甚至威胁说如果国务院不尊重他的话，他就要给建筑刊物写一封公开信。他语气强硬地写道：“国务院事先不与建筑师协商就对建筑美学事宜进行修改，我认为这是个重要的原则问题”。[32]其实国务院试图和他协商，但问题是他并不想妥协。

这个事件说明了建筑师和政府业主之间在美学与功能方面的期望和需求存在差距。当一位年轻气盛的建筑师为一个窗户问题而怒不可遏时，建筑咨询委员会却无能为力。谢普利把黑尔来信的复印件寄给了贝鲁斯基，并且加了注记：“黑尔充满建筑术语的信函是难以起作用的”。[33]

其他建筑师也曾因项目变更影响设计而头痛。对许多建筑师来说，为外交建筑局所做的使馆设计是他们第一次接触多功能办公楼。很多人后来在个人简历中自豪地列出了使馆项目，但也有人故意省略掉了。比如，贝聿铭就拒绝承认他设计的蒙得维的亚使馆，因为项目任务书的修改导致了很多设计上的分歧。

特古西加尔巴的设计问题远不止一个窗户。看来建筑师对外交建筑局的设计指导没太在意，而建筑咨询委员会似乎对当地的情况也不够了解，不知道什么样的方案才是合适的。1958 年，大使夫人路易莎·魏劳尔给谢普利写信，她认为官邸的状况能够引起谢普利的同情：

> 就官邸的整体设计而言，我相信你可能不知道特古西加尔巴一年要下六个月的雨，否则你不会批准这样的设计——从卧室走到官邸的其他地方总要被雨淋得透湿，被风吹得东倒西歪。而且你可能不知道，之所以将官邸选在这里是因为它的景观，而你却同意建一座 20 英尺高的墙把景观挡住。顺便告诉你，除了早餐间以外，所有房间的景观都被遮住了。[34]

魏劳尔还列出了其他问题：卧室里摆两张床的时候，卧室门就无法打开；卫生间没有灯。她抱怨说只有一个壁橱（在餐厅里）；尽管有五间卧室，“却没有地方放得下佣人吃饭的餐桌和椅子”。车库里要是并排停两辆车的话，就根本没法上下车。她还提到了很重要的一点，尽管外交建筑局说设计缺陷多是经济方面的原因，但维护这座设计不当、过于奢华的官邸所需的费用反而使国务院戏剧性地提高了对当地的津贴。

她继续写道，黑尔所关注和坚持的美学问题从根本上就忽视了驻外人员的实际需要。考虑到当地气候条件以及缺乏娱乐设施，使馆要求建一个小游泳池，耗资最多也就是几千美元，结果外交建筑局却批准建造了一个造价 1 万美元的百合花水塘。魏劳尔指出，所谓的经济因素显然是站不住脚的。

尽管魏劳尔的信很有道理，但当休斯收到谢普利转来的复印件时，他认为这位大使夫人是个“麻烦”，并没有搭理她。使馆建成后，对使馆的批评就变成了对外交建筑局的批评。负责设计的建筑师慢慢都会退出受攻击的行列。甚至在国会，对许多新建筑的尖锐批评也都不是直接针对建筑师的，因为除了极少数阅读建筑刊物的人以外，没人注意建筑师的名字。休斯不在乎这些批评会影响他的预算。当谢普利得知特古西加尔巴的问题时，他在建筑咨询委员会的任期早就结束了。

1956 年 3 月，理查德·贝内特接替沃克成为建筑咨询委员会委员。他当时 47 岁，比其他委员都年轻。贝内特曾经在普瑞特设计学院、瓦萨大学和耶鲁大学教授建筑，20 世纪 40 年代中期任耶鲁大学建筑系主任。他毕业于哈佛设计研究生院，1946 年被任命到美国建筑师协会工作，积极参与美国建筑师协会的各项事务。他是爱德华·斯东的第一位雇员，和斯东一起完成了现代艺术馆（1939 年）的设计。1938 年，贝内特和卡莱布·霍恩博斯特尔赢得了惠顿学院一座艺术楼设计竞赛的一等奖。之后，他开始广为人知。虽然那个项目并未建成，但这次竞赛却是贝内特职业生涯中的重要事件。评委们在包括格罗庇乌斯、布劳耶、邦夏、诺伊特拉、斯塔宾斯、豪等在内的参赛人中选中了贝内特，说他的设计更适合新英格兰地区如画的田园风光。[35]对于注重城市文脉的外交建筑项目而言，贝内特是很好的人选。

1956 年 9 月初，贝鲁斯基和谢普利询问外交建筑局局长休斯能否让沙里宁加入建筑咨询委员会。休斯表示他愿意推动这个提名，并告诉建筑师委员们他要向国务院请示。[36]他写报告给副国务卿帮办亨德森，推荐说沙里宁“是美国首屈一指的现代主义建筑师”，请求批准对他的提名。休斯知道沙里宁正承担外交建筑局的两项设计任务（伦敦和奥斯陆），他向亨德森保证，这两个项目都不会再正式拿到委员会上讨论。亨德森拒绝了这个提名，说凡是参与外交建筑局设计工作的建筑师都不能进入委员会。亨德森推荐了与沙里宁类型完全不同的建筑师——包括詹姆斯·史密斯，他是纽约 MMW 公司合伙人，曾设计了宾夕法尼亚大学沃顿金融管理学院，并且还是罗马的美国学院院长；其他人选还有费城的 HHLL 公司、纽约的埃格斯—希金斯公司。亨德森评价他们“品味高尚，关注美国传统价值”。[37]他的助手卡朋特后来解释说，亨德森反对沙里宁的真正原因是“他的现代主义设计观点”。[38]

亨德森表明了希望传统主义建筑师加入委员会的立场。根据他的意见，外交建筑局选择了埃德加·威廉斯。威廉斯同沃克和贝鲁斯基一样，都是麻省理工学院的毕业生。他毕业于 1908 年，1909 年取得建筑学位，同年赢得了罗马奖学金，并在罗马的美国学院继续学习了三年。他曾执教于麻省理工学院，1920 年开始在纽约从事设计工作，多年担任纽约公共图书馆的顾问建筑师。[39]他是国家设计学院、纽约建筑联盟和纽约市艺术协会的主席。得到建筑咨询委员会提名时，威廉斯已经 70 多岁了。

亨德森和国务院其他官员认为威廉斯是传统主义者，提名他接替谢普利，但威廉斯本人并不同意传统主义者的说法。他在给休斯的信中写道：“建筑如果不是现代的，就不可能是好建筑，但现代的不一定就是好建筑。我猜想你们希望我做委员会里的保守派——也许吧，谁让我的作品里刚好有那么多的古典装饰呢？但这种想法实在很愚蠢，我都懒得驳斥”。[40]威廉斯在任期间，外交建筑局聘用米尔顿·格里格设计了堪培拉使馆办公附属楼，那“殖民地式”的红砖建筑深得鲁尼议员的推崇。但同样在威廉斯任期内，外交建筑局也聘用了密斯和一些年轻的现代主义建筑师，像巴恩斯和沃内基。密斯为圣保罗总领馆设计了完全现代的玻璃盒子建筑，但未能实施（图52）。同样，沃内基设计的曼谷使馆也只停留在了纸面上。巴恩斯设计的大不里士领馆赋予当地传统建筑元素以现代生命力，该项目付诸了实施，但后来在伊朗革命中被放弃了。

在1950年威廉斯与菲利普·约翰逊的辩论中，威廉斯为他理解的“传统”建筑做了定义：

> 一个特定地域人们的精神特性源自他们的传统，而不是其他因素，这种特性赋予该地域建筑以生命、趣味和活力……这种观点与建筑应具有国际化特性的思想是相对立的。我认为国际主义和自我主义这两种建筑风格都代表了所谓的现代主义，这两者之间有很大的混淆。我发觉有些人在自相矛盾，他们轻蔑地谈论折中主义，鼓吹创新，却又在抄袭当代法国、巴西或者其他一些遥远地方的庸俗建筑。[41]

对于旨在结合现代建筑技术与当地传统的外交建筑而言，威廉斯的加入提供了一个有价值的视角。威廉斯在1957年1月接替了谢普利。就在同一个月，休斯宣布将原先的“建筑咨询委员会”正式更名为“建筑咨询小组”（AAP）。威廉斯在建筑咨询小组的任期为1957年至1959年。

威廉斯加入建筑咨询小组以后，亨德森又让休斯考虑由现代主义的坚定反对者哈里·林德伯格取代贝鲁斯基。贝鲁斯基的任期已经延长，并将在1957年6月到期。休斯则再次提出了沙里宁的人选。亨德森的助理卡朋特建议他至少再多提两个人选。为了确保能让沙里宁当选，休斯提了两个亨德森不会同意的人：传统主义建筑师托马斯·洛克拉夫特和现代主义建筑师帕西瓦尔·古德曼。洛克拉夫特在华盛顿同弗雷德里克·墨菲一起工作，是天主教大学建筑系主任。古德曼在纽约工作，在哥伦比亚大学教授城市规划和设计，以设计犹太教堂出名。[42]亨德森果然批准了沙里宁。作为咨询小组中的现代主义代言人，贝鲁斯基在工作了三年半后，于1957年6月辞职。沙里宁于1957年7月加入贝内特和威廉斯所在的咨询小组，工作至1960年6月。其后的小组成员包括伯克利大学建筑系主任威廉·沃斯特、罗伊·拉尔森、麻省理工学院建筑系主任劳伦斯·安德森以及华盛顿大学（圣路易斯）建筑系主任约瑟夫·帕森诺伊（见附录C）。由于建设放缓，20世纪60年代需要审查的项目少多了。这一时期，建筑咨询小组很少开会，委员的任期也延长了，安德森在任长达十年。

知名建筑师接连到建筑咨询小组供职，他们的任命之间几乎没有间隙，但主席一职的情况就不同了。由于麦克布莱德的存在，早期的会议经常讨论设计的品味问题。但建筑师委员们向来都不把他放在眼里，因此这位非建筑师出身的主席很难让委员们认真听取他的意见。即便在咨询委员会成立的新闻公报上，也没有提及他对艺术和建筑的广泛涉猎、对美国驻外机构状况的深入了解，以及他在建筑设计和管理方面的经验。[43]很显然，建筑师委员们不在意麦克布莱德的专业意见，虽然对于国务院来讲，这位非建筑师的意见和建筑师委员们同样具有价值。

外交建筑局原以为委员会的观点会是一致的，它的成员会支持委员会的决定。官方的会议纪要也多是些与会者的共同点，几乎从不提及个人观点。[44]作为委员会的非建筑师，麦克布莱德成了反对意见的主要渠道。他和休斯是盟友，两人都对安曼等项目心存疑问，而且他的观点经常和亨德森是一致的。有了这样一个敢和“专家们”对抗的成员，咨询委员会对国务院的贡献可就大多了。总的来说，麦克布莱德是个游历广泛并且经验丰富的“外行”，他的观点对外交建筑局是极有裨益的。其他建筑师委员都没有像他那样去过那么多国家，也没有负责过大型的政府项目建设。尽管麦克布莱德才学广博，建筑师委员们还是把他当局外人看待。

1956年麦克布莱德从咨询委员会退休后，找什么样的人替代他成了个难题。经历了主席职位的短暂空缺后，1956年6月，国务院任命驻外事务处主任雷蒙德·黑尔为委员会主席。黑尔只参加了委员会的几次会议便赴埃及任大使。他的空缺并没有影响委员会的工作。一年后，国务院任命约瑟夫·萨特斯维特大使接替黑尔的委员会主席一职（此前他已经接替黑尔担任了驻外事务处主任），他在咨询委员会工作到1959年初。于是，曾有一段时间形成了个传统，由国务院驻外事务处主任兼任咨询委员会主席。后来，由于高级别的驻外事务处官员任职都很短，很难稳定地兼职，因此主席职位慢慢失去了其重要性。1953年，肯沃西选择麦克布莱德做主席时曾经说：

> 除却麦克布莱德对国务院和外交人员的深刻了解，他还有令人钦佩的行政管理能力和对艺术的理解感悟。麦克布莱德担任主席，可以在平等的基础上与其他三位建筑师委员讨论问题。[45]

但这“平等的基础”从未实现。事实上，没过几年时间，咨询小组内应该有一位非建筑师委员的基本原则就被放弃了。到1961年助理国务卿克罗基特自己担任咨询小组主席时，几乎没有人记得最初设置的主席应该由一位阅历丰富的非建筑师，而不是由来自国务院内部的政客担任。1967年克罗基特任期结束以后，主席一职也随即慢慢消失了，建筑师加强了对设计评审的控制权，并尽量远离政治。

建筑咨询委员会在1954年共召开了13次会议，审查了12个新项目，包括8个使馆办公楼。同时，还为新项目推荐了建筑师。1955年开了10次会议，审查了8个项目，包括6个使馆。开会次数减少的原因之一是委员们在1955年春天和夏天去考察新项目的地皮。1956年，建筑咨询委员会开了12次会议，审查了15个项目，包括10个使馆。2月份，委员们还加入了由7人组成的评委会，评审伦敦使馆项目的设计竞赛。1956年夏天，外交建筑局又和委员会推荐的9位建筑师签订了合同。那一年，在建项目的数量和审查方案的数量都标志着外交建筑项目的巅峰。建筑咨询委员会开会的次数与成立第一年差不多，但审查了更多项目。

1956年审查的使馆项目包括：阿克拉（哈里·维斯）、西贡（柯蒂斯

& 戴维斯)、伦敦（沙里宁赢得设计竞赛)、马尼拉（埃尔弗莱德·爱德洛特)、特鲁希略城（RTL)、雅典（格罗庇乌斯，TAC)、拉巴特（KGS)、利马（凯斯 & 莱斯布里奇)、赫尔辛基（哈维尔·哈里斯)、海牙（与1955年项目相同，但建筑师换成了布劳耶)。3个领馆项目包括名古屋（亚历山大·史密斯·考兰)、巴士拉（哈里斯·阿姆斯特朗)、丹吉尔（与1954年的公使馆项目不同，但建筑师仍是斯塔宾斯)。西贡项目耽误了很多年，特鲁希略城项目未能实施。赫尔辛基办公附属楼最初由沙里宁设计，后改由哈里斯完成，该项目再次被中断。其他项目都付诸了实施。1956年，另外两个优秀的项目是贝尔格莱德外交官公寓（卡尔·科赫）和德黑兰大使官邸（塞缪尔和维尔琳·霍姆塞)。

在更名后，1957年建筑咨询小组共召开了11次会议，审查了14个项目。其中9个新使馆项目：曼谷（约翰·沃内基)、贝鲁特（雷夫·雷普森)、阿尔及尔（约翰·里昂·里德)、台北（ABHCA)、加拉加斯（唐纳德·赫驰)、都柏林（约翰·约翰森)、墨西哥城（西南建筑师事务所)、新加坡（琼斯 & 埃蒙斯)、华沙（威尔顿·贝克特合伙人公司)。1957年审查的项目中有近半数后来因资金问题而中断。政治动荡是另外一个影响因素。雷普森于1957年设计了贝鲁特使馆。1958年，美国海军陆战队登陆黎巴嫩，支持内战中被推翻的政权，使馆项目被搁置。沃内基设计的曼谷使馆在获取地皮时遇到困难而延误，最终项目被取消。1958年新项目骤减，建筑咨询小组只开了4次会，审查了唯一一个使馆项目——喀布尔（基尔汉姆 & 奥康纳)，以及4个领馆：福冈（乔治·罗克莱斯和克拉克 & 巴特勒)、圣保罗（密斯·凡·德·罗)、大不里士（爱德华·巴恩斯)、鹿特丹（维克多·克里斯特·杰纳尔)。这其中，鹿特丹和圣保罗项目中断了，喀布尔项目延误，后来转交另外一家设计公司。到1958年，新项目建设的全盛时期已经过去。接下来的1959年更加萧条，建筑咨询小组开了5次会议，审查了两个新使馆——渥太华（哈罗德·斯皮兹纳格尔和W. E. 本策辛格）和摩加迪沙（迪格特和耶基斯)，以及巴勒莫领馆（马里奥·钱皮)，但所有项目都中断了。1956年，外交建筑局还一直忙于新建项目，建筑师委员们经常开会，审查了许多项目。谁也没料到日后会有项目延误、取消等其他问题。

注　　释

1. 肯沃西致威利斯的备忘录：《外交建筑的建筑咨询委员会》，1954 年 2 月 17 日，外交建筑局杂项档案。
2. 建筑咨询委员会会议纪要，1954 年 3 月 12 日，第 3 页；1954 年 9 月 17 日，第 4 页。
3. 建筑咨询委员会会议纪要，1955 年 5 月 26 日，第 2 页。
4. 建筑咨询委员会会议纪要，1955 年 8 月 16 日，第 2 页。
5. 同 4。
6. 建筑咨询委员会会议纪要，1955 年 1 月 14 日，第 2 页。
7. 建筑咨询委员会会议纪要，1954 年 3 月 12 日，第 3 页。
8. 有关吉萨项目的更多信息，见第 11 章。
9. 众议院拨款小组委员会：《获取海外建筑》，1954 年，第 332 页。
10. 建筑咨询委员会会议纪要，1954 年 2 月 4 日，第 2 页。
11. 贝鲁斯基致休斯的信，1954 年 11 月 30 日；谢普利致休斯的信，1954 年 11 月 30 日，谢普利文件。
12. 建筑咨询委员会会议纪要，1954 年 3 月 12 日，第 2—3 页。纪要应该使用“依靠”一词。事情的关键不在于当地提供的服务是否可靠，而在于使馆人员是否依赖这些服务。
13. 威廉·沃斯特：“变化的建筑哲学”，《建筑论坛》，1954 年 8 月，第 183 页。
14. 国务卿杜勒斯发给雅加达使馆的电报，《要求加速雅加达使馆建设》。电报由外交建筑局副局长亨利·劳伦斯起草，外交建筑局局长休斯批准。标注的日期为 1955 年 8 月 25 日，编号 CA-1635，是建筑咨询委员会 1955 年 8 月 16 日会议纪要的附件。
15. 建筑咨询委员会会议纪要，1955 年 8 月 16 日，第 1 页。
16. 杜勒斯发给雅加达使馆的电报，1955 年 8 月 25 日。

17. 作者对雷铎的采访。

18. 利兰·金在政府项目小组委员会的证词，《德国项目听证会》，1953 年 2 月 17 日，第 19 页。见威廉·斯雷顿："探寻优秀设计：挑选建筑师"，《国内建筑师》，1984 年 3/4 月，第 33 页。

19. 这份计划出现在劳伦斯致谢普利的信中，1954 年 1 月 29 日，谢普利文件。

20. 合同信息摘自《按时间排序的建筑师和工程师合同列表，截至 1965 年 4 月 30 日》，国务院历史文献办公室提供给作者。

21. 谢普利致休斯的信，1958 年 11 月 10 日及 1958 年 12 月 18 日，谢普利文件。

22. 见《使馆建筑师》和《贝鲁斯基记录中的建筑师名单》，未注明日期，谢普利文件。

23. 建筑咨询委员会会议纪要，1954 年 8 月 19 日，第 1 页。

24. 沃克致鲁道夫的信，1954 年 8 月 26 日，谢普利文件。

25. 贝鲁斯基致劳伦斯的信，建筑咨询委员会会议纪要附件，1954 年 11 月 18 日。

26. 建筑咨询委员会会议纪要，1955 年 1 月 14 日，第 2 页。

27. 沃克致鲁道夫的信，1954 年 8 月 26 日；休斯致鲁道夫的信，1954 年 12 月 21 日，谢普利文件。

28. 《建筑论坛》107 期，1957 年 12 月，第 122 页。

29. 《建筑实录》117 期，1955 年 5 月，第 189 页。

30. 休斯致黑尔的信，1956 年 8 月 30 日；黑尔致休斯的电报，1956 年 8 月 31 日；黑尔致休斯的信，1956 年 9 月 17 日，谢普利文件。

31. 黑尔致谢普利的信，1956 年 8 月 31 日；谢普利致黑尔的信，1956 年 9 月 14 日，谢普利文件。

32. 黑尔致谢普利的信，1956 年 9 月 17 日，谢普利文件。

33. 标记了"HRS"的便签附在贝鲁斯基致谢普利的信后，1956 年 9 月 25 日，谢普利文件。

34. 路易莎·魏劳尔致谢普利的信，1958 年 2 月 5 日，谢普利文件。

35. 艾斯特·西维尔引述沃尔特·贝伦特致埃德加·帕克的信，1938 年 6 月 16 日；见托马斯·麦考密克："惠顿学院艺术中心设计竞赛，1938 年 2 月—1938 年 6 月"，收在詹姆斯·考恩沃尔夫编的《现代主义在美国，1937—1941》，威廉和玛丽学院出版社，1985 年版，第 31 页。

36. 休斯致贝鲁斯基的信，抄送给了谢普利和贝内特，1956 年 9 月 10 日。

37. 亨德森致卡朋特的备忘录，1956 年 10 月 5 日，外交建筑局杂项档案。

38. 卡朋特致萨特斯维特的备忘录，1957 年 7 月 23 日，外交建筑局杂项档案。

39. “建筑师埃德加·威廉斯去世”，《纽约时报》讣告，1974 年 1 月 3 日。

40. 威廉斯致休斯的信，1958 年 2 月 3 日。关于堪培拉使馆资料，见众议院拨款小组委员会：《1955 年拨款》，第 328 页。

41. 埃德加·威廉斯：《传统建筑对现代建筑：给传统出的试卷》，纽约市艺术学会，再版于《纽约建筑师》，1950 年 11/12 月，第 4 页。

42. 休斯致亨德森的备忘录，1957 年 5 月 23 日，外交建筑局杂项档案。关于古德曼的材料，见卡朋特致萨特斯维特的信，1957 年 7 月 23 日，以及休斯致“建筑咨询小组”的备忘录，1957 年 6 月 11 日，外交建筑局杂项档案。休斯根据《美国建筑师名录：1956》提供了两位建筑师的资料。墨菲是华盛顿罗马教皇使团（通常被叫做梵蒂冈使馆）的设计师。

43. 国务院公告第 15 号，1954 年 1 月 14 日，外交建筑局杂项档案。

44. 总建筑师或其他建筑师委员保存委员会的会议纪要。每次会议之后，纪要会分发给委员们审阅修改，然后返回到外交建筑局形成正式文件。

45. 肯沃西致威利斯的备忘录，1953 年 10 月 23 日，外交建筑局杂项档案。

第八章

鼎盛时期

1954 年到 1960 年是美国外交建筑项目的全盛期，同之前和之后的时代有着历史性的区别，因此有必要把这一时期设计的外交建筑做一整体回顾。如果以建筑顾问们集会的次数和审查新项目的数量来衡量，1954 年至 1957 年才是外交建筑项目的真正高峰期。直到 1957 年，外交建筑局都无需寻求新的拨款或动用纳税人的钱便可扩展其建设项目。在 1958 年以后，由于资金缩减、政治利益和干预增加以及世界格局变换，导致新建项目锐减，咨询委员会的集会次数亦大大减少。然而，很多在 1954 年、1955 年上马的项目到 1959 年、1960 年左右才接近完成，给人造成了外交建筑项目依旧繁荣的印象。美国报业欢呼庆祝世界各地新落成的美国使馆，建筑刊物盛赞外交建筑局的重要性以及建筑师的创造力。

尽管委员发生着变化，但建筑咨询委员会大体上保持着连贯性，遵循着肯沃西于 1954 年规划并由贝鲁斯基不断完善的建筑政策。这一建筑政策一直塑造着国务院的建筑思维，直到 1961 年，一系列政治事件促使外交建筑局重组以及出台新的、更加谨慎的建筑政策。

可以预见的是，建筑师们把使馆任务当作吸引外界关注其创造性和艺术个性的手段。例如，斯东设计的新德里使馆即成为惊人之作（图 53），引起了极大关注并得到建筑咨询委员会的强力支持。如果说那个时期在设计上有盲点的话，那就是建筑师们似乎认为一份好的设计至少在某些方面应具有一定程度的轰动性，很多人都不甘心把建筑设计得优雅却平淡。更有甚者，还有一种要把使馆建成世博会展馆或航站楼，而非外观独特的办公楼的趋势。这就意味着使馆建筑和那些功能相去甚远的建筑会采用一些相似的设计手法，也意味着使馆成了新设计理念的试验场。山崎实设计的波士顿洛根机场东航航站楼（1967—1969 年），就同十多年前一些显眼的使馆建筑惊人地相似（图 54）。

参与外交建筑项目的人都会知道，国务院希望通过新使馆向世人展现一个年轻、蓬勃、有远见的国家形象。对二战后早期使馆建筑的负面反应，引发了人们要求新使馆庄重并避免炫耀的呼声。在 1954 年贝鲁斯基的建筑政策中，几乎没有说明如何在新建筑中将庄重和传统相结合，同时尝试丰富和创新；如何将典雅和乐观主义相结合，同时避免奢华与物质主义。事实上，他对建筑师面临的两个最明显的问题——新使馆应该是什么形象以及应该如何组织，却未予置评。原因何在？那就是肩负咨询责任的建筑师们不想卷入国务院关于“风格”的辩论中，他们想把诸如项目需求和功能组织这类事情留给外交建筑局的官员们处理。

为了与国务院促进国际友好的政策保持一致，贝鲁斯基的政策中号召建筑师们特别关注当地状况和习俗，以便抓住特定环境的要义。贝鲁斯基说：“只要有可能，建筑师们就应利用新技术”。同时，他还敦促建筑师们各尽其才，在作品中表达“独特的美国品味”，但他并没有说明如何才能做到这些，也没有解释什么样的建筑是独一无二的“美国式”。

许多建筑师对建筑政策的回应是将注意力放在了异国风情上——这更像是《国家地理》杂志的编辑所做的那样。贝鲁斯基有意将“美国式”建筑的定义说得含糊，却又明确要求探索当地的独特性，鼓励建筑师用与众不同的个性化作品相互影响，这就使得建筑师有机会追求新的创作主题。建筑师们认为，建造出反映当地传统的建筑便可最好地满足国务院取悦驻在国的目的，即便那些传统与办公建筑完全没有联系。在今天看来，这一想法是有争议的，当时的文化评论家已经就继承的真实性与适当性展开了论战，但这一问题在 20 世纪 50 年代并未被认真质疑过。那些为探寻崭新的、富有想象力的美国形象而走在最前列的建筑师，那些从事主题建筑设计的建筑师，得到了最广泛的关注，哪怕他们当中一些人的设计从未付诸实施。斯东设计的新德里使馆是最重要的一例。维斯设计的阿克拉使馆是底层架空的玻璃盒子，外罩木百叶，尽管不实用，但其创造性的设计受到了赞誉，被驻在国加纳（20 世纪 50 年代第一个赢得独立的前非洲殖民地国家）誉为美国在加纳的象征。沃内基设计的曼谷使馆方案在建筑杂志上被广泛刊载，人们称赞它与泰国佛塔相似；路易·康为罗安达使馆所做的城堡般的方案也被人们广为称道，但这两个项目都未建成（图 55、图 56）。

尽管新项目在位置、气候、地震状况、交通情况、材料供应等方面差异巨大，却还是有很多项目使用了共通的建筑设计元素。例如，尽管许多地方气候酷热，但仍有数量惊人的新使馆采用了玻璃幕墙——如新德里、雅典和马尼拉。为了保护热带阳光照射下的玻璃幕墙，大部分建筑采用了外部遮阳，包括固定的和可移动的散热片、木格栅和百叶帘，还有设计成不同形式的砖墙花格（在机械制冷难以实现或不够可靠的年代，很少有使馆全部使用空调），这些手法综合起来完全就是一部名副其实的遮阳装备百科全书。哈里斯·阿姆斯特朗设计的巴士拉领馆外罩柚木格栅，窗户很少，全部使用空调，而规模大很多的新德里使馆采用玻璃幕墙，却只是局部使用空调。

像玻璃幕墙一样，底层架空是现代主义的又一标志，尽管浪费空间，又会带来安全隐患，但在建筑师中很是时兴。阿克拉、雅典、卡拉奇、新加坡、丹吉尔，以及曼谷和贝鲁特的方案（图 57）就是部分或全部架空。墨西哥城使馆则用宽大的拱支撑上部建筑。这些使馆的首层要么凹进，如丹吉尔使馆，首层用玻璃封闭；要么就是全空，如阿克拉使馆，入口层只有一部开敞的楼梯，通向二层办公室（图 58 至图 60）。阿克拉、卡拉奇、丹吉尔、安曼、曼谷、大不里士项目中使用的其他一些共通元素包括不同形式的拱顶、带篷的廊道、遮蔽的入口、百叶帘等——这些都和当地传统有关。

20 世纪 50 年代以后的大多数使馆均坐落在首都中心（地皮是外交建筑局在二战后购得的），大体上都与政府和外交建筑相邻。有些地皮是外国政府赠送的；有些是交换来的，如雅典（图 61、图 62）；还有一些是当地政府指定用以发展老城中的使馆区和新区，如新德里和巴格达，或者是新城中的使馆区，如伊斯兰堡和巴西利亚。在可能的情况下，外交建筑局还是会选择条件优越的地皮，以便于公众、美国商人、政府官员和外交官到达和出行。于是，我们看到伦敦使馆面邻着格罗夫纳广场，海牙使馆面对着历史悠久的小广场，奥斯陆使馆可俯瞰市中心的皇宫。对 1959 年都柏林使馆的批评原因之一，就是美国放弃了梅林广场上一块面积不大但位置优越的地皮，而选择了远离历史城区的新地皮。

设计方案因地皮面积、形状以及项目要求而各不相同。尽管如此，许多新项目还是通用了两个基本原则，即在走廊单侧布置办公室和在庭院的四周布置办公室。文森特·克林在基多设计了使馆办公楼和礼堂，两座建筑前面是宽大的广场。凯斯—莱斯布里奇在利马设计了相似形状的使馆办公楼，紧邻繁华的街道，封闭的内庭院放在使馆后部（图 63）。大量使馆都采用了居中的庭院，有露天的（如阿克拉、雅典、墨西哥城和拉巴特），部分开敞的（如新德里），或者封闭的（如巴士拉、都柏林、马尼拉和奥斯陆）（图 64 至图 68）。新德里使馆的内庭院带有热带花园。都柏林使馆庭院上的天窗将阳光引入建筑内部，其圆形空间满足了接待和其他活动需求。奥斯陆使馆的三角形平面多少取决于三角形的地皮，产生了许多难以使用的夹角空间和形状奇怪的办公室，但钻石形的内庭院却很适合举办招待活动（图 69、图 70）。都柏林和奥斯陆的地皮都不足以提供室外广场或花园。布劳耶为海牙使馆设计了“L”形平面，围合出一块精致的小草坪（图 71、图 72）。在神户，山崎实将景观建筑师肯·中岛设计的日本传统园林融入设计中。尽管大多数正式的外交活动都是在大使官邸举行，但新建的办公楼还是被不断要求提供举行活动用的灵活开敞的空间。

建筑师需要将公共空间和私密空间（非公共空间）隔离开来。在许多使馆，门厅是向公众开放的，公共区域则与门厅相连。需要隔离的办公区域设在楼上，通过前台或安检口后的电梯和楼梯才能到达。按功能划分区域使得美国新闻处、图书馆和观众厅有了独立的入口，通常设置在使馆主入口的旁边。布劳耶设计的海牙使馆就有两个入口，将建筑划分为两个相

图 71

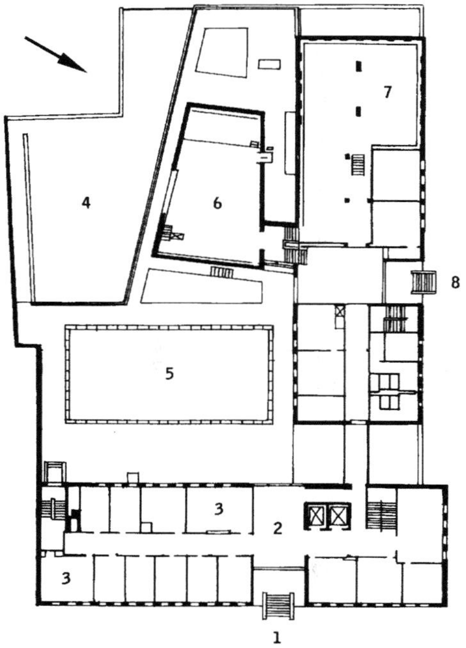

图 72

图 71、72：美国使馆，海牙，荷兰。马塞尔·布劳耶设计，1956—1959 年。

上图，后部的观众厅。左图，首层平面。

1. 主入口
2. 主门厅
3. 办公室
4. 车库通道
5. 花园
6. 观众厅
7. 图书馆
8. 美国新闻处入口

图 73

图 74

图 73（前页）：美国使馆，新德里，印度。入口。根据惯例，鹰头转向右侧，鹰爪里抓着橄榄枝和箭。

图 74（上）：美国使馆，雅典，希腊。入口。格罗庇乌斯把使馆与帕提农神庙相比。

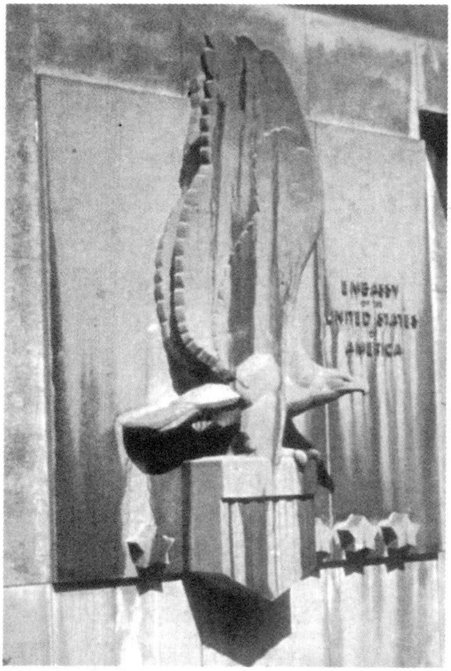

图 75

图 76

图 77

图 78

图 79

图 75（前页左上）：美国使馆，布鲁塞尔，比利时。外交建筑局巴黎办公室的雅各布斯设计，1948—1949 年。美国鹰。

图 76（前页右上）：美国使馆，都柏林，爱尔兰。约翰·约翰森设计，1957—1964 年。入口的美国鹰，1992 年拍摄。

图 77（前页下）：美国使馆，伦敦，英国。沙里宁设计，1956—1959 年。35 英尺的美国鹰 1958 年由雕塑家希尔多·罗萨克制作，引起争议。罗萨克的鹰头向左，鹰爪里也没有橄榄枝和箭。

图 78、79：美国领馆，福冈，日本。乔治·罗克莱斯等设计，1958—1960 年。
上图，入口及园林。下图，建筑后部的水平遮阳百叶。

图 80

图 81

图 82

图 80（前页）：美国使馆，新德里，印度。外廊。柱子包裹金叶，铺地的石子采自恒河。

图 81（上）：美国使馆，马尼拉，菲律宾。埃尔弗莱德·爱德洛特设计，1956—1959 年。后部南立面。混凝土格栅类似当地编织的竹席。

图 82（下）：前美国使馆，巴格达，伊拉克。约瑟夫·塞尔特等设计，1955—1959 年。

图 83

图 84

图 85

图 86

图 87

图 83（左上）：美国使馆，金沙萨，刚果（前美国总领馆）。WRJ 公司设计，1954—1958 年。

图 84（右上）：美国领馆，神户，日本。HYL 设计，1954—1958 年。出售并换取了大阪领馆。

图 85（中左）：美国使馆，太子港，海地。唐纳德·赫弛设计，1955—1959 年。

图 86（中右）：美国公使馆，丹吉尔，摩洛哥。休·斯塔宾斯设计，1956—1959 年。主入口，东立面。照片摄于 1974 年。

图 87（下）：美国使馆，新德里，印度。办公室室内。

图 88

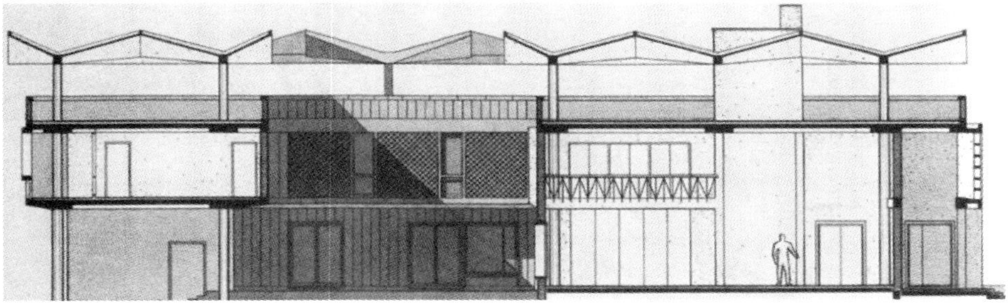

图 89

图 90

图 88（左）：美国使馆，基多，厄瓜多尔。文森特·克林设计，1955—1959 年。

图 89（中）：美国大使官邸方案，使馆建筑群，巴格达，伊拉克。塞尔特设计了双层屋面，保护建筑防止日晒。

图 90（下）：美国使馆，亚松森，巴拉圭。凯斯-史密斯-萨特利设计，1954—1960 年。建筑后部，展示了伞式屋面——平屋面上再加一层（弯曲的）混凝土层面，用于遮阳。

图 91

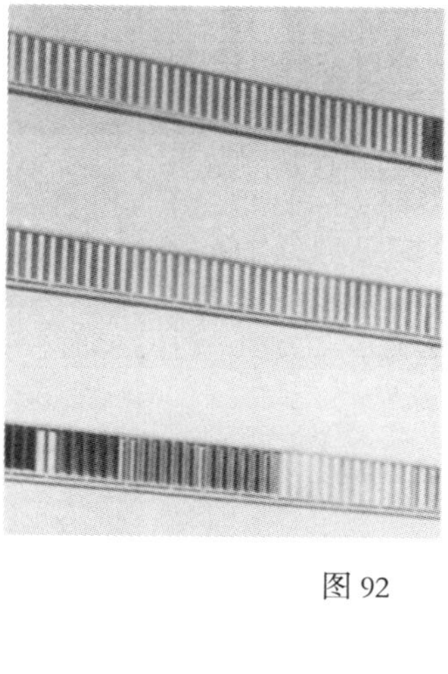

图 92

图 93

图 94

图 95

图 91—93（前页）：美国总领馆，卡拉奇，巴基斯坦。在巴基斯坦迁都伊斯兰堡之前一直是美国使馆。诺伊特拉和亚历山大设计，1955—1959 年。

上，主入口和正立面。左下，后部带有百叶的带形窗细部。右下，鸟瞰。

图 94（本页上）：美国公使馆方案，丹吉尔，摩洛哥。斯塔宾斯设计，1954 年。未实施。后项目变化，斯塔宾斯重新进行了设计。

图 95（本页下）：前美国总领馆，大不里士，伊朗。爱德华·巴恩斯设计，1958—1965 年。筒形拱顶的施工。

图 96（上）：前美国使馆，伦敦，英国（位于格罗夫纳广场东侧）。1937 年租用，1947 年购买，后出售。现为加拿大使馆。

图 97（中）：美国使馆方案，伦敦，英国。山崎实的设计竞赛方案，1956 年。未实施。

图 98（下）：美国使馆方案，伦敦，英国。塞尔特的设计竞赛方案，1956 年。未实施。效果图上有一辆英国的劳斯莱斯和一辆美国的雷鸟汽车。

图 96

图 97

图 98

图 99

图 100

图 101

图 102

图 103

图 99—103：美国使馆，伦敦，英国。沙里宁设计，1956—1960 年。

前页上，从格罗夫纳广场北侧看到的立面。前页下，美国新闻处图书馆，定制的桌椅。

本页上，美国新闻处图书馆，显示了屋顶的结构。本页左下，立面。本页右下，人行道。

图 104

图 105

图 106

图 107

图 104—107：美国使馆，海牙，荷兰。布劳耶设计，1956—1959 年。
上，从克尔特大街看建筑外观。左下，窗户细部。下中，带有楔形窗的会议室。右下，面对历史广场的主入口。

图 108

图 109

图 108（上）：约翰·鲁尼议员（指地球仪者）和众议院拨款委员会成员与检查长吉罗德·德鲁（鲁尼右侧站立者），在视察欧洲外交建筑的途中召集会议，1962 年。

图 109（下）：美国使馆方案，都柏林，爱尔兰。约翰森设计，1957 年。双螺旋方案，这是展示给肯尼迪总统的方案之一。

互连通却又看似独立的部分。在伦敦和奥斯陆使馆，沙里宁设计了三个入口——领事办公入口、美国新闻处入口，以及使馆主入口。

奥斯陆和海牙使馆都紧邻人行道，所以必须要融入已有的城市景观中，而其他项目却可以通过围墙、栅栏、开敞空间与周边环境分离开来。神户领馆的建筑群就环绕着一道与众不同的火山岩围墙。为了保护领馆建筑群和花园免受洪水袭击，山崎实吸取了日本传统的设计手法，在建筑下面加了 2 英尺高的基座。领馆大门是橡胶密封的木门，关闭之后，围墙就起到了堤坝的作用。在接受采访时，山崎实说围墙除了防洪之外，还满足了领馆必需的安全要求。

像神户领馆一样，新德里、大不里士、丹吉尔的外交建筑都是包含办公楼和官邸的建筑群。塞尔特设计的巴格达使馆建筑群坐落在老城外的底格里斯河岸，邻近皇宫。这块购于 1946 年的地皮位置优越。之前，使馆一直都在外租房。随着伊拉克房东不断提高房租，国务院意识到自己拥有房产的好处，于是决定建设新馆——包括一幢三层的办公楼、大使官邸、外交官公寓、车库和仓库。巴格达使馆建筑群成为了日后一些使馆的样板，如摩加迪沙和伊斯兰堡使馆，那里的美国外交官生活和工作在一片独立的“受保护”区域内。尽管国会反对美国外交官的这种“聚居区”，批评他们不应脱离当地的生活环境，但国务院却因建筑群模式经济、实用及出于对安全问题的考虑，对其情有独钟。

国徽和国旗作为国家的象征，被建筑师用来界定美国使馆。建筑师还以不同方式诠释国徽上的美国鹰，从视觉上强化具有高度象征意义的使馆建筑。作为进一步的标志，“美国大使馆”的字样被刻在建筑元素上、玻璃上，或以某种方式印在建筑上——有时精巧地设在入口旁边，有时则大胆地设在入口上方。建筑师使用国徽的手法因设计方案和他们自己的偏好而异。通常国徽都会谨慎地放在入口旁边，但有些建筑师，如斯东和格罗庇乌斯，就将国徽图案放大，作为重要装饰悬挂在使馆主要通道上方（图 73、图 74）。

伦敦使馆就独一无二地在五层楼顶部安放了一只硕大的美国鹰。在布鲁塞尔等早期的使馆设计中，已经将美国鹰的图形融入了使馆铭牌或标志中，但沙里宁却是将美国鹰当作独立雕塑使用的第一人。没有人能像沙里宁那样满怀激情地尝试不同手法，或是像他那样探索对美国政治象征的使用。伦敦使馆的鹰引起了震惊，但从设计的角度讲，在跨度达整个街区的立面上，它是引人注目的焦点。约翰森后来在都柏林使馆项目上使用了一只小一些的、但更程式化的金色美国鹰（图 75 至图 77）。

最大和最震撼人心地使用美国国徽是在新德里使馆的主入口上方。斯东将抽象化的国徽设计成入口的焦点，它足有一层楼高，填满了入口的整个开间。格罗庇乌斯在雅典使馆也采用了同样手法，但效果没有那么强烈，因为建筑本身分散了人们的注意力。在雅加达，国徽增加了装饰效果，同时表明了建筑的身份。新德里和阿克拉使馆的国徽标志则要大得多，突出了入口的位置，为建筑增添了焦点、生机和对比。

每个使馆都有永久性的旗杆和飘扬在使馆上空的国旗。伦敦、奥斯陆、基多使馆的旗杆固定在屋顶，国旗成为了使馆定位和美国存在的标志。飘扬在异国上空的美国国旗对美国人和驻在国的人具有同样的强大影响力。越战期间，在美国使馆成为攻击目标之前，没有人担心使馆周边的安全问题，认为没有必要弱化美国使馆的存在。建筑师并不使用爱国主义的主题或取材于美国历史的图形标志。使馆中没有华盛顿和林肯这些国父们的塑像，没有《人权宣言》和自由钟的复制品，二战后的使馆也没有模仿蒙蒂塞洛或白宫那样标志性的美国建筑。

由于国务院将气候最恶劣、设施最奇缺的驻地作为优先考虑对象，因此在 1954—1957 年间，许多新使馆项目都位于热带和亚热带地区。对绝大多数驻地而言，空调系统是奢侈品，而电力设施既昂贵又不可靠。鉴此，建筑师们必须用非机械制冷的方式来保护建筑免受强烈的光照和白天的高温。

建筑师面临的其他气候问题还有夜间低温、极端潮湿与干旱、暴雨和狂风。例如，尽管巴格达使馆位于底格里斯河岸，且与一条灌溉用的运河相交，但依然炎热、干燥、灰尘满天。如同新德里、安曼、丹吉尔、雅典、基多、亚松森等地一样，巴格达使馆也受到强烈光照和极度高温的困扰。当地唯一的植物是美丽而古老的棕榈树，但树上却有蚕食木材的蚂蚁。贪婪的白蚁同样给阿克拉使馆带来了问题，那里木材本来相当便宜并且供应充沛，却因白蚁蛀食而无法用于施工建设。其他棘手的环境问题还包括特古西加尔巴的暴雨，神户的洪水，雅典、卡拉奇、雅加达、太子港、名古屋、阿克拉和基多的地震。尽管伦敦、海牙、奥斯陆的气候问题要少得多，但北欧冬季的潮湿和无处不在的阴暗也一样令建筑师头痛。

纵观历史，格栅一直在建筑中起着装饰和功能性的作用。格兰纳达阿罕布拉宫厚厚的墙体上，拱形的开口部位就使用了彩色雕琢的花格。穆斯林清真寺中开敞的开间里都有精巧的木质或石质花格，这种花格不镶玻璃，可以透入阳光，形成阴影，提供私密性，同时，微风能够贯穿室内，驱走热气。20 世纪，建筑师不再只把格栅和其他建筑表面装饰当作调节气候的装置，而是更多地用以增加立面纹理和色彩、调整比例关系、吸取当地特色或运用当地材料、让建筑融入周围的环境。毕竟，现代建筑最早起源于气候温和的欧洲。包括柯布西耶、格罗庇乌斯、布劳耶、密斯等人在内的现代主义建筑师，推动了新的建筑理念。这种理念强调功能性，探索使用玻璃等新材料，用以定义建筑与自然的关系。从现代主义拒绝历史元素的角度来看，它是胸怀现在、放眼未来；从现代主义否定装饰的角度来看，它重在体现建筑的功能化。

布劳耶宣称遮阳装置是建筑的重要构件，“它可以发展成像陶立克柱式一样有特色的形式”。[1]他说玻璃幕墙是人们享受冬季阳光和自然界其他美景的最佳途径。像许多现代主义建筑师一样，布劳耶将玻璃幕墙和建筑的开放性联系起来，坚信开放性是建筑必备的，尽管玻璃幕墙必须通过混凝土或金属构件来固定，而这些构件都将遮挡而非展示自然景色。

当被应用到热带或亚热带地区时，现代主义必须有所发展。在没有双层隔热窗的年代，造价昂贵、能效不高的空调系统迫使建筑师要考虑光照的影响，而遮阳板是适应气候的最显著的建筑手段。建筑师使用格栅和百叶帘来保护他们钟爱的玻璃盒子建筑。在名古屋，考兰—斯蒂芬森—颖公司用木质百叶帘来遮挡领馆的东西立面；在福冈，罗克莱斯用水平百叶帘遮挡建筑朝阳的一侧（图78、图79）。

在热带地区广泛使用的玻璃幕墙可以说明现代主义建筑师多么依赖遮阳板。为了给玻璃幕墙遮阴，建筑师不得不采用格栅或百叶帘，他们不太坦白地辩解说——这是为特定地区调节气候而设计的。如此一来，遮阳板成了20世纪50年代使馆项目的通用标志，那一时期参与外交建筑项目的建筑师几乎全都使用过遮阳板。斯东为新德里使馆设计的格栅由水磨石制成（图80）。在马尼拉，埃尔弗莱德·爱德洛特模仿竹席的编织形式设计了混凝土格栅（图81）。塞尔特设计的巴格达使馆使用了格栅和木质百叶帘（图82）；阿姆斯特朗设计的巴士拉领馆使用了柚木花格；维斯在阿克拉使馆设计了红木百叶帘。在利奥波德维尔，WRJ公司用装饰性的穿孔板来遮蔽领馆的部分建筑。在没有遮阳问题的神户，山崎实将半透明玻璃纤维板悬挂在精致的青铜栅格上，寓意日本传统的拉门（图83、图84）。柯蒂斯—戴维斯在西贡设计的格栅由一段段白色陶土管拼成一个个矩形单元，罩住了整个建筑。

建筑咨询委员会详细询问了多位建筑师如何组装和悬挂他们设计的格栅。例如，委员们就曾建议爱德洛特简化他设计的格栅，以便更有效地实现设计它们的目的；沃克特别关心如何清洗被格栅覆盖的玻璃，他建议建筑师为清洗窗户预留足够的空间。

其他的遮阳屏障材料还包括雅典和基多项目使用的瓷砖，雅加达、卡拉奇、亚松森项目使用的固定或可移动的散热板，名古屋、巴士拉、新加坡项目使用的木质百叶帘。赫弛在太子港项目中使用的垂直百叶帘由彩色金属板制成（图85），维斯在阿克拉项目中使用的百叶是油漆过的红木，这种红木经过化学处理，可以抵抗白蚁。塞尔特在巴格达项目中使用的色彩亮丽的百叶，由进口柚木手工制作。斯东在新德里项目中使用的预制格栅和立面上突出的镀金铝饰钉同样是手工制作的。

滥用格栅的设计存在本质上的缺陷，那就是实际上格栅只是偶尔起遮阳作用，当玻璃幕墙被遮挡以后，便失去了建筑师要求的开放性。格栅产生了封闭而不是开放的室内效果，有时甚至是阴森恐怖的，封闭的百叶帘也让通风变得不畅。沃克注意到有些建筑所在的气候环境根本没必要使用室外格栅，他开始关注这些设计上的失误。他把百叶帘比作监狱栏杆，批评那些用百叶帘造成阴暗室内空间的建筑师。[2]作为外交建筑局的顾问，他批准那些完全根据主题需要而设计格栅的方案，但对格栅和百叶帘是现代主义需要的这种说法表示质疑，对宣称用它们来调节气候的说法更加质疑。

格栅和百叶帘的泛滥更多是当时的一种建筑时尚，而非气候调节。例如，斯塔宾斯在丹吉尔项目中使用格栅就是为了创造生动活泼的建筑形象（图86）。他把丹吉尔的格栅和后来设计的罗伯戏剧中心相比，他的想法是在白天为建筑提供私密性，在夜间让它从内部发光。山崎实在底特律设计的雷诺兹铝业公司大楼使用了铝质格栅，显然不是为了遮阳，而是展示业主的产品。[3]像在海外一样，建筑师们在国内同样大量运用玻璃幕墙和格栅，目的在于调整立面比例，增加纹理和强化视觉效果。

大多数评论家都被建筑师所误导，相信这些室外格栅真的可以为建筑遮阳。《建筑论坛》就赞美新德里使馆格栅的遮阳功能。它评价说，这些格栅“和空调系统一样具有价值，它削弱了印度夏季的强烈光照”。尽管该杂志注意到了格栅后面是一面“大玻璃”墙，但并未就此提出疑问。《建筑论坛》还赞美了新德里使馆的中庭，说这个空间“顶部到处悬挂着一串串铝制圆片，产生了斑驳的倒影”。《建筑论坛》以及其他一些称赞该设计适应当地环境的人都没有意识到，阳光的影响被玻璃幕墙放大了。他们还忽视了一个事实，那就是开敞的中庭和走廊增加了建筑的热量和湿度，人们从有空调的办公室出入时，原有的舒适感被破坏了。《建筑论坛》提到了悬挂在中庭上空的铝片装饰，却没有提到中庭经常被雨水浸泡。而且，它把预制格栅说成是安防装置，“可以阻挡盗贼”，这种说法根本没有依据。[4]尽管新德里使馆在应对气候环境方面有明显缺陷，但格栅确实起到了很好的装饰效果，赋予了这座两层建筑更雄伟的外观。从照片上看，它和斯东后来设计的位于美国华盛顿的肯尼迪艺术中心非常相似，但后者规模要巨大得多。

建筑师本可以选择在厚厚的、密实的墙体上开小型的凹窗，而不是外罩格栅的玻璃幕墙，但几乎没人这么做。鲁道夫是一个例外，他的安曼使馆方案就是在砖墙上开小小的、细缝般的深凹窗。外交建筑局局长休斯责令鲁道夫将方案修改成看上去“不像堡垒，更像使馆”的方案，这在今天看来是具有讽刺性的。[5]原来的方案在10到15年以后可能是合适的，但在1955年，外交建筑局所希望的是更具象征性的开放建筑，哪怕它不适应当地的环境气候。

从许多新使馆的办公室向外望去，人们的视线会被格栅遮挡（图87）。在太子港和新加坡使馆，格栅或百叶窗成了办公室工作人员与外界的阻隔。新加坡使馆的铝质百叶帘经过氧化处理，很像柚木，以1英尺的间距沿着外立面排列，透过百叶帘，办公室里的人只可以直视外面，却看不到两侧。对建筑外面的人来说，玻璃幕墙意味着开放，但对建筑里面的人来说，带格栅的办公室通常让人感觉拘束，而且格栅在紧急情况下还妨碍逃生。

阿克拉使馆的木质百叶帘就是手动控制的，必须由使馆的维护人员通过摇把儿开启和关闭。1974—1976年任驻加纳大使的雪莉·布莱克女士说，外交官们被教授如何在遇到火灾时使用斧子劈开笨重的百叶帘，而这对布莱克本人来说是根本完成不了的，雅致的木百叶帘成了“火笼”。[6]整幢建筑只有一个入口，也是唯一的出口，在遇到火灾或意外侵入时，这将非常危险。

格栅还给建筑维护带来了困难，并给建筑本身制造了麻烦，成为鸟类做窝的场所。此外，格栅还常常使室内光线控制变得更加困难，如果没有厚厚的窗帘，它也根本保证不了私密性。苏尔茨伯格形容格罗庇乌斯设计的雅典使馆是“金鱼缸”。1965年，苏联已经掌握了如何通过望远镜窥探玻璃幕墙后的办公室，因而使馆不得不终日紧闭百叶帘。[7]

早在1957年，建筑咨询小组的委员们就表达了对玻璃建筑的担忧。他们以威尔顿·贝克特设计的华沙使馆为例，指出它不仅存在安全问题，而且在建筑上也不合适。他们还指出这个方案的实施需要精密的技术，但在当时的波兰根本无法做到。委员们还质询“基于美学考虑而在墨西哥城使用玻璃建筑是否明智，建筑因光照问题而无法正常使用”。他们怀疑“使馆应有的庄严能否通过玻璃和金属材料取得”，建议用砖取代玻璃。1957年中期，约翰森提交了第一轮都柏林使馆方案，基本思路是混凝土框架的玻璃建筑，但咨询小组一次次地将方案打回重做。五轮过后，委员们仍然否定他的方案，因为它“毫无都柏林特色”。委员们说：“建筑缺乏稳重感。在都柏林，这一元素要比玻璃笼子的设计风格重要得多。”1958年，委员们审查了“台北使馆办公楼”，他们没有简单地质疑玻璃幕墙的使用，而是质询“玻璃建筑与安全要求之间的矛盾”。[8]

20世纪60年代初，国务院意识到格栅不仅不能阻止入侵者，而且常常适得其反。基多使馆的格栅就不得不进行改造，以防止入侵者顺着立面攀爬（图88）。当外交建筑局停止批准使用格栅的新项目时，建筑师也就不再继续使用玻璃盒子了。

建筑师还使用墙体退进和架高屋顶的手法来保护建筑。为了避免阳光直射的影响，建筑师在平屋面上再加一层伞式屋顶，来遮蔽下面的平屋面。塞尔特设计的巴格达使馆从上至下逐层缩进，每层都能为下一层遮阳。办公楼和官邸都设计了倾斜成一定角度的伞式屋顶（图89）。大使官邸的屋顶高高升起，底部漆成蓝色，和下面的屋面间形成的空间足可以当夹层平台使用。维斯、格罗庇乌斯、史密斯、鲁道夫等人都设计过伞式屋顶（图90）。

有些建筑师设计了精美的入口用来遮阳挡雨。在太子港使馆，汽车可以直接开到建筑前的门廊下。在卡拉奇，诺伊特拉和亚历山大设计了由钢缆支撑的悬挑雨篷，但建筑咨询委员会批评它过于炫耀。[9]建成以后，雨篷和气候似乎没有任何关系，更多的是在宣称美国使馆的存在，更像是剧院门前的招牌（图91、图92）。为了省钱，外交建筑局本不打算为东立面的带形窗安装垂直的百叶帘，但这样一来办公室就会热得让人无法忍受，因此最终还是安装了百叶帘。这些可以调节的百叶帘与雅加达和太子港使馆中使用的一样，真正起到了遮阳的作用，给人舒适的感觉。和其他项目不同的是，卡拉奇领馆不是玻璃盒子，但建筑师仍关注当地气候，尽管他们的努力在最初受到了诋毁。

为了把方案和当地情况联系起来，建筑师们探寻那些可以纳入使馆设计的主题和历史元素。但这种努力看似和现代主义禁止借鉴历史的基本原则相抵触，于是评论家们对那些从古老建筑中提取灵感的现代建筑进行了尖锐批评。1961 年，文森特·斯卡利抨击花格墙是“肤浅的装饰”。1966 年，雅各布斯嘲讽斯东等人“声名狼藉的”格栅是“古怪甚至愚蠢的”，断言它们陈腐并且缺乏高贵。[10]雅各布斯把格栅和商业建筑联系到一起，甚至将斯东的设计解读为发达社会在前工业社会面前的一种沾沾自喜的表现，而这并不是使馆建筑的合适选择。与之形成对比的是，媒体则把新德里使馆洁净的白色格栅、轻巧的屋顶、纤细的金色柱子、底部的基座看成是梦幻般的宫殿，与印度建筑传统联系了起来。

山崎实也很好地运用了历史元素。他在神户设计的地道的日本花园表达了他对所钟爱的日本传统的敬意。在雅典，格罗庇乌斯说帕提农神庙是他的灵感。难道有钢和玻璃的帕提农神庙吗？难道帕提农神庙最打动人的特征是巨大出挑的屋顶吗？雅典新使馆和雅典标志性建筑之间真的是有什么联系，或者只是建筑师抬高方案价值的手段？如果不是格罗庇乌斯本人特别说明，很少有人会注意到这两个建筑之间有何相似之处。不容置疑，努力迎合当地人的感受、努力将方案同当地标志性建筑联系起来，会产生精心设计的说辞，有时也会产生精心设计的方案。

格罗庇乌斯主张现代主义是表达地域性的载体。他说，现代主义为建筑师提供了原材料、钢或混凝土框架、带形窗、悬挑楼板、柱子支撑的体块，“建筑师用它们可以创造地域性的、不同的建筑表现形式”。1943 年，他拒绝了对风格的界定，并谴责“国际风格”这一说法。他说：“这不是风格，因为它还处在变化之中，而且它也不是国际式的，因为它的发展趋势正好相反——探索源自环境、气候、景观、人们习俗的地域性的、本土的表现方式”。[11]

格罗庇乌斯得到雅典使馆任务后，致力于研究并吸收当地建筑传统。

雷普森和默伦早期的方案是“空心的正方形平面”，由钢框架和柱子支撑的简单的玻璃盒子。格罗庇乌斯写信向默伦索要草图，默伦有些不太情愿，但还是寄给了他。[12]格罗庇乌斯使用了同样的平面，只是将玻璃幕墙悬挂在大理石柱廊支撑的混凝土梁上。他说，这让他的使馆同周边环境，特别是帕提农神庙联系了起来。当时的建筑咨询委员会由贝鲁斯基、谢普利、贝内特、黑尔组成，他们质疑格罗庇乌斯“复杂而混乱”的平面根本让人联想不到帕提农神庙或其他的希腊标志性建筑。尽管屋顶向外出挑，但上面穿了许多大孔，根本无法为办公室遮挡阳光。建筑咨询委员会评价悬挑的屋顶让整个建筑看上去“硕大、干枯、令人恐怖”，设计缺乏“精致”。他们要求格罗庇乌斯重新研究，并批准了他后来提交的修改方案。[13]

格罗庇乌斯在 20 世纪 40 年代写下的“现代建筑可以适应地域差别”的真正含义无从得知。1956 年，当他自己面对这个问题时，他采用了展示性建筑。今天的评论家或许会称之为有功能化内核的主题建筑（这是在世博会上可以见到的建筑类型）。建筑咨询委员会尽管赞赏这样的主题，却认为它缺乏表现力。

尽管外交建筑局会派建筑师考察地皮，以掌握当地的历史内涵，但许多建筑师在考察后发现，那里并没有能够激发创作灵感或提供适当范例的办公建筑。1964 年，罗伯特·贝蒂就是如此评价尼日尔首都尼亚美的。那里条件极其艰苦，只有一条柏油路。虽然这条路经过使馆，但由于交通不畅，单是把材料运进来就已经非常困难，更不用说组装建设了。

同样，亚松森的交通不便也为史密斯的设计带来困难。巴拉圭首都坐落在南回归线以南，圣保罗以西约 700 英里，不通陆路，并以天气恶劣、变幻无常而闻名。建设材料只能通过空运或巴拉那河上的小型驳船，这条河流向南流淌 1 000 英里后，经布宜诺斯艾利斯汇入大海。虽然史密斯特别使用了钢筋混凝土的框架，但室内部分还是采用了当地的砖，外墙也是在砖上拉毛粉饰，以最大限度利用当地材料。

美国建筑师在拉各斯和利奥波德维尔也没有找到有参考意义的当地建筑和历史元素。建筑师得出如此结论，有时候只因为那些遥远的地方对于他们来说太过陌生；更多时候，当地与他们所熟知的美国在发展上有天壤之别，根本没有大型政府机构和商业建筑，让建筑师觉得没有先例可循。

有些使馆所在国家已经同有记载的历史割裂开来，或者正经历迅猛的变革，在这些地方，如何同历史元素相结合成为了问题。还有一个问题是在新兴独立国家是否要把殖民时期的建筑当作学习的先例。例如，法国在西贡留下的非宗教形式的建筑最有影响力，但这些建筑适合作为美国使馆的范例吗？

沃内基在准备曼谷使馆方案时就对当地建筑做了仔细研究。在解释方案时，他提到在泰国见到的医院、皇宫、宗教建筑是他的设计源泉。他的方案是由开放的走廊和阳台组成的古怪的四层建筑，每层的周边带有装饰性的栏杆（图 55）。建筑由柱子架起，四周环绕着莲花形的湖泊。沃内基回忆说，在去泰国之前，他看过百老汇的《国王和我》（一个关于安娜和泰国国王的浪漫故事），这场演出对他有“强烈的”影响，虽然他无意创作“好莱坞式”的作品，但音乐剧的影响却一直伴随他的曼谷之行和使馆方案的进展。[14]

筒形拱顶在穆斯林国家是常见的建筑特色，建筑师将它们融入使馆设计中。诺伊特拉和亚历山大在卡拉奇设计了与众不同的拱券形屋顶（图 93）。斯塔宾斯为丹吉尔项目做的第一轮方案中也使用了拱廊来体现当地传统（图 94）。巴恩斯在大不里士项目中使用了更加精美的筒形拱顶来勾勒领馆和官邸的轮廓（图 95）。在巴格达，塞尔特将筒形拱顶作为一种图形应用在外交官公寓。鲁道夫也用平缓的拱形屋面赋予安曼使馆当地特色（图 50）。

维斯在阿克拉使馆中借鉴的当地传统可能是最无礼也是最令人难以置信的。他设计的两层建筑采用混凝土框架，一层完全架空，他声称设计灵感来自高高的非洲蚁丘和倒置的酋长茅屋。他还说锥形的混凝土柱墩来自锥形的非洲矛刺（图 60）。把使馆设计灵感说成茅屋和蚁丘是对当地人的迎合还是侮辱呢？使馆应该从矛刺中寻找灵感吗？维斯是不是在探索将方案和建筑政策要求挂钩的途径呢？用小小的、并无关联的当地结构元素来解释现代化办公楼有意义吗?

为了解释设计方案，维斯有可能夸大了他的实践经验，但他设计的使馆广受尊重却是事实，这一点无需任何文字的说明。历史学家罗恩·罗宾认为维斯的方案“将非洲文化和部落知识大众化，同时打消了个别国家的政治期望”。[15]正如罗宾所说，维斯的说法用今天的标准来看并不会引起人们的反响。但我们不清楚建筑如何打消了加纳的“政治期望”。尽管维斯的方案在功能上存在缺陷，但它还是充满想象力，而且没有和殖民传统联系在一起。维斯对方案的解释可能将非洲文化大众化了，但他的建筑并没有。

在评估莫里斯·凯彻姆的拉巴特方案时，建筑咨询委员会赞扬设计关注了当地特色，生动应用了色彩和材料。会议纪要写道:“看过这样一个使馆后，没人会再去指责美国是一个热爱战争的国家”。[16]对于那些不了解外交建筑局建筑政策历史的人来说，这种说法看似有些奇怪。建筑政策的宗旨是通过建筑来传递友善，正是这个宗旨把关注“当地”特色和展示热爱和平的形象联系在了一起。

通过再现当地传统来获得友善关系只是一种意愿，但它却回应了美国使馆不适应当地环境的批评。或许这种想法代表了美国人强烈的自我意识，一种对强大国力的不安，一种认为谦虚和节俭是民主唯一正确表现的偏见；或许它反映了对美国历史和特有的美国精神缺乏了解。无论其更深层次的含义是什么，建筑政策真正有效地促进了美国外交，那就是建造让人安心的、不带威胁性的外交建筑。

《建筑实录》推出了系列报道，介绍外交建筑局在1955年、1956年和1957年的作品，焦点放在了那些表现地域性的新建筑上。报道展示了美国建筑师如何设计出尊重当地气候、传统，同时又传达美国品味的建筑。其他刊物也发表了类似文章，但《建筑实录》挑选的外交建筑局项目最为广泛。报道谨慎地避免使用使馆受到“普遍赞同”的说法，称赞建筑咨询委员会是所有政府机构都应仿效的榜样，同时宣称把设计任务交给建筑革新者的重要性。报道清晰指出，关注地域性给“有创新精神的”建筑师提供了机会，“搁置他们以自我为中心的固有意识”，关注建筑向使用者“表达”什么，而不是关注其他建筑师的看法。[17]

《建筑实录》对地域主义的支持反映了对现代主义不断增长的担忧——许多现代建筑根本没有功能性并且与环境格格不入。《建筑实录》意识到，外交建筑局的项目和贝鲁斯基的建筑政策体现了专业人士在努力纠正建筑师的错误，包括：把小型玻璃别墅或大型工厂作为公寓楼、医院、办公楼的原型；把北欧地区的设计方案照搬到热带；热衷使用根本不适合雨雪地区的平屋顶等。虽然这些设计手法缺乏功能性，但却揭示了现代主义者的思想内涵，在一定程度上定义了他们的作品。

“国际风格”是很适合现代主义运动的头衔——这么说并不是因为发源于欧洲的现代建筑后来被移植到世界各地，而是现代建筑到达新的土壤后，没有去反映或尊重当地的风格、建筑传统或气候。它的“国际性”在于建筑师自以为现代主义的基本原则可以放之四海而皆准。

早在1951年，沃克就曾强烈表达过类似1957年《建筑实录》中对现代建筑的担忧情绪。当时身为美国建筑师协会主席的沃克，在美国建筑师协会会刊上发表了一篇引发激烈争议的文章。沃克认为，机器美学使得社会和建筑失去生机，只要建筑教育继续鼓励牺牲实用价值的理论，就不可能培养出头脑清醒的有能力的建筑师。“设计问题应该基于真实的场地——能被学生看到的场地”，他写道，“应该从真实的气候和生活需要出发去研究问题”。他说，正确利用自然可以设计出“不使用遮阳板的建筑”。他呼吁抵制将机器视为神明，要求建筑师发挥聪明才智去理解真正的，而不是理论上的设计条件。作为文章的结论，沃克抨击欧洲建筑师留给美国的遗产只不过是消极主义、神经紊乱和虚无主义。[18]

不出所料，沃克的文章引发了格罗庇乌斯的尖锐回应。他对沃克的言论感到震惊，代表其本人及包括密斯、诺伊特拉、伊万·契曼耶夫、布劳耶等在内的欧洲移民建筑师致信沃克，要求予以解释。沃克回了一封长信，重申了他文章中的观点。他说欧洲文明的衰落与极权主义的传播、促进“工程美学”的运动、“细胞人”的发展、人类尊严的丧失、政治和社会的不负责任以及物质主义等的蔓延都有关联，而所有这些又都是和繁荣美国生活相对立的。他特别批评了国际现代建筑协会（CIAM）的教条、鼓励错误的知性主义、培养和美国价值观背道而驰的虚无主义。格罗庇乌斯、柯布西耶、塞尔特是国际现代建筑运动的领袖，这个组织鼓吹设计和规划的统一，理论至上。尽管沃克显得很愤怒，但他还是向格罗庇乌斯保证，他无意进行人身攻击，那些争执只不过是观点层面的。

沃克的文章明显是在指责格罗庇乌斯和那些移民美国并在设计实践和教学领域迅速赢得重要地位的人。他们大多来自德国，与包豪斯有关。沃克并不是在指责现代建筑，但他不愿看到欧洲现代主义在美国的衍生。而且，他反对“幼儿园式的设计方法”，即小范围传播的、自我参考的、不轻易公开的方法。这些在他看来一无是处。

贝鲁斯基从根本上赞同沃克。他曾写道：社会已经变得“由机器来调节控制”，建筑师失去了同气候和城市文脉的接触，现代建筑师必须“考虑环境条件”。[19]尽管他也曾欢呼现代建筑颠覆了“古典美学”，但他也为现代建筑失去情感价值和武断地拒绝“从历史中寻找象征和形式”而惋惜。沃克表达了对单调的机器美学产物——“细胞人”的担忧，而贝鲁斯基则在试图制造“完整人”——一种科学和理智的产物，同时又是好的意识和感受的产物。贝鲁斯基说，只要“国际主义”仅仅是一种忽视自然的“风格”，它就不可能是现代的。早在 1941 年，贝鲁斯基就要求建筑师关注气候和当地材料以及人们对气候、材料的反应，这些后来又出现在外交建筑局的建筑政策中。1951 年，贝鲁斯基离开设计工作，接任麻省理工学院建筑系主任。他这样做就是要重新指导建筑教育从理论转向更有人文关怀的方向。[20]

谢普利也很关心寻找有效途径，让现代建筑更加实用，他反对简单的时尚化或教条主义。尽管谢普利的公司因与传统风格的哈佛校区有长期联系而颇具名气，但他本人对现代建筑颇感兴趣。他曾邀请格罗庇乌斯到他的办公室看 B. B. 化学公司大楼方案，自豪地称之为“现代的”，方案引人注目之处在于使用了玻璃体块和带形窗。格罗庇乌斯看过方案后一言未发——这让谢普利很痛苦。[21]对谢普利而言，只要新建筑和周边环境相和谐，而非简单地追求轰动效应，他就不会反对新形式。但是和沃克与贝鲁斯基一样，他也不喜欢“转瞬即逝的时尚”，或者那些经不起时间考验、很快过时的“实验性”建筑。

沃克对格罗庇乌斯的敌意众所周知，但格罗庇乌斯和他的许多学生、同事还是出现在建筑咨询委员会的名单中或已被委员会选中。沃克对选择格罗庇乌斯的学生鲁道夫和山崎实提出了质疑。沃克在建筑咨询委员会的任期结束后的五个星期，格罗庇乌斯得到了外交建筑局的设计合同。但是如果沃克强烈质疑过这些人，或是有人和他有同感，为什么建筑咨询委员会还会选择他们？如果建筑咨询委员会抵制现代主义，又为什么会选择诺伊特拉、布劳耶，甚至沙里宁和塞尔特？答案是，建筑咨询委员会的建筑师委员们认为首先要促进建筑师行业的利益，认为有责任与受人尊重的大师以及冉冉升起的新星们合作。

1956 年，沃克在同谢普利、贝鲁斯基、贝内特谈话时，为“建筑巨匠”的设计方案不及“年轻建筑师”而痛惜，他谴责那些缺乏庄严感的建筑“发育不良”。他说：“就算评判的标准有差异，也没理由雇用那些以丑陋作品闻名的建筑师，他们注定要破坏我们发展友好外交关系的努力”。他建议他的同事“关注并选择年轻建筑师，而不是那些又老又蠢的建筑师”，并补充说，“你我可能就属于后者”。[22]

对于沃克、贝鲁斯基和谢普利而言，评审外交建筑局设计方案是独一无二的机会，他们认为借此可以指导建筑师远离“国际风格”等抽象概念，转向可为美国赢得友善关系的更注重城市文脉的设计手法。但是到 1959 年初，建筑咨询小组成员沙里宁宣布在寻找新建筑师资源方面“就要弹尽粮绝了”，建议“重复使用建筑师”，以应对合格建筑师短缺的局面。[23]虽然谢普利当时已经从咨询小组退休，但他还是写信给休斯表达了同样的观点。他推荐山崎实“再设计一个使馆”，还推荐了巴恩斯。在“新人”方面，他建议考虑刚被任命为耶鲁大学建筑学院院长的鲁道夫、刚开始独立执业的贝聿铭，以及菲利普·约翰逊。谢普利告诉休斯：“当你开始重复使用建筑师时，可以考虑哈里森和邦夏。我想他们已经从使馆项目中得到了教训，这对他们有所裨益”。[24]

很难相信建筑人才竟会如此贫乏——这是建筑教育的悲哀，或许也反映了人才的势利。这个问题的主要原因不是人才短缺，而是外交建筑项目本身和要求的变化无常。当外交建筑局和咨询小组为使馆项目配置建筑师时，外交建筑项目遇到了障碍，咨询小组的努力变成了多余，这些项目将很快在规模和范围上缩水。而在此之前，建筑师们以大胆的方案表达设计思想，一大批新的使馆也投入使用。

注　　释

1. 马塞尔・布劳耶：《马塞尔・布劳耶，阳光和阴影》，彼得・布雷克编，朗曼斯—格林及合伙人出版公司，1956 年版，第 117 页。
2. 沃克在他分成两部分的文章中表达了这些观点，文章题为“建筑职业实践所需的教育”，《美国建筑师协会会刊》，1951 年 2 月，第 71—76 页；《美国建筑师协会会刊》，1951 年 3 月，第 119—125 页；沃克致格罗庇乌斯的信，1951 年 3 月 27 日，谢普利文件。
3. 作者对休・斯塔宾斯的采访，1993 年 3 月 21 日。“山崎实对铝的颂歌”，《建筑论坛》111 期，1959 年 11 月，第 140—143 页。
4. 见“新德里的美国使馆”，《建筑论坛》102 期，1955 年 6 月，第 116、118 页；“一座新的公共建筑”，《建筑论坛》110 期，1959 年 1 月，第 86 页。
5. 休斯致鲁道夫的信，1954 年 12 月 21 日。
6. 雪莉・布莱克录音访谈，1982 年 3 月 16 日，国家建筑博物馆档案。
7. 苏尔茨伯格：“外交事务：大使的保护和居住”，《纽约时报》，1965 年 7 月 25 日；苏尔茨伯格：《烛光、记忆和日记的长痕，1934—1954》。
8. 建筑咨询小组会议纪要，1957 年 8 月 19 日，第 4 页；1957 年 9 月 23 日，第 2 页；1958 年 12 月 15 日，第 6 页。
9. 建筑咨询委员会会议纪要，1955 年 8 月 16 日，第 2 页。
10. 文森特・斯卡利：《现代建筑》，布拉吉勒出版公司，1961 年版，第 36 页。约翰·雅各布斯：《二十世纪中叶的建筑，1940—1965》，普雷格出版社，1966年版，第152页。

11. 格罗庇乌斯：《整体建筑总论》，科利尔图书公司，1962年再版，第14页。

12. 作者对雷普森的采访，1995年6月12日。

13. 建筑咨询委员会会议纪要，1956年6月29日；劳伦斯致格罗庇乌斯的信，1956年7月5日，谢普利文件。

14. 作者对沃内基的电话采访，1992年10月6日。

15. 罗恩·罗宾：《美国飞地：美国海外政治建筑语汇，1900—1965》，普林斯顿大学出版社，1992年版，第160页。

16. 建筑咨询委员会会议纪要，1956年6月29日，第3页。

17. “代表美国海外形象的建筑”，《建筑实录》117期，1955年5月，第187—192页；“第二组美国使馆建筑”，《建筑实录》119期，1956年6月，第161—165页；“为海外设计的美国建筑”，《建筑实录》122期，1957年10月，第237—242页。

18. 沃克：《建筑职业实践所需的教育》。

19. 贝鲁斯基：“建筑与社会”，《美国建筑师协会会刊》，1951年2月，第85—91页。

20. 贝鲁斯基致伯特·库伯利的信，1981年8月17日，国家建筑博物馆档案。

21. 作者对让·保罗·卡良的采访，1992年9月11日。

22. 沃克致谢普利、贝鲁斯基、贝内特的信，1956年9月20日，第3页，谢普利文件。

23. 沙里宁致休斯的信，1959年2月24日，外交建筑局杂项档案。

24. 谢普利致休斯的手书短笺，1959年6月8日，谢普利文件；谢普利致休斯的信，1959年6月17日，谢普利文件。

第九章

建筑师坚持己见

建筑咨询委员会选择的建筑师都是能为国务院外交建筑项目增光添彩的，虽然委员会有时也会严格要求建筑师按外交建筑局的要求进行设计，但更多情况下还是给予建筑师很大的设计空间。建筑咨询委员会尽量尊重其选定的建筑师，并给予最大支持。那些有进取精神的建筑师都利用外交建筑局的设计任务来探索新的设计理念和材料，并借此宣扬自己的建筑观点。很多建筑师看重的并不是外交建筑项目本身，而是与国务院这样享有声望的部门合作，以推进个人事业的发展。事实上，这些与国务院合作的外交建筑项目铸就了一批建筑师的国际地位。下面四个案例阐述了外交建筑局设计审批的运作过程。

几乎每个到过美国驻新德里使馆的人都对其赞不绝口，它逐渐成为美国驻外使馆中最受欢迎和名声最响的一个。为什么它引起了这么多人浮想联翩呢？主要有两个原因：一是与 20 世纪 50 年代的国际关系和印度对美国的重要性有关；二是与建筑本身有关——建筑师斯东完美地满足了外交建筑局的设计要求，成就了令人难忘的标志性建筑，被誉为美国外交的出色策略。

20 世纪 50 年代的印度在美苏冷战中处于重要的核心位置。作为不结盟运动的领袖，印度在美国外交政策议事日程中占有重要位置。当时美国外交政策的制定基于国际共产主义运动是世界和平的头号威胁，但时任印度总理的尼赫鲁并不认同这一观点。美国试图将印度同苏联的关系弱化到极点，以防止印度滑入共产主义阵营，并以此来遏制共产主义中国。美国还想同所有南亚国家改善关系，以此来维持地区稳定并加强该地区与西方的关系。当时看来，美国和印度之间的分歧没有缩小，反而是在不断扩大，印度给美国政府决策者带来了棘手问题。[1]

尽管国会强烈反对援助任何在反共态度上不够坚决的国家，但为了在印度及其他一些冷战战场中对抗苏联，杜鲁门总统于 1949 年提出了经济援助计划。这项被称作“四点计划”的援助由 1950 年成立的国务院技术合作局负责实施，新聘用的技术和经济顾问被派往国外协助当地发展经济。1951 年，杜鲁门总统任命切斯特·鲍尔斯为驻印度大使，负责旨在重点加强该地区发展的经援计划。

鲍尔斯上任时，新德里是个繁忙而充满活力的城市。他的传记作者霍华德·谢弗介绍，鲍尔斯是理想主义者和坚定的自由主义者，他坚信援助可以促进理解，而理解可以在国家间产生持久的友善关系。不仅如此，在当时的情况下，尽管美国对印度的军事和经济援助仅占其对西欧和远东援助的很小一部分，但鲍尔斯还是坚信印度对美国的战略重要性。谢弗写道，国会议员们非常反对尼赫鲁与苏联的亲近关系以及印度国内强烈的反西方情绪（朝鲜战争爆发后表现得尤其明显，人们把殖民主义、种族主义和美帝国主义联系起来）。此后，国务卿杜勒斯反对援助任何不结盟国家，并拒绝扩展其前任艾奇逊提议的援助计划。但鲍尔斯在 1951 年到任时还是很乐观的——当时艾森豪威尔还未当选总统，艾奇逊仍是国务卿。

鲍尔斯把他在生意场上学到的知识全部应用到他的新职业——外交当中。虽然鲍尔斯只任职到艾森豪威尔总统上台，但他却极大地扩展了美国驻印度使团的规模和范围。单是“四点计划”本身就为印度带来了 115 名美国工作人员。鲍尔斯敏锐察觉到媒体对塑造正面形象的力量，于是他加强了美国新闻署和美国之音的职能，扩充了学生贷款计划，开放了新的图书馆，并引进了很多美国书刊。他敦促新德里使馆的美国外交官学习印地语，并以身作则地鼓励他们走出使馆去探访其他城市和广大农村。鲍尔斯回到美国后仍不遗余力地向美国人介绍印度，使人们更好地了解印度的经济潜力和战略重要性。还有一些比鲍尔斯更有名的人也帮助印度扩大在美国的知名度，哈佛大学经济学家约翰·加布里斯就是其中的一个。他曾在1961—1963年任印度大使。1962年3月当他陪同第一夫人——杰奎琳·肯尼迪参观使馆时，吸引了大量媒体报道，使馆照片出现在很多报纸和大众杂志上，而不仅仅是建筑期刊上。

鲍尔斯的前任亨德森负责了新德里使馆的购地谈判工作，当时的使馆规模还没有扩张，但美国已经需要更好的使馆了。亨德森到任时，使馆分散在两处，一处原来是宫殿，另一处是附近较普通的建筑。服务人员都挤在办公楼后面的小房子里。据亨德森讲，办公楼里又热又挤，没有空调，风扇又起不了真正的作用。由于需要几十位佣人维护打理，宫殿根本不适合美国使馆的使用需求。据亨德森的记载，美国使馆只有少数几名工勤来做这项服务。而且房产是租用的，租约也快到期。亨德森想要的是“适合美国身份的使馆。这对美国和印度都有面子”。[2]

尽管周边有许多历史遗迹，但新德里本身是个新城，1929年才建成，1931年开始使用。新德里本来是作为英国对印度统治的象征，却成为了1947年独立的民主印度的首都。印度当局开发了一块新城区，专门作为国际使馆区使用。他们让英国先挑选地皮，随后是美国。亨德森选中了一块13英亩“很棒的”地皮，而国务院则以其一贯目光短浅的处理方式拒绝了他的购地请求。亨德森向印度官员解释了他的困境，好在印度当局同意将地皮为美国使馆保留。1951年亨德森转任伊朗大使之前，终于说服国务院购买该地皮。到1953年，经济援助计划已让使馆机构大大扩展。通过鲍尔斯的努力，印度意识到了美国的重要性；同样，美国也意识到尼赫鲁在东西方间摇摆不定的立场，从而不断增加对印度的重视。加上原有使馆租约即将到期，在这一系列情况之下，外交建筑局终于将新德里使馆列为重点工程。

外交建筑局局长利兰·金和斯东达成了口头协议，请他在1953年夏天设计新德里使馆新办公楼。[3]但由于购地工作被推迟，当利兰·金在那个夏天被解职时，斯东还没有拿到设计合同。利兰·金的继任者肯沃西暂停了与建筑师的谈判以及其他项目，以便重新评估外交建筑局需优先考虑的项目。

肯沃西从斯东早期在纽约工作时就认识他。斯东曾参与了洛克菲勒中心无线电音乐城的设计，而肯沃西和他的公司负责项目监理。洛克菲勒中心项目第一阶段完工后斯东失业了，而肯沃西本人以 50 美元聘用斯东设计他的办公室。后来斯东的事业发展起伏不定。1953 年 7 月，肯沃西在外交建筑局偶遇斯东时，他正处于事业的低潮期。斯东之前住在巴黎塞纳河上的游艇里，酗酒并且几乎不做设计，[4]是雅各布斯和诺尔这两位朋友设法让他戒酒并把他带到华盛顿会见了利兰·金。

作为政府官员，肯沃西认为自己不能推荐会对新德里项目带来麻烦的建筑师。他把是否聘用斯东的问题交给了新成立的建筑咨询委员会。斯东正好和委员会的两位委员——谢普利和沃克有私交，他们在波士顿建筑俱乐部学习时就认识，而且斯东的第一份工作就是谢普利给的。谢普利为斯东辩护，告诉肯沃西等人斯东已经改过自新，并以个人名义担保斯东有能力完成设计，其他人也就跟着同意了。肯沃西放下了他的顾虑，将新德里使馆的设计任务交给了斯东。这意味着对建筑师本人和现代建筑的双重支持。斯东于 1954 年 3 月 26 日签署设计合同。他致信感谢谢普利的力荐，并于 4 月飞赴印度。[5]

当斯东还是个 18 岁的少年时，他就为华盛顿宏伟的公共建筑深感震撼。克瑞特设计的泛美联合大厦给年轻的斯东留下了深刻印象。他在自传中提到，“内庭院密布热带植物、花鸟、喷水池和色彩斑斓的地砖”，斯东把参观大厦的经历描述为“与真理碰撞的一刻”，这使他下决心当一名建筑师。[6]所以多年后他在新德里使馆设计中引入了类似的引人遐想的庭院（庭院围绕着喷水池、热带植物、鱼儿和小鸟），也就不足为怪了。斯东对典雅或宏伟的印度庙宇与纪念建筑充满兴趣，并在使馆设计中加以运用。

斯东以前的作品包括和菲利普·古德温合作的现代艺术博物馆（1939 年）以及在巴拿马城设计的巴拿马旅馆（1946 年）。旅馆设计使他对热带地区的建筑吸热和光照问题有了一定研究，有机会在到印度之前就尝试使用了遮阳屏障。1950 年斯东离婚，又几乎失业。1954 年斯东再婚，当他携新婚妻子前往印度时，充满了浪漫的乐观情绪，期待能拿出一个足以改变他设计生涯的出色作品。

在印度现场考察两周并回国工作三个月后，斯东于1954 年8 月19 日向建筑咨询委员会提交了设计草图。他说，方案受泰姬陵启发，是一个由白色遮阳屏障包裹的低矮盒子。平面是呈矩形的环，主入口位于矩形的短边，这样走近建筑时可以减弱两层楼的体量感。斯东将建筑主体架高，底层平台作为服务用房和车库。建筑的平屋顶深深出挑，在边缘部位开了圆形的孔，修正了建筑的比例，感觉如庙宇般的楼阁。屋顶由纤细的包裹金叶的柱子支撑。斯东后来又在预制的水磨石格栅上加了金色的铝钉来活跃立面。沙里宁设计的伦敦使馆也有类似的金制细部，却被讽刺成没有品位和华而不实。但评论家却对斯东使用黄金大加赞赏，可能他们觉得印度是个充满“异国情调”的地方，这样的表现是可以被接受的（图 53、图 87）。

像其他建筑师一样，斯东也使用伞式屋顶来减少建筑吸热，双层屋顶还可以促进空气流通，减少热量聚集。办公室围绕庭院设置，有空调，但庭院没有。庭院由悬挂在钢缆上的铝幕遮蔽，设计试图用其来遮挡阳光，并将雨水导向中央水池，而不是办公楼的走廊上。斯东用恒河的卵石来铺入口庭院的地面，并在内凹的主入口上方悬挂了巨大的美国国徽（图 73、图 80）。

建筑咨询委员会在审查斯东的第一轮方案后要求他进一步研究。9 月，斯东又提交了一个改进方案，这次委员们对方案喜欢多了。10 月份又对方案做了一轮不太重要的修改，这次的评审会议只有沃克和麦克布莱德两人参加，他们认为方案很“有意思”（这种官方会议记录的常用语实为掩盖分歧）。一个月后，负责行政事务的助理国务卿卡朋特参加了建筑咨询委员会会议，代表他的上司——负责行政事务的副国务卿帮办亨德森表达了国务院对项目的“关心”。由于曾在印度常驻，亨德森对新德里项目有特殊的关注，而卡朋特的出席违背了建筑咨询委员会的正规程序。因此，他的“关心”一定反映的是亨德森的态度。

此时距麦克布莱德对丹吉尔公使馆方案表达强烈保留意见才5个月，距建筑咨询委员会为安曼使馆方案僵持不下刚两个月，所以人们对新德里项目也产生了严重担忧。建筑咨询委员会在1955年3月的会议上没有对斯东的方案达成一致。尽管外交建筑局局长休斯认为没有必要对每个设计都达成一致意见，但他对斯东的设计也有一定的保留。3月29日，卡朋特安排休斯及建筑咨询委员会成员与亨德森会面，会上亨德森表达了他对新使馆的意见，认为“使馆设计应符合当地的建筑标准，没必要过于摩登，让人觉得怪怪的或是在追赶时髦”。[7]由于项目的重要性，他要求建筑咨询委员会委员熟悉当地情况后再做出最后决定，于是批准了第一次实地考察。谢普利和贝鲁斯基于1955年4月26日至5月15日考察了7个首都。

两位建筑师委员到达新德里现场后确信斯东的设计是正确的。谢普利在报告中提到，附近一个刚完工的罗马教廷使馆是个“新威尼斯风格的厚重设计，非常枯燥”，而边上的苏联使馆则是个“毫不起眼的现代形式建筑”。[8]使馆区所有的新建筑都是“现代”外表。他说：“有一些还不错，但我们的设计是最好的”。两位建筑师对泰姬陵和其他一些纪念建筑尤其赞赏。谢普利注意到当地砖或石头的花格屏障以及悬挑屋面等建筑形式非常有利于遮阳和隔热。

回到华盛顿后，在向卡朋特的汇报中他们对斯东的方案完全赞同并强烈支持。他们坚信斯东“从当地最好的建筑传统中进行了抽象借鉴，创造了一个真正现代的、反映美国精神的使馆建筑”。一个月后，《建筑论坛》用了6页图片介绍斯东的设计，第一页便是泰姬陵和使馆模型的照片。建筑界对拟议中的使馆设计兴奋无比，很快就广泛传播开来。[9]

虽然美国大使约翰·库珀1956年7月从印度回国后，试图说服国务院斯东的设计“不合适”，但建筑咨询委员会的委员们仍特别强调设计方案是理想的，并重申他们坚信它会成为一个伟大的美国使馆。一些委员甚至称该使馆“将是本世纪杰出的建筑成就”。[10]

斯东需要设计出能让当地工人建造出来的建筑。在四年的施工过程中，有多达1 800名印度工人住在工地。他们在现场加工材料，用1平方英尺大的模板制作水磨石格栅，抛光铝材，安装金叶。总承包商辛格是当地宗教领袖，有100多万名的锡克教徒支持者，又是一个精明的生意人，控制着当地可口可乐的经营权。[11]印度工人的施工技艺给斯东留下了深刻印象。

使馆于1959年1月3日举行落成仪式，这在印度和美国都成了大新闻。艾尔沃斯·邦克大使主持了开馆仪式，他后来回忆说："当时在现场看到使馆的所有人都被深深打动了"。[12]《纽约时报》报道说：新使馆"或许是世界上最优雅的使馆建筑"，尼赫鲁总理也称赞使馆和建筑师，"我被它给迷住了"，尼赫鲁说，"我认为这是个美丽的建筑，将印度传统建筑形式同现代科技做了令人叹服的组合"。根据使馆提供的新闻稿材料，《纽约时报》称赞斯东将古代莫卧儿人的宏伟建筑同美国现代设计很好地结合，认为使馆可与泰姬陵媲美，并称赞国务院开明的建筑政策，该政策强调了"将美国使馆建筑同当地文化、建筑和气候条件相协调"的重要性。[13]新闻界尤其对使馆参照了泰姬陵感兴趣，因为它是许多美国人都熟知的标志性建筑。但很多记者错误地将泰姬陵描述为古代庙宇，实际上它是一座17世纪的陵墓。没有人对使馆办公楼模仿穆斯林纪念建筑的事实有怨言。斯东本人是不在乎的，他对办公楼和1957年设计的官邸是否符合功能化的要求也并不太关心。

事实证明，办公楼存在的最大问题是内庭院——对从有空调的办公室里出来进去的人来说，那里简直就像蒸汽浴室（图64、图65、图87）。庭院看上去很漂亮，但很难维护。因为庭院是露天的，它实际上扩大了印度夏季酷热和冬季潮湿的气候影响。有人说外交官们因为温度的变化而常年在患感冒。其他人抱怨雨水不能直接注入水池，而是到处飞溅，经常把人淋湿。漏水也是个大问题。另外一个明显缺陷是官邸的隔音问题。因为内部隔墙都是由透空隔断做的，丝毫没有隐私可言，整个官邸里都可以听到说话声，这显然不适合讨论机密事宜。

但正如预料的那样，建筑杂志只报道新使馆积极的方面。《建筑实录》称赞使馆"闪亮庄严"，称赞它融合了"东西方的技艺"，形容它是"友谊和良好意愿的象征"。《建筑论坛》趁机向传统的政府建筑开炮，称赞斯东的设计是“摒弃旧的政府建筑形式，代之以创新设计的生动范例”。论坛说：在国务院实施新项目之前，“美国政府——像大多数其他国家政府一样——总是毫无例外地把驻外机构建成强悍的、纪念性的、极权主义模式的建筑”。论坛称，正是斯东“用优雅替代了堂皇的传统”。突然间，斯东被人们称为了外交家，他知道如何“将美国的民主活力和浪漫主义、欢愉和力量，以轻巧的建筑形式展现出来”。[14]

倘若斯东在那个巅峰时期就急流勇退，或是在四年后设计完布鲁塞尔世博会美国馆后（1958 年）见好就收的话，今天，他就可以被视为英雄而留存在人们的记忆中了。当时，他的作品被建筑刊物广为报道，他本人被看作是建筑界以外的名人、建筑师行业里的明星，能获此殊荣的人寥寥无几。甚至建筑大师赖特都表示了对新德里使馆的喜爱，称之为“过去百年来最好的建筑之一，是唯一能代表美国的使馆”。赖特出人意料的溢美之词是专门在讨斯东的喜欢。[15]新德里使馆重新树立了斯东作为杰出的现代主义建筑师的声誉，为他继续接受许多重大设计任务敞开了大门。在完成华盛顿肯尼迪艺术中心之前的十多年，斯东家喻户晓并广受爱戴。但由于肯尼迪艺术中心重复使用了新德里使馆的主题，这实际上否定了他原来声称的新德里使馆是适应当地环境和功能的独特设计的立场。后期平庸的作品最终使斯东的设计生涯走向黯淡。

作为一个经过深思熟虑、为推进美国冷战利益而诞生的建筑作品，新德里使馆是成功的，它为国务院外交建筑项目达到鼎盛时期做出了贡献。尽管外交建筑局为维护新德里使馆费尽脑筋，尽管外交官们在使馆的工作和官邸的居住感到诸多不便，但他们仍崇拜并视之为美国使团的宝贵资产。格利布雷斯大使对它做了很好的总结：

斯东设计的新德里使馆是体现美国品味的直观展品。参观者蜂拥而至，挤满办公楼，并渴望看到以“罗斯福”命名的官邸。虽然这两座建筑不可思议地存在功能方面的问题，但泰姬陵不也一样吗？而且不实用本身对一个使馆来说是非常合适的特征，因为使馆本身的很多职能就是不实用的。我们无法在使馆建筑中如实宣扬我们的工业实力，但可以展现我们卓越的艺术成就。[16]

1955 年沙里宁赢得了奥斯陆使馆的设计任务。和外交建筑局聘用的很多青年建筑师不同，沙里宁当时已经参加过不少大项目的设计，包括大学宿舍楼和办公建筑。从外交建筑局得到奥斯陆使馆项目时，他刚刚完成了麻省理工学院克里斯吉剧场和小教堂的设计。

外交建筑局局长利兰・金最早是准备安排芬兰出生的沙里宁设计赫尔辛基使馆办公楼，但随着利兰・金在 1953 年末被解职，该项目也随即搁置下来。作为建筑界一颗冉冉升起的新星，沙里宁理所当然可以得到外交建筑局其他的项目，但是哪个项目呢？由于芬兰项目无法继续，建筑咨询委员会决定把挪威项目交给沙里宁。用于建设奥斯陆使馆的地皮位置显赫，街对面就是皇宫花园。这块地皮不大，呈三角形，对任何建筑师来说都是个挑战。1952 年为利兰・金工作时，雷普森和默伦就曾为这块地皮提供了多个方案（图 35），其中一个方案是底部由柱子架起的玻璃立方体，下面是一层的办公区。虽然受到地形的制约，但沙里宁的方案却与众不同。

1955 年 11 月 10 日，沙里宁向建筑咨询委员会提交了方案草图：建筑为墙承重结构，外立面由预制的模数化石板组成——没有使用当时流行的底层架空和玻璃幕墙。为适应地皮的形状，四层楼的建筑也是三角形的，各面都直接邻街。平面对称布局，中央是带有天窗的中庭。建筑咨询委员会委员们尤其喜欢主入口上面的高挑雨篷。正立面的两角各设了领事部和美国新闻处、图书馆的入口。委员们建议在屋顶上增加旗杆，强化构图中心。

最初设计的外墙是黑色和金色，后来黑色得以保留，金色被取消。沙里宁曾想用抛光花岗岩作外墙饰面，用醒目光亮的青铜材料作窗框，但他承认，更便宜的镀金氧化铝材料也可以达到同样效果。最终，他只能为窗框选择更廉价的柚木，加以白色涂料，建筑没能达到预期的耀眼效果。对奥斯陆这样一个常年见不到多少阳光的城市，黑色是个奇怪的选择。委员们看过效果图后，要求选择更亮丽的颜色。但沙里宁仍坚持深色，委员们只好迁就他。由于挪威当地无法经济地开采和切割花岗岩，沙里宁决定使用预制墙面材料和黑色玻璃。他最终选择了当地生产的一种墨绿色碎花岗岩骨料，但时间久了以后，这种材料变成了黯淡的黑色，而不是沙里宁预想的可以反光的墙面效果。

奥斯陆方案最富戏剧性的是其尖锐的三角形平面。建筑内部交通流线很不方便，办公室的形状也不规整。但中庭设计得很成功，墙面是窄窄的柚木本色饰板和清水砖墙，在后来的使用中证明中庭空间非常适合举办音乐会、招待会等活动（图68）。整个使馆建筑弥漫着一种久远、严肃而现代的氛围，比雷普森原来的立方体方案更有感染力、形象更高贵。建筑本身占据了整个街区，在周围多是老建筑的环境里显得格外突出。除了外墙采用了合成石料技术外，建筑并没有体现任何挪威传统特色，没有特别考虑当地气候，也没有什么美国特色。沙里宁只是在1955年11月和1956年3月提交了两轮方案，但委员们对他的设计才能都非常尊重，一致认为设计基本满足了外交建筑局的要求，仅经过两次评审就批准了设计。

伦敦使馆被认为是外交建筑局1955年最重要的项目，以至于外交建筑局派沃克委员亲自去伦敦评估地皮。沃克汇报说伦敦地皮的主要问题是如何保持历史街区的比例协调和环境氛围。他对伦敦伯克利广场“新建的现代主义怪胎”非常不满，呼吁委员会同仁注重18、19世纪历史广场特有的建筑比例、尺度，要求选择与环境协调的设计方案。当时，伊拉克政府从世界各地聘请了最前卫的现代主义建筑师到巴格达设计大型公共建筑，希望现代主义建筑能象征国家的进步和发展，其他一些发展中国家领导人也同样青睐于现代建筑，认为其代表了国家的新兴繁荣。但沃克认为欧洲城市的建筑设计不应强调建筑的新颖性，而是与之相反的风格。“钢和玻璃材料”，他写道，“看起来太不合适，过于临时性，尤其太缺乏人情味。我们需要的是一种平和谨慎的、不哗众取宠的新型纪念性建筑”。[18]

自从1785年约翰·亚当斯作为第一任美国公使派驻伦敦起，美国就和梅费尔区，特别是格罗夫纳广场结下了不解之缘。亚当斯在广场东北角租用的小红砖房（格罗夫纳广场 9 号）依然还在。虽然后来公使馆没在广场上，却还在这个区。1913 年，当时的美国大使还必须自己物色住处并支付房租，沃尔特·佩奇也是在这个广场上租的房子，这次租的是格罗夫纳广场 6 号。

1931 年，英国政府在华盛顿建成了由卢申斯设计的盛大的新使馆和官邸，人们把它称为使馆建筑的极品（图 11）。众议院外交事务委员会的成员把英国使馆称为世界上最好的使馆，外交建筑委员会也努力在伦敦打造可与之媲美的美国使馆，当时伦敦是唯一没有美国外交建筑的重要首都城市。外交建筑委员会主席波特最初准备在特拉法加广场周围物色房产，他说，“每个美国人去伦敦时都想看看特拉法加广场”，“为了荣誉，我们应该把使馆设在那里”。[19]但是他没有找到合适的房产，于是外交建筑委员会开始装修 1921 年 J. P. 摩根捐赠给国务院的官邸（之前，这里是 J. P. 摩根的住所），并在格罗夫纳广场东侧一幢新建的七层办公楼里租用了使馆办公室（图 96），租期十年，1937 年末搬入使用。二战期间，艾森豪威尔将军到达伦敦时，他的总部就设在使馆对面的广场西侧。1947 年，广场北侧树立了罗斯福总统的雕像。那时，这个区域已经被人称作“小美国”了。格罗夫纳广场现在为第六代威斯敏斯特公爵吉罗德·卡文迪什·格罗夫纳所有。他是托马斯·格罗夫纳的后代。托马斯·格罗夫纳 1677 年迎娶了 12 岁的新娘，她的嫁妆包括一块 300 英亩的卷心菜农场，伦敦就是在这块农场周围发展和扩大起来的。

当亚当斯租下格罗夫纳广场 9 号作为官邸时，广场上还都是乔治亚风格的建筑，但一百年后已经面目全非了。费罗·阿特金森说，广场“在 19 世纪被分割为一块一块的”。[20]尽管如此，广场的拥有者威斯敏斯特公爵还是希望保持它在视觉上的统一，保持它的魅力和价值。他要求沿广场周边的新建筑立面都要强制接受统一规划。1937 年美国使馆租用的房产是第一批按照公爵“新乔治亚风格”的规划完成的建筑，这个规划希望环绕广场的都是外观相似的建筑，如办公楼、酒店和豪华公寓。战争使得新建规划进程放缓，二战结束后，美国准备在广场西侧建新使馆办公楼时，原来的规划要求仍然有效。

英国法律不允许外国政府拥有土地，美国政府只可租用土地并拥有其上的建筑。通过战争债务换房产的形式，国务院在1947年以8 337 280美元购买了格罗夫纳广场1号、3号和20号，同时和威斯敏斯特公爵签订了99年的土地租约，整个交易使用的全是国外信贷。一年后，为了给不断扩大的美国新闻处提供空间，国务院又购买了格罗夫纳广场5号。尽管拥有多处房产，但还是不能很好地满足使馆的需求。楼内还有原来的住户居住，侍者为住户送餐时还要穿过建筑的公共走廊——谢普利在1954年视察使馆时注意到了这些严峻的状况。前外交建筑局局长利兰·金说，远期规划是将这些房产全部出售，用售房所得在附近一块独立地皮上建设永久的使馆办公楼。[21]

1950年，外交建筑局经过与格罗夫纳家族一系列艰苦的谈判，终于得到了广场西侧的建馆地皮，一共花费了2 192 003美元，依然全部使用国外信贷。[22]建馆前需要先将地皮上原有建筑拆除，有些建筑已经在战争中被炸弹损毁。为了与外交建筑局和利兰·金作对，一些国会议员后来批评这次交易，并和1947年的房产购买联系起来，质疑财政安排，抱怨美国使馆里那些赖着不走的旧租户带来很多麻烦。其实国会缺乏拉金和利兰·金的远见，得到广场西侧的整块地皮根本就没花美国纳税人的钱，地皮租金也只是象征性的。

建筑咨询委员会的成员们认为伦敦项目至关重要，不惜花费金钱和时间举办了外交建筑局历史上第一次设计竞赛。委员会选择罗伯特·麦克劳林为顾问，在选定了参赛建筑师、制定了设计任务书和竞赛规程后，于1955年秋天开始竞赛。麦克劳林1952年成为普林斯顿大学建筑系主任。当时的普林斯顿还不像哈佛及其他一些主要建筑院校那样偏重现代主义建筑。麦克劳林本人就毕业于普林斯顿大学，1926年取得美学硕士学位。[23]在游历了意大利、法国和英国之后，他在1928年返回纽约工作，并开始研究考古，后来这成了他的爱好。1931年他开始自己创业，并成为预制住宅领域的先锋。他在美国建筑师协会中特别活跃，是纽约建筑联盟执行委员会成员，还是设计艺术学院理事。

令人奇怪的是，要求在伦敦设计“传统”形式使馆的压力更多来自美国，而非英国。美国大使温斯罗普·奥尔德里奇是传统形式最强烈的支持者。1955 年 8 月 5 日，他从伦敦回国参加建筑咨询委员会的特别会议，试图劝说委员会，伦敦新使馆不仅应尊重英国的建筑传统，而且“应具有 18 世纪晚期纳什设计的建筑的特质”。[24]奥尔德里奇在美国哈德逊河谷的家就是依照英国乡村住宅形式建造的，他坚信现代建筑风格不适合伦敦，格罗夫纳家族绝对不会允许建造“那种纽约公园大道边或南美国家泛滥的”现代建筑。他指的是 SOM 事务所在纽约设计的利华大厦和哈里森—阿伯拉莫维茨在里约和哈瓦那设计的美国使馆。奥尔德里奇明确反对设计摩天楼，也支持沃克反对使用玻璃和钢的观点。

在一次措辞激烈的会议中，建筑咨询委员会的一些委员质疑奥尔德里奇对格罗夫纳广场不会允许现代建筑出现的说法，指出伦敦已经有一些这样的建筑。他们进一步指出，英国皇家艺术委员会“希望美国建筑师不要受卢申斯设计的驻美使馆影响”。英国人期望美国使馆“不是那种笨重的英国式的，而是纯美国式的，代表美国当今最优秀的建筑风格”。[25]委员们倒是赞同奥尔德里奇对“钢和玻璃”的反对意见，并同意摩天楼也不适合伦敦使馆，但他们不愿给参加竞赛的建筑师更多限制。回过头看，当时的委员们并不坚持照搬纳什的传统形式。但同样明确的是，委员们也理解奥尔德里奇对城市文脉的关注，并在竞赛任务书中强调了这一点。

最能说明委员会倾向于现代建筑的是对参赛建筑师的选择。只有 8 家建筑师事务所被邀请：安德森—贝克威斯—海博（ABH）；欧内斯特·卡姆博；沙里宁及合伙人事务所；约瑟夫·塞尔特—哈森·杰克逊—约瑟夫·扎勒维斯基；斯东及合伙人事务所；斯塔宾斯合伙人事务所；沃斯特—伯纳迪—埃蒙斯；山崎实—雷恩韦伯及合伙人事务所——他们都是执著的现代主义者。建筑咨询委员会委员们抱怨缺少大师的参与，但他们还是选择了和外交建筑局合作过的建筑师。除了 ABH 外（后来得到了台北使馆的设计任务)，其他 7 家当时都在外交建筑局有项目。每家事务所得到 4 000 美元的设计费，其中包含了差旅费，因为建筑师被要求去现场考察。

长达 10 页的设计任务书特别强调了城市文脉。建议建筑师不要照搬其他建筑，而是应对周边历史建筑给予认真关注。[26]任务书要求办公楼建筑面积不超过 15 万平方英尺，分成 3 个有独立入口的部分：中央行政区，包括大使办公室（12.15 万平方英尺）；领事签证区（1.5 万平方英尺）；美国新闻处办公室（1.35 万平方英尺）。任务书强调了特殊空间的要求，包括门厅、大使办公室、副代表、政务参赞等。例如，要求大使办公室可以由公共通道到达，同时需要通过内部走廊与其他主要官员办公室相通，不能设在首层或二层，其上还必须至少有两层。地下室应包括库房、服务用房和自助餐厅，地下二层为 25 个车位的车库。建筑不用空调，材料应尽量在英国选购，建筑总高度不超过 100 英尺。任务书强调，“建筑要占据广场的一侧，与广场其他三面以及附近环境的视觉联系至关重要”。另外，任务书要求能在需要的时候扩建一倍的面积。[27]斯塔宾斯对这个要求非常重视，而沙里宁就没太在意。

根据一份报告，建筑师们在有历史记载的气候最恶劣的一个冬天匆忙考察了伦敦使馆地皮。[28]很难说伦敦潮湿阴暗的气候在多大程度影响了后来的参赛方案，但值得注意的是，当时的格罗夫纳广场建筑都缺乏修护，栏杆被拆除，草坪也没人管理，这些对于来访的美国建筑师来说肯定显得很破败。方案评审定于 1956 年 2 月 14 日在华盛顿进行，评委包括建筑咨询委员会的三名建筑师——贝鲁斯基、谢普利和沃克，加上外交建筑局局长休斯，副国务卿帮办亨德森，负责欧洲事务的助理国务卿利文斯顿·莫申特和美国建筑师协会主席乔治·卡明斯。麦克劳林负责主持评审过程，但并不参与投票。

参赛方案各不相同。山崎实的方案可能是最怪异的——两个相连的平行建筑，外表是雕花的石制花格和拱形的开窗，使人联想起尖尖的英式哥特建筑立面。在效果图上，主入口偏离建筑中心，入口右侧一根短旗杆上飘扬着美国国旗（图 97）。[29]沃斯特则想要表现伦敦“强烈的”黑白对比，他设计的七层楼使用了白色波特兰石材和黑砖，建筑占据了整个广场的宽度。偏离中央的主入口上方飘着三面旗帜，就像旅馆前的旗帜一样，可他忘记了使馆只能挂美国国旗。ABH 的方案也占据了广场的整个宽度，声称要体现“建筑的娴熟得体”。实际上，这个方案手法太过老练，外观缺乏个性，无法显示建筑的重要性。卡姆博的方案也同样没有表现出建筑的特殊用途，立面是巨大突出的五层柱廊，锻铁阳台，砖石外表，内部是玻璃幕墙的中庭。

同后来的丹吉尔公使馆方案一样，斯塔宾斯的设计将建筑用柱子架空。方案最突出的是玻璃门厅和开敞的庭院，人们可以通过一条贯穿整个建筑的拱廊到达庭院。斯塔宾斯说，庭院表达了“英美两国之间相互沟通的传统”。材料包括波特兰石材、带有深灰色铝饰细部的玻璃墙板和粉色花岗岩板材。入口位于中央，但总平面并不是对称的。在所有参赛作品中，这个方案最富生气，同时也是最开放的。多年以后，这样的方案将被证明最具安全隐患，但当时安全还没有成为优先考虑的因素。

塞尔特的方案不像其他人的那样规整。他用一个个矩形单元体块来界定空间——大使办公室、领事办公室和美国新闻处办公室。立面中交错使用固定的玻璃窗和窄窄的、可移动的玻璃墙板。他选用的主要建筑材料是黑砖，为了对比，将金属窗框漆成了白色。塞尔特非常想重现广场原有的连体别墅的交错韵律，遗憾的是，他的方案缺乏整体性。虽然很生动，但评委们认为它缺乏组织。

在每一个方案的表现图中，建筑师都做了尽情发挥，加上了本不存在的繁茂大树，或是删掉了有碍观瞻的电线杆、路标甚至邻近的建筑物。塞尔特的效果图上还出现了两辆汽车——阴影里是一辆英国劳斯莱斯的汽车盖，在旁边耀眼的阳光下是美国的雷鸟牌汽车。美国跑车象征着崭新、时尚和先进科技。建筑师通过这两辆车表现了英美两国的关系，也象征着周围神圣的历史建筑和新美国使馆的联系（图 98）。

斯东的效果图上则只有孤零零的建筑和大树，没有人，也没有车。除沙里宁之外，斯东是唯一试图在方案中把握使馆象征要义的建筑师，他的方案后来成为其设计生涯的一个标志。这是一座七层建筑，立面是落地窗，柱子稍稍突出于窗框，屋顶带有凉廊，平坦的屋面向外悬挑。建筑使用的主要材料是石灰岩和玻璃。像卡姆博一样，斯东使用了黑色铁艺的阳台栏杆，以同周围建筑的装饰细部保持一致；像沙里宁一样，他采用了对称方案，建筑也没有延展到广场边界，成了被停车场和树木环绕的独立建筑，四周的围墙将它从广场上遮挡起来，使人们的注意力集中到悬挂着巨大美国国徽的中央入口。斯东的方案中有两个带天窗的中庭，庭院里有喷泉、树木和空中花园——这个“中庭”方案后来受到约翰·波特曼的推广应用。

沙里宁的方案是对称的，在精美复杂的入口雨篷下悬挂了一个更大的国徽标志，显得尤为突出。五层高的建筑按古典构图形式分成了底座、中段和顶部三段。为强调建筑的独特性，而不仅仅是围合广场，沙里宁在建筑与用地边界间留出了距离。尽管他避免让窗户和墙之间有明显差别，但开窗比例还是参照了周围建筑。他将窄窄的、可开启的窗户和固定的、波特兰石材镶边的玻璃墙板图案般地交错排列。设计虽然不是那么引人注意，但也不能说是乏味的。

评委们最终准备在斯东和沙里宁之间选择中标方案。贝鲁斯基回忆说，他“本倾向于斯东”，但最后还是“不太热情地”投了沙里宁的票。[30]斯东的方案过于惹眼，93 英尺的建筑高度可能是他的弱点。当然还有其他因素影响了最后的决定，至少有一点就是沙里宁赢得评委芳心的本事。带着妒忌又仰慕的复杂心情，许多建筑师同行都调侃沙里宁总能赢得设计竞赛，因为他不去理会任务书的要求，而是交出评委真正想看到的优雅而诱人的设计。斯塔宾斯后来回忆说：

> 沙里宁是我的好朋友，我们经常一起参加设计竞赛，他总是能赢！他的设计每次都有违设计规则。我想我们都应从中学到一点，那就是不要去遵循什么规则，做最好的设计就可以了。[31]

沙里宁在45岁时已是美国建筑舞台上的重要人物了。他的父亲是著名的芬兰建筑师埃利尔·沙里宁，他本人曾在巴黎学习雕塑，在耶鲁大学学习建筑。1936年，沙里宁开始跟随他的父亲进行建筑实践，父子俩合作了许多重要的商业和公共建筑项目。1950年，沙里宁独立开业。尽管格罗夫纳家族不再坚持要求新使馆按“新乔治亚风格”设计，设计任务书也明确要求不要折中主义的复制品，但沙里宁还是感觉到会有某种设计妥协。他知道7位评委中有3位是国务院官僚，他们不会喜欢较激进的设计，而评委中的美国建筑师协会主席也是个保守派，所以他在设计中参考了周围的建筑，用“传统”的手法和材料来做一个“现代”建筑。麦克劳林的儿子回忆说，他父亲是在评审中“一锤定音”的人，“在他的建议下，评委们才选择了沙里宁……他们需要慎重抉择这个作为国家象征的重要建筑”。斯东获得了设计竞赛的亚军，沙里宁摘得了桂冠。[32]

沙里宁的方案（并非最终实施的方案）用波特兰石材作为主要外墙材料，青铜作细部装饰。波特兰石材在伦敦公共建筑中应用广泛，尤其以受气候和污染影响后产生黑白相间的纹理而出名。沙里宁提醒人们注意方案的“英国风格”，说外墙设计是“英国式的预制结构体系”。[33]雅致而昂贵的材料使设计显得庄重而突出——沙土制模、黑色氧化的青铜阳台细部，天然青铜材料的国徽，一层防护性的格栅。沙里宁希望使馆能像伦敦很多标志性建筑一样，随着岁月而融入灰色的环境，他设想青铜材料能为深色立面增加亮色。

英国报纸报道了设计竞赛，英美两国主要建筑杂志都刊登了竞赛结果和方案的图片。[34]《泰晤士报》称中标方案是“受欢迎的建筑”，沙里宁的新建筑与广场原有建筑的立面非常和谐。该报称赞沙里宁“严格对称”的设计，认为它保持了“广场建筑的正统风格”。其他英国刊物则有不同反应。《建筑师月刊》也称赞了获奖设计——但并不是因为它“与环境协调”，而是正相反。该刊指出，“作为广场的第一个现代建筑——虽然是很克制的现代形式——新使馆会对未来的发展树立良好榜样，因为这个地区有太多拘泥于新乔治亚风格的平庸建筑了”。该刊称，一个好的现代建筑可以让沉迷于过去的地区振作起来，焕发生机。美国的建筑杂志并没有很热情地报道竞赛结果。

评审结束后，外交建筑局局长休斯祝贺建筑咨询委员会的设计竞赛取得“圆满成功”。休斯 2 月底从伦敦回来后，高兴地告诉大家“奥尔德里奇大使和伦敦当局都同意了设计方案”，他把这归功于“精心准备的设计任务书、对参赛建筑师的谨慎选择，以及对图纸的出色评审”。[35]但外交建筑局并没有就竞赛进行大肆宣传，也没有公布竞赛结果。这种沉默显然同一些评委对竞赛结果的失望有关。看上去，评审过程中大家的意见很不一致。沃克就认为竞赛是失败的。在给谢普利和贝鲁斯基的信中，他写道：“我对评委们未能抓住这个机遇感到深深的失望，这种失败是现代建筑理论的必然结果”。在这封评审结束几天后写下的信中，他说：“贝鲁斯基经常嘲笑美学，至少我是如此理解的，但评选结果说明参赛建筑师对美学关系理解的全然缺失”。贝鲁斯基回忆说，他本倾向于斯东的方案，但最终“不太热情地”投票给了沙里宁，这至少说明他的投票是妥协的结果。[36]沃克认为绝大多数方案都没有什么品味，1956 年 9 月，他在一封给建筑咨询委员会同事的信中情绪化地写道：“我认为美国建筑设计水平在伦敦使馆竞赛中跌到了最低谷”。[37]

沙里宁的获奖方案实际上并未得以实施，主要是建筑面积要求不断增加，外交建筑局在宣布沙里宁获奖后修改了设计任务书。沙里宁重新进行了设计，增加了一层，提高了建筑总体高度，并做了一些其他的主要变动，其中包括彻底改变了结构体系。1956 年 5 月 16 日，他向建筑咨询委员会提交了新方案。建筑咨询委员会认为新的建筑高度并没有破坏同周围建筑的关系，称赞建筑内外部均可见的交叉梁支撑体系，让主立面可以悬挑出底层支柱。[38]为降低造价，沙里宁被迫放弃了钟爱的青铜，代之以金色氧化铝材料（他把氧化铝材料的颜色称为“浅黄色”，以试图弱化金色带给人的华丽炫耀感觉，但并未达到目的）。

新方案与原方案的一个明显区别是国徽不再被沿用，代之以后来声名狼藉的美国鹰，但在他 5 月份的方案介绍中并没有提到这只鹰。尽管新方案的造价仍将“大大超出预算”，但建筑咨询委员会还是批准了它，并称赞它“比中标方案有了很大改进”——这再次说明对原方案确实存在很多不满。沙里宁飞赴伦敦为施工做准备(图99)。

1957年，在施工开始后，沙里宁提出要增加35英尺宽的美国鹰作为使馆立面上的象征标志（图77）。美国雕塑家希尔多·罗萨克用镀金铝材创作了这只鹰。他说灵感来自于新英格兰博物馆里见到的一只美国独立前的木雕鹰。从一开始，这个巨大的标志物就引起了争议。当休斯要求沙里宁专门介绍一次方案以解决“鹰”的问题时，沙里宁已经是建筑咨询小组的成员了。他以双重身份用幻灯片给咨询小组的同事们展示了鹰的标志在美国历史上的应用，并介绍了他的方案。会议记录写道，“在那一刻，立面得到了展示，委员们有机会研究鹰的尺度、设计、文脉、材料以及它和立面的关系”。[39]建筑咨询小组成员威廉斯、贝内特和萨特斯维特大使一致支持沙里宁，因此他的美国鹰雕塑得以继续。

早在1960年工程完工之前，就已经有人嘲讽和怀疑该建筑。美国鹰引发了大量负面的关注——说它太刺眼、太张扬、太压抑。有人批评鹰的整个形象是错误的——它的头向左看，而不是通常的向右看，鹰的左爪和右爪里也没有分别象征战争与和平的箭和橄榄枝。前驻英国大使萨金特·施莱弗尔后来说：“鹰让人们疯狂!”[40]《纽约时报》报道说，英国人对“美国鹰盘踞在一个著名广场上方是否合适”非常关注，报道还引用了一位英国年轻建筑师的问话：如果在华盛顿的英国使馆上放置一只35英尺长的狮子，或是在苏联使馆上放置35英尺长的镰刀斧头，美国人会做何反响？报道还说英国人把美国新使馆比作“香烟工厂”，有人评论它是“好莱坞—百老汇式的形象”。富布莱特参议员尖刻地批评新使馆，弗兰克·丘奇参议员也嘲笑美国鹰，海斯形容整个建筑是个“怪物”。就连通常观念积极的博尔顿议员也称新使馆是“眼中钉”，并指出它“将破坏和伦敦的整体关系”。海斯甚至调侃说不如再放置一个巨大的“鹰”字标牌，因为那只鹰看上去像是兀鹫。其他一些意见则更加难听。

《建筑论坛》转载了英国建筑师和评论家对伦敦使馆的激烈批评：彼

得·史密森呼吁设计应更大胆些，对试图迎合环境的做法表示质疑；雷纳·班汉姆把使馆比成一座空洞的纪念碑，说它是“美国的‘芭蕾舞学校’”；傅尔诺·乔丹批评美国“用‘魔力’的形式灌输其影响力”，向已不复存在的乔治亚建筑传统致敬，是在表达“虚伪的谦卑”。乔丹称“令人恐惧的”美国鹰代表了“美国精神的悲哀”。《泰晤士报》重申了乔丹的观点，认为竞赛错误地将重点放在了挑选与伦敦“相协调”的方案上，中标方案是“奢华的”、“俗艳的”、“肤浅的”。在一份书面声明中，沙里宁为他的方案和美国鹰辩护，他说：“美国鹰没有使用国徽的样式，而是像过去广泛应用的那样，更为自由、有象征性”。[41]

当伦敦使馆落成时（沙里宁 51 岁去世的前一年），沙里宁正忙于其他几个不同类型的大工程，包括著名的肯尼迪机场 TWA 航站楼（1956—1962 年）和杜勒斯机场航站楼（1958—1963 年）。就像杜勒斯机场象征着航空旅行一样，他设计的圣路易斯大拱门（1959—1964 年）象征了美国西部的大门。同样，美国鹰象征了伦敦使馆，告知人们这是使馆，而不是普通的办公楼。交叉梁头上的闪亮金星装饰也是象征使馆的一种手法。

阿特金森在英国《建筑评论》杂志上撰文赞扬了沙里宁的设计，他认为金属饰条丰富了建筑立面，有很好的反光效果。他认为室内部分是建筑最成功之处，尽管在竞赛时室内设计并不是考虑因素：

> 从踏上台阶的那一刻开始……就可以感受到那些让沙里宁成名的东西。尽管受严格的规划条件限制，无法设计更丰富的空间形式，他还是创造了令人惊叹的室内空间……楼上各层虽然多是小办公室，沙里宁仍然成功地运用走廊的宽度、门的韵律和精致的细部创造宁静、秩序和优雅，像日本建筑一样将墙和吊顶分离开来。对细部一丝不苟的要求——将英国的装修标准提高到了新水平——这是它最大的贡献。这样的细部并不仅仅是为了外观，而是伴随着对建筑的感受和使用。虽然这本身不是建筑设计，但它有助于我们去欣赏建筑。[42]

阿特金森接下来解释了沙里宁如何将交叉梁结构和直角平面相结合，把密斯式的轴网发展到“更新的、有创造性的阶段”。他把沙里宁的室内空间和查尔斯·麦金托什、约瑟夫·霍夫曼的作品相比，说它的宁静优雅“彻底打破了室内设计十几年来低劣陈腐的俗艳风格”。阿特金森的文章列举了走廊、楼梯间、扶手、吊顶模数和门。室内陈设还有金属的桌子、固定在墙上的矮长条椅、没有扶手的皮制转椅（图100、图101）。一些专门定做的家具来自诺尔，其他的来自查尔斯·埃姆斯。

由于沙里宁重新设计了方案，将建筑抬高到一个略有坡度的基座上，这实际上在不经意间为使馆提供了巧妙的防护装置，把建筑同人行道和行人分开了（图102、图103）。在这个问题上，沙里宁领先于时代。但他预计的建筑外墙会随空气污染而逐渐形成质感丰富的黑亮光泽却没有出现，因为就在使馆落成后，伦敦颁布了降低污染的新法律。另外，建筑也可以被清洗。1960年，格罗夫纳广场完成了重建工作，广场三面都是仿乔治亚风格的红砖建筑。在二战纪念碑和罗斯福塑像旁边，树立着艾森豪威尔将军的雕像——这是美英两国之间联系的进一步象征。

正如阿特金森指出的，对于那些随着现代商业的繁荣而不断变化的地区，国务院对使馆与当地风格、传统和历史相结合的要求是“值得称道但意义不大的”。他进一步指出，设计要求也许导致了建筑师（在短暂的、强制性的现场考察期间）拼命寻找“可以展示在他们建筑上”的地方性手法。在新德里、阿克拉和雅典，建筑师使用这样的技法也还能设计出得体的使馆，但伦敦可不是玩弄技法的地方。

英国的现代主义建筑师对隐喻历史不感兴趣，他们更关心的是对未来的洞察。他们认为格罗夫纳规划条件里“模仿乔治亚风格”的要求是不成立的。他们争论说广场是在变化的，新建筑不应用虚假的立面来重现早已逝去的历史。试图与历史环境相融合从根本上说就是错误的。英国人希望美国能提供一个新颖的，甚至有些极端的使馆建筑。这些评论家对使馆的期望同他们对美国及其超级大国地位的感受无可避免地交织在了一起，所以无论建筑风格是克制谨慎的（意味着不够创新），还是强力而自信的

（意味着帝国主义式的、咄咄逼人的），他们都会感到迷惑或恼怒。当建筑本身就是一个政治宣言时，对建筑美学的评价是无法与其政治含义分开的。于是，有这么多英国评论家会对美国新使馆感到失望，也就不足为奇了。

外交建筑局先后三次聘请建筑师设计海牙使馆。雷普森和默伦在1951年做了方案，威廉·格伦在1955年也做过方案，1956年布劳耶的设计最终得以实施。前两轮方案失败后，外交建筑局选择了布劳耶，希望他可以真正提高国务院使馆项目的“层次”，他的方案几乎是自动获得了批准。使馆于1958年开始建设，1959年7月4日交付使用。

虽然阿姆斯特丹是荷兰首都，但荷兰政府和外国使团都设在海牙。海牙还有著名的国际法院及和平宫。1785年约翰·亚当斯出使英国，为美英两国建立外交关系之前，他就已经到过荷兰，并为美荷两国建立了正式的外交关系。1782年，亚当斯以第一任美国全权公使的身份到达海牙，不久，荷兰政府正式承认美国独立，并向当时的美国首都费城派出了第一位公使。从亚当斯开始，美国在海牙的不同地点设置过使馆。

海牙的建筑是17、18和19世纪的混合体，以宽阔的公园和充满魅力的广场著称，建筑多是坚固的砖石结构，开窗很大，以引入北方白天珍贵的阳光。海牙建筑整体上是朴素庄重的，但许多老建筑在屋顶轮廓线、入口和阳台的处理上有丰富的设计手法。尽管荷兰建筑历史悠久，但荷兰建筑师一直是现代主义建筑的探索先锋，因此20世纪50年代中期在海牙建设现代形式的新使馆也就不显得很极端了。荷兰人更关心环境对地皮的限制和设计的质量，而不是设计风格本身。

海牙使馆地皮位于一个老广场的一角，它的由来是个悲剧性的故事。1945年3月3日，英国皇家空军的飞机误炸了该广场。[43]炸弹造成的损失巨大，建筑被毁，人员伤亡惨重，有500多人丧生，是继鹿特丹之后荷兰第二大轰炸惨剧（英国皇家空军承认这个失误，但却一直未对事件真相做过任何解释）。二战后，国务院利用国外信贷购买了该地皮。很多当地居民对于美国选中了这块地皮感到很不愉快，因为这个地方给他们带来了很多悲伤。很难说这种不幸的联系是否影响了当地人对美国新使馆的态度，但设计确实引发了关于建筑和城市文脉的争议，挑起了荷兰人的抗议。[44]

二战后大家都认同朗格大街和克尔特大街交汇处的这块地皮要建新建筑，但没有预料到的是，很多荷兰人希望按原貌重建。1951 年雷普森第一次考察地皮时，最让他震撼的是炸弹落点地带的空旷。雷普森更希望把美国使馆设计成崭新的、有前瞻性的而不是传统形式的建筑。当时没有设计任务书，只有紧张的预算，资金来自国外信贷。雷普森回忆，外交建筑局没有给他提供任何设计指导，他和默伦也没有把使馆看成象征性的建筑。他们的方案是一个底层有支柱的三层玻璃盒子（图 24），因为和周围建筑很不相同，所以设计本身可能吸引了人们的注意。雷普森后来说，他们只把使馆当成实用的办公楼，甚至当作一种环境背景，而不是引起轰动的建筑。随着 1953 年底外交建筑局的重组，雷普森和默伦的方案被搁置了起来，这和建筑本身是没有关系的。

1954 年建筑咨询委员会开会时，委员们讨论了举行海牙和伦敦项目设计竞赛的可能性。海牙使馆当时是外交建筑局日程表上最重要的项目之一，规模与新德里使馆和香港总领馆相当，预算是 100 万美元，仅次于伦敦使馆的 300 万美元。但建筑咨询委员会很快放弃了为海牙使馆举行设计竞赛的想法，委员们开始挑选建筑师。谢普利 1955 年考察了地皮，他在报告中说，相邻广场对设计有限制，提醒设计方案必须经过当地艺术委员会的批准。但他没有提及轰炸事件，也没有提到广场及周边历史建筑的毁坏。他提到了海牙建筑“非常富有活力”，“赖特的建筑风格在那里会很合时宜”。他对当地人对草地和花园的爱护也是印象颇深，建议使馆设计中很好地考虑景观设计。[45]

一年后，沃克也考察了地皮，他重申了谢普利对城市文脉的关切。沃克在 1955 年的报告中写道，“我在广场上散步，坐在咖啡馆里享受着平静的魅力和荷兰啤酒”，“清晨愉快的经历使我认识到，一个不友好的建筑将会多么令人气愤”。他把雷普森和默伦先前设计的玻璃盒子称为“不合适的”和“愚蠢的”。他也对设计方案提出了一些重要建议：第一，他注意到英国和荷兰的很多新建筑“老化得特别快……暴露的混凝土受海风侵蚀，损坏严重”。第二，他指出新的建材，如混凝土、钢、玻璃等，让新建筑比老房子需要更多的维护才能保持“井井有条”。他说这一点尤其重要，因为国会从不去了解海外建筑的情况，所以国务院很难有足够资金来很好地维护这些建筑。[46]

建筑咨询委员会最初推荐霍拉伯德—鲁特—伯奇公司作为海牙项目的首选，但外交建筑局把项目授予了第二人选——纽约建筑师威廉·格伦。格伦以其设计的西点军校和丹尼森大学校园建筑、政府建筑、军事基地和战争纪念碑而闻名。他 1912 年毕业于卡内基技术学院，1955 年时已经 68 岁，被同行认为是个有能力的建筑师，不过还称不上是现代建筑的领军人物。比起建筑咨询委员会推荐的其他建筑师，选择他来设计使馆项目，令人难以置信。

格伦由于生病而没有亲自到华盛顿汇报方案。1955 年 12 月 12 日，他的合伙人吉尔伯特·塞尔策向建筑咨询委员会汇报了设计草案。委员会非常失望，认为方案“很不合适”。他们要求建筑师重新设计与场地周围 18 世纪建筑更相称的方案。塞尔策在 1956 年 1 月提交了新方案，但新方案令委员会更加失望。会议记录显示，委员们认为设计“乏味、缺乏想象力，没有灵感”。委员会认为有必要选择新的建筑师“重新开始”。外交建筑局局长休斯接受了委员会建议并写信给格伦，格伦则回信为其设计进行了周密全面的辩护，但最终还是以身体原因而退出。[47]

建筑咨询委员会对格伦的辞职反响热烈，这表明他们很高兴换人。以往，其他建筑师也曾被要求修改设计，甚至重新设计，但从没有人这样尴尬地被炒掉。鲁道夫曾向建筑咨询委员会提交了五轮方案，尽管他的方案受到质疑，并遭到麦克布莱德的强烈反对，但委员会的建筑师委员还是对他充满信心。建筑咨询委员会也曾严厉批评诺伊特拉和亚历山大的卡拉奇总领馆方案，说它“像邮购商店一样”，要求重做方案，但并没有更换建筑师。[48]斯东的新德里使馆方案曾被审查了 7 个月，但也没有启用新建筑师。格伦被替换的原因至少和布劳耶的出现有关。

沃克在建筑咨询委员会的任期于1955年12月结束，那是在格伦被迫辞职前的一个月。沃克对格罗庇乌斯和布劳耶的反感尽人皆知。只要他在建筑咨询委员会，这两个人是绝对不会被选用的，但他卸任后，合作的机会来了。1956年3月22日，外交建筑局聘用格罗庇乌斯设计雅典使馆，三周后又聘用布劳耶设计海牙使馆。

不管沃克对来自包豪斯的现代建筑大师们评价如何，美国的建筑界对他们还是热烈欢迎的。很多美国人对自己的建筑历史缺乏信心，而把这些欧洲现代主义建筑师奉为英雄。出生在匈牙利的布劳耶于1937年到哈佛设计研究生院作为格罗庇乌斯的助教，之后边执教边从事建筑实践。1946年，他移居纽约并在那里开业，到20世纪50年代中期，除了在安大略和明尼苏达各有一个项目外，他在美国的项目都集中在纽约地区，而且绝大多数是住宅。1952年，他与皮尔·奈尔维和伯纳德·泽尔夫斯合作设计了联合国教科文组织巴黎总部。该建筑大胆的“Y”字形混凝土结构后来成了他的标志。由于在纽约和巴黎都有办公室，他在1953年顺利赢得了又一个欧洲项目——位于鹿特丹的德·比詹考夫百货公司。在进行鹿特丹项目的同时，他从外交建筑局得到了海牙使馆项目。布劳耶很高兴能有机会在欧洲设计一个重要的“美国式”建筑。1956年4月中旬，他签署了设计合同，5月中旬就到华盛顿向建筑咨询委员会汇报了他的第一轮也是最终的方案。[49]

当布劳耶开始使馆设计时，地皮周边一些部分损毁的住宅已恢复重建，一幢崭新的荷兰教育部大楼也建在了克尔特大街正对使馆地皮的另一侧。但沿克尔特大街的绝大部分地皮仍然空置，并等待重新开发。布劳耶认为建筑形式应向前看，尤其是考虑到很多即将新建的大型建筑将会给该地区带来新的形象。基于这一原则，他把注意力放在了使馆所在街区和它必然的发展趋势上，而大大忽视了周围的历史建筑。

布劳耶的设计是由两个体块组成的四层建筑，中间由一个玻璃厅相连。承重外墙表面使用了有纹理的进口石灰石板。两个体块相交成直角，围合出了后花园和绿地。两个体块都建在内凹的基座上，看上去好像悬浮在人行道上，主体建筑和阴影掩映的基座间形成了一种紧张气氛（图104）。面向历史广场的体块较小，包括门厅、大使办公室（自带阳台）、政研办公室以及其他需要控制通行的办公室，后面的体块较大，包含了其他辅助功能，如美国新闻处办公室、报告厅和图书馆。正面和侧面的入口都高达两层，入口上方带有旗杆。像伦敦和奥斯陆使馆一样，公众可以通过单独的入口直接进入使馆。

海牙使馆和德·比詹考夫百货公司有着惊人的相似之处。两个建筑都注重表面纹理和几何造型。德·比詹考夫百货公司的母题是六边形，海牙使馆的母题是梯形。六边形对于德·比詹考夫百货公司来说是合适的，因为它象征了蜂巢（比詹考夫在荷兰语中的意思就是“蜂窝”），但梯形运用在海牙使馆好像没有什么特别的道理。使馆里几乎所有的建筑元素都是梯形的：报告厅的形状是梯形的，图书馆的柱子是梯形的，甚至会议室里的桌子和门把手都是梯形的。有人觉得外窗的形状像保龄球瓶或棺材，布劳耶则认为是一个个对顶的梯形（图71、图72，图105至图107）。

布劳耶把使馆当作了一件雕塑，而使馆的设计确实达到了艺术品一样的品质，可惜布劳耶后来的大型建筑设计中缺乏了这种品质。运用交错布局的手法开梯形窗，并在旁边加开同样是交错布局的窄长窗，布劳耶创造了随光影转移而不断变换的生动立面。窗户之间使用的略薄的花岗岩更加强调了立面的坚固品质。室内装修更加高档，墙面是瑞士进口的白色水晶大理石和沙色人造石板，地面是挪威产的条石板，钢窗框、门和金属制件产于英国，地毯从印度进口，窗帘产自比利时——所有进口材料都是用国外信贷购买的。图书馆、大使办公室、会议室、全部楼梯扶手、观众厅地板和电梯内装饰都使用了缅甸柚木。

1956年5月15日，布劳耶向建筑咨询委员会汇报了方案，他介绍了如何因为当地限制交通的原因而将建筑分成两部分，又如何通过玻璃厅的借景和连接作用来创造建筑的开敞感。委员们对设计非常满意，在会议记录里，他们甚至提到布劳耶细心地呼应了附近一个18世纪小歌剧院的比例——虽然他们根本不大可能看出新使馆与周围建筑的关系（包括小歌剧院)。无论如何，建筑咨询委员会批准了布劳耶的方案，认为“建筑师因其出色的设计和敏锐的解决设计问题的能力应得到褒奖”。[50]奇怪的是，当时没人注意到过于突出的侧门可能会被误当成使馆正门（后来这种事确实发生了)，而这个问题在格伦的方案中就被批判过了；没人想到不规则的木窗扇会透风漏水（但事实上确实漏水，而且一直在漏)。显然建筑咨询委员会不愿挑布劳耶的毛病。

海牙的传统主义者并不认为美国使馆是个艺术品，并抗议这一设计。他们批评建筑和周围环境冲突，展现的仅仅是美国的“物质财富”，尽管建筑材料和建筑师都不是真正来自美国。他们认为建筑过高，并违反了当地关于阳台栏杆必须是镂空铁艺的规定。尽管反对者人数不多，但反对声音却很大，《纽约时报》都刊登了有关反对意见的报道。但《纽约时报》也指出，反对者所指的规范已经在 1950 年取消了，反对意见“几乎无效”，因为使馆方案已经得到市政厅和规划部门的批准。如果“这种奇怪的旧传统氛围”对当地真的如此重要的话，为什么市政部门会批准这个方案呢？当地评论家认为，尽管荷兰当局对设计还有严重的疑问，但他们觉得还是应该批准它，否则，将是对建筑师和美国的不尊重。[51]

1956 年 10 月，沃克在休斯的陪同下重访外交建筑局，他顺便浏览了包括布劳耶在内的一些新方案。在随后写给过去同事的信中，沃克称赞塞尔特的巴格达使馆和斯东的新德里使馆很好地展示了美国形象；对沙里宁的奥斯陆使馆表达了担忧；认为拉巴特方案“非常优秀”。对于雅典项目，他认为“没什么成就的建筑师”格罗庇乌斯表现的比他预想的好。但布劳耶的海牙方案激怒了沃克，他写道，“海牙使馆方案完全就是粗俗丑陋”。他严厉批评这个设计：

> 如果你们三位这么喜欢棺材形状的窗户的话，为什么不索性坚持把整个建筑都做成棺材形状呢？至少如此还能达到残忍的统一感。难道就没有人注意到建筑入口是多么的不友好，能让那些美国的朋友从那儿进入使馆吗？整个建筑与安静迷人的广场以及小歌剧院的关系就

像日本式的露齿微笑和闪亮的大金牙的关系。建筑师的狂妄自大在这个设计中表露无疑，其他任何设计都不能与之相比。[52]

其他的批评者没有这样咒骂，但荷兰媒体总的情绪是失望——为布劳耶这样的建筑师在如此特殊的场所设计了这样差的建筑感到失望。最有趣的是，这些批评不是针对国务院或美国政府，而是直指建筑师本人，人们更多地把他看成欧洲人，而不是美国人。J. J. 弗兰恩德在《BOUW》杂志上撰文，说布劳耶的设计是“倒退……布劳耶的方案真的不能被称作丑陋，因为那样太便宜它了……我们看到一位原本崇尚功能主义的建筑师‘为现代艺术而迷失’”。同样，他也把梯形窗形容为古怪。[53]

另一位批评者 A. 巴芬格为布劳耶远没达到人们的期望值而悲哀。他批评布劳耶代表了欧洲人而不是美国人的视点，忽视了外交建筑局承认并尊重当地历史和城市文脉的指导要求。[54]对很多荷兰评论家来说，外交建筑局的建筑政策在某种程度上是美国化的。他们认为，让建筑适应并反映当地环境的想法只是美国式的，别的国家并不这样做。在华盛顿，美国人欣赏那些能反映各自国家特有风格的使馆建筑，但在海外，他们却要求自己的使馆与当地环境相“融合”。布劳耶实际上正确预见到了后来的克尔特大街将会林立着高大的现代建筑。但他的初衷，可能从来都不是简单地“融入”。相反，在很多人看来，他一定有种抑制不住的冲动，要设计一个纪念碑式的建筑。但是，他对“厚重”材料的选择、对外墙体量的强化，确实使建筑带有一种明显的永恒性，成为后来防御工事般使馆建筑的先驱。

注　释

1. 见国家安全委员会文件#98/1，1951 年 1 月 22 日，《美国外交关系》，第 1650—1652 页；霍华德・谢弗：《切斯特・鲍尔斯：冷战中的新商家》，哈佛大学出版社，1993 年版。
2. 亨德森录音访谈，国家建筑博物馆档案。
3. 利兰・金致斯东的备忘录，1953 年 7 月 17 日，利兰・金的文件。

4. 有关斯东的情况摘自多份采访。见雅各布斯和肯沃西的录音访谈，国家建筑博物馆，以及后来作者对雅各布斯和利兰·金的采访。

5. 斯东致谢普利的信，1954 年 4 月 12 日，谢普利文件。信的开头使用了“尊敬的谢普利先生”这一称呼，落款为“艾迪”。

6. 斯东：《一个建筑师的演变》，地平线出版公司，1962 年版，第 21 页。

7. 卡朋特：《中午 12 点会见建筑咨询委员会的备忘录》，1955 年 3 月29 日。

8. 谢普利：《关于使馆和使馆场地的笔记》，谢普利文件。

9. “新德里美国使馆”，《建筑论坛》102 期，1955 年 6 月，第 114—119 页。新德里项目还出现在《建筑实录》117 期（1955 年 5 月，1957 年 7 月，1959 年 2 月，1959 年 3 月)，《建筑论坛》，1959 年 1 月，《外交简报》，1957 年 8 月等。《建筑实录》，1959 年 3 月，全面介绍了斯东的作品。

10. 建筑咨询委员会会议纪要，1956 年 7 月 30 日，第 3 页。

11. 斯东：《一个建筑师的演变》，第 139 页。

12. 艾尔沃斯·邦克致斯雷顿的信，1982 年 2 月 10 日，外交建筑局杂项档案。

13. 伊利·阿贝尔：“美国新使馆受到了尼赫鲁的称赞”，《纽约时报》，1959 年 1 月 4 日。

14. “爱德华·斯东作品”，《建筑实录》125 期，1959 年 3 月，第 157 页；“一座新公共建筑”，《建筑论坛》110 期，1959 年 1 月，第 84 页。

15. 斯东：《一个建筑师的演变》，第 139 页。斯东当时正在旧金山设计斯坦福大学医学中心，看到这篇剪报后，把它随信寄给了谢普利，信的日期为 1955 年 8 月 11 日。

16. 约翰·格利布雷斯致安妮·尼森的信，1981 年 12 月 7 日，国家建筑博物馆档案。

17. 建筑咨询委员会会议纪要，1955 年 11 月 10 日和 1956 年 3 月 7 日。

18. 沃克的观点摘自他的出差笔记《国务院外交建筑项目，致哈里·麦克布莱德上校、亨利·谢普利、皮特罗·贝鲁斯基的备忘录》，1955 年 8 月 11 日，外交建筑局杂项档案。

19. 众议院外交事务委员会：《外交建筑》，1931 年，第 16 页。

20. 费罗·阿特金森：“伦敦格罗夫纳广场的美国使馆建筑”，《建筑评论》129 期，1961 年 4 月，第 254 页。约翰·丹顿：“英国地主们将会得到清算”，《纽约时报》，1993 年 3 月 21 日。

21. 谢普利赴维也纳和伦敦的出差笔记，1954 年 10 月 13 日，外交建筑局杂项档案。关于这项远期规划，见众议院拨款小组委员会关于 1954 年拨款的听证会，1953 年 3 月 25 日。

22. 《政府拥有的房产，1953 年》，附录 A，外交建筑局档案。1960 年美国以 470 万美元将原有使馆出售给加拿大，成为加拿大使馆。

23. 麦克劳林的档案和其他传记资料可在普林斯顿大学西利 · 穆德手稿图书馆找到，见普林斯顿大学档案中的公共政策文件。

24. 建筑咨询委员会会议纪要，1955 年 8 月 5 日，第 1—2 页。

25. 同 24，第 2 页。

26. “美国驻伦敦使馆设计竞赛”，《建筑实录》119 期，1956 年 4 月，第 121 页。

27. 设计说明见“美国驻伦敦使馆中标设计方案”，《建筑师月刊》123 期，1956 年 4 月 12 日，第 340 页。

28. 阿特金森：“伦敦格罗夫纳广场的美国使馆建筑”，《建筑评论》129 期，1961 年 4 月，第 254 页。

29. “美国驻伦敦新使馆”，《建筑论坛》104 期，1956 年 4 月，第 146 页。

30. 作者对玛乔丽 · 贝鲁斯基的采访，1992 年 4 月 2 日。

31. 作者对斯塔宾斯的采访。

32. 作者对罗伯特 · 麦克劳林的采访，1992 年 11 月 22 日。关于“第二名”有不同的说法：《进步建筑》和《建筑师月刊》报道称斯东获得第二名。但《建筑论坛》则报道说，评委会在选择沙里宁之前圈定了前三名，“没有其他的排名”。见“沙里宁设计使馆”，《进步建筑》37 期，1956 年 3 月，第 89—91 页；“美国驻伦敦使馆设计竞赛”，《建筑实录》119 期，1956 年 4 月，第 221—224 页；“美国驻伦敦新使馆”，《建筑论坛》104 期，1956 年 4 月，第 139—145 页；“美国驻伦敦使馆中标设计方案”，《建筑师月刊》123 期，1956 年 4 月 12 日，第 340—342 页。

33. “美国驻伦敦使馆中标设计方案”，《建筑师月刊》123 期，1956 年 4 月 12 日，第 341 页。

34. 《进步建筑》，1956 年 3 月，《建筑实录》，1956 年 4 月，《建筑论坛》，1956 年 4 月刊登了所有方案。沙里宁和斯东的方案出现在《建筑师月刊》，1956 年 4

月12日。《时代周刊》的摘要刊登在《建筑实录》，1956年4月，第221页。

35. 建筑咨询委员会会议纪要，1956年3月7日，第1页。

36. 玛乔丽·贝鲁斯基致作者的信，1992年4月2日。

37. 沃克致谢普利和贝鲁斯基的信，1956年2月20日，谢普利文件；沃克致谢普利、贝鲁斯基和贝内特的信，1956年9月20日，谢普利文件。

38. 建筑咨询委员会会议纪要，1956年5月15日，第4页。

39. 关于伦敦鹰的情况，见《美国使馆》，美国驻伦敦使馆，1989年。需要指出的是，35英尺展翅的美国鹰并没有像批评者说的那样遮住整个立面。立面宽度是固定在五层楼顶的鹰的长度的10倍。有可能走近建筑时根本注意不到上面的鹰，但也有可能会引起人的注意。关于沙里宁所做的汇报，见建筑咨询委员会会议纪要，1958年2月24日，第5页。

40. 有关施莱弗尔的评论，见朱迪思·莱纽斯的录音访谈，1982年5月10日，国家建筑博物馆档案。“伦敦的美国新使馆受到赞扬和批评”，《纽约时报》，1959年11月20日。有关国会的评论，见众议院外交事务委员会国务院机构和外交项目小组委员会：《外交建筑法案修正案，1959年》，H. R. 9039听证会，86届国会第1次会议，1959年7月8日，第141页；参议院外交关系委员会：《外交建筑法案修正案，1963年》，H. R. 5207听证会，88届国会第1次会议，1963年5月7日，第12页；众议院外交事务委员会国务院机构和外交项目小组委员会：《外交建筑法案修正案，· 1963年》，H. R. 5207听证会，88届国会第1次会议，1963年2月27日，第92页；众议院外交事务委员会国务院机构和外交项目小组委员会：《外交建筑法案修正案，1960年》，H. R. 9036和H. R. 9998听证会，86届国会第2次会议，1960年1月26日，第28页。

41. “伦敦引发争议的建筑”，《建筑论坛》114期，1961年3月，第81—85页。《伦敦时报》的报道也被引用在上面的文章中。沙里宁的声明出现在“美国使馆”，《建筑师和建筑新闻》，1960年12月7日，第6页，还发表在《建筑论坛》，1961年3月，第85页。

42. 阿特金森：《伦敦格罗夫纳广场的美国使馆建筑》，第258页。

43. 《鹿特丹商业报》，1995年2月28日，第11页。

44. 沃尔特·瓦格纳：“荷兰的美国使馆设计受到了抗议”，《纽约时报》，1957年4月23日。

45. 谢普利赴维也纳和伦敦的出差笔记，1954年9月15日，外交建筑局杂项档案。

46. 沃克:《赴伦敦、都柏林、海牙的出差报告》,1955 年 8 月 11 日,外交建筑局杂项档案。

47. 建筑咨询委员会会议纪要,1955 年12 月12 日,第4 页,1956 年1 月16 日,第2 页。

48. 建筑咨询委员会会议纪要,1955 年8 月16 日,第2 页。

49. 见“一种新的承重墙”,《建筑实录》120 期,1956 年 12 月,第 171—176 页;“布劳耶设计的阿姆斯特丹郊区办公楼”,《建筑实录》126 期,1959 年 8 月,第125—134 页;“马塞尔·布劳耶的近期作品”,《建筑实录》127 期,1960 年1 月;布劳耶:《阳光和阴影》。

50. 建筑咨询委员会会议纪要,1956 年 5 月15 日,第2 页。

51. 瓦格纳:《荷兰的美国使馆设计受到了抗议》。

52. 沃克致谢普利、贝鲁斯基、贝内特的信,1956 年10 月25 日,谢普利文件。

53. 《BOUW》,1959 年7 月25 日,第871—872 页。

54. 同53。

第十章

都柏林项目僵局

1957年,《生活》杂志年终特刊刊登了题为《美国的海外世界》专辑，并配以效果图和照片介绍了美国在伦敦、新德里、巴格达、阿克拉以及曼谷的使馆项目。专辑强调了外交建筑同美国全新的外交利益与使命之间的联系，专辑出版的同时，纽约举办了一场同一主题的建筑展览。展览的赞助方包括美国建筑师协会纽约分会、纽约建筑联盟、《生活》以及《建筑论坛》。《建筑论坛》还发表了一篇长达10页的文章介绍外交建筑局及其许多在建的项目。[1] 美国建筑师协会曾于1954年在华盛顿主办首次外交建筑局成果展，把外交建筑项目作为展示其会员作品的舞台而给予一贯支持。1957年，在美国建筑师协会百年庆典上，协会主席利昂·夏特兰向副国务卿帮办亨德森颁发了荣誉奖状，肯定了外交建筑局的杰出成就。外交建筑项目赢得了广泛赞誉，取到了很高的成就，似乎稳稳地成为了美国外交政策的一个组成部分。而外在表象是带有欺骗性的，就在庆功的同时，外交建筑项目也陷入了严重的麻烦之中。

1958年，谢普利致函副国务卿克里斯蒂安·赫脱，信中提到了社会上对外交建筑项目的称赞，但他的本意是想提请赫脱注意那些可能很快会有损于外交建筑项目的问题。谢普利之所以致函赫脱说明他的担忧，是因为他相信对建筑感兴趣的赫脱能听得进他的建议。他要让赫脱知道，有人正企图把一些“保守主义分子”塞到咨询小组中，他说有人想通过将外交建筑局与其他的政府房地产机构合并来破坏外交建筑局，使之降格为“普通平庸的政府机构”。[2] 谢普利还回应了有关外交建筑局局长休斯正计划把外交建筑局的项目（和他本人）转交负责所有国内政府房地产项目的联邦总务管理局（GSA）的传言。他敦促赫脱介入，以免外交建筑局的建设任务受到损害。谢普利告诉赫脱（赫脱曾在哥伦比亚大学建筑学院短暂学习，并且也曾做过外交官）：“这将是你对我们国家建筑事业的最好贡献”。谢普利恳请他不要让曾给政府带来巨大荣誉的外交建筑项目受到无辜伤害。

谢普利正确感知到即将会出现的问题，但却错误判断了造成问题的原因。正当谢普利和他的同事为优秀建筑师的匮乏、设计标准的降低、顽固的保守派被委派到建筑咨询小组、政府可能重组等等状况而感到痛惜之时，他们所没能看到或仅仅模糊理解的是，来自国会的压力才是对外交建筑项目的最大威胁。1957 年，亨德森在参议院外委会作证时表示，现有资金授权已不能满足下一年外交建筑项目的需要。外交建筑局局长休斯向国会申请 1 亿美元的五年期建设项目也遭到了拒绝。

当国会再次就国务院的拨款举行听证会时，海斯已经成为众议院外交事务小组委员会的主席。1959 年，休斯向海斯的小组委员会证实，外交建筑局只剩下 1 009.5 万美元的经费，而且全部是外币。由于外交建筑局的美元拨款已经用完，无力再用美元支付美国建筑师和承包商，也无力支付在美国国内采购的电梯、空调、管道或其他物品和服务。休斯将 1959 年的两年期项目拨款申请减为 5 000 万美元。[3] 但外交建筑局在 1959 年并没有得到任何新的资金，此后的 1960 年、1961 年、1962 年皆是如此。在这四年间，外交建筑局只能削减项目数量、中止所有新项目、暂缓在建项目，同时也不再召集建筑咨询小组评审新项目。

外交建筑局还有三个潜在的资金来源：剩余的对应资金或信贷，出口美国剩余农产品的收入（即最初的“食品换和平”计划），以及出售现有房地产。但即便是把这三项加起来，也无法满足整个外交建筑项目的需要。[4] 国外信贷倒是还有，但和美元一样，它也必须得到授权才能使用，而国会也不再倾向于简单地把这些国外信贷视为正在流失的资产，非要通过新的外交建筑项目来弥补损失。更有甚之，这些由财政部掌握的 9 亿多美元国外信贷，92% 被指定为军用专款和其他一些特定用途，剩余可供支配的建设资金也只够用于美国在 80 个国家中的 33 个项目。外交建筑局不能在不同国家间调配资金，除非调配国同属这 33 个国家范围内部；外交建筑局也不能在那些具有重要战略意义的地方动用“食品换和平”计划基金。就像休斯 1959 年在证词中指出的那样，能使用国外信贷的国家中没有一个是新独立的非洲国家，而恰是这些新独立的非洲国家才是最迫切需要建设项目的。出售现有房地产所得仅仅是作为预算的补充，而外交建筑局根本不可能靠房地产项目投机来维持运作。

都柏林使馆作为关键的待建项目曾被搁置，最终是通过出售剩余资产才得以完成，但该项目从一开始就饱受争议。工程开始之前，共和党议员鲁尼就破坏了项目气氛，他把项目地皮和周边环境形容为“贫民窟”（图 108）。[5] 鲁尼总是想方设法给有很多爱尔兰裔的布鲁克林选区留下印象，为此他经常造访爱尔兰首都。他对当地情况的评论无非是想告诉选民他曾到过那里，但不管是什么初衷，他的言论已经伤害了都柏林当地人民的感情，美国驻都柏林使馆面临着缓和同当地民众关系的尴尬公关局面。在海斯扬言要砍掉这个项目后，美国驻都柏林使馆官员不得不去消除都柏林市民的疑虑，让他们相信美国仍然打算在这里新建使馆。肯尼迪总统的当选开启了美爱两国更紧密的关系，这使得美国驻都柏林使馆项目变得尤为重要，而新建使馆也随即在外交优先议题中变得越发重要。

这块位于埃尔金路和彭布罗克路交汇处的三角形地皮是 1955 年购买的。地皮所在的伯斯布瑞治区进行了部分商业开发，但绝大部分建筑是一排排砖质住宅，划分出一条条街道。该地皮距市中心的公共建筑和旅游景点（如乔治亚风格的一些地标性建筑和爱尔兰三一大学）有相当的距离。虽然在城里，但和原来使馆办公所在地——著名的梅林广场却有一段路程。原来的办公地在两幢由住宅粗陋改造成的砖质小楼里。[6]

1955 年夏天，沃克代表外交建筑局到都柏林考察了一系列拟议中的地皮，结论是使馆办公楼应设在梅林广场。[7] 他坚持认为其他地皮都缺乏特色，并向外交建筑局的同事指出，梅林广场正对议会大楼，具有特殊的政治要义。但因为广场地皮的高额费用和建筑上的限制等诸多原因，沃克的建议被驳回，最终购买了伯斯布瑞治区的这块地皮。

梅林广场旧使馆的办公条件不能再糟了。格兰特·斯托克戴尔大使1961年5月给肯尼迪总统写信，他形容使馆的状况是“令人耻辱的……在我以前所有工作过的联邦、州和市的建筑中，没见过比都柏林使馆更糟糕的了”。[8] 斯托克戴尔急切呼吁总统责成国务院加快新使馆的建设。他说新使馆的方案早在1958年就有了，当地官员也“满怀热情地”批准了方案，而声名狼藉的前任大使麦克里奥德却在三年任期内没能推动这一工程。斯托克戴尔把项目延误归咎于海斯和他的小组委员会，他告诉总统，爱尔兰人认为所谓的“设计争议”只不过是用来掩藏美国人不想新建使馆的诡计。为保证总统能读到这封信，斯托克戴尔还随函致信总统秘书，让她看着总统读这封信。他在信中说，“我无法找到其他言语来强调在都柏林新建使馆的重要性了”。[9]

所谓的“设计争议”包括建筑师约翰·约翰森的设计，他是1956年底受聘于外交建筑局来设计使馆的。约翰森毕业于哈佛大学，曾在纽约的SOM事务所工作，1948年成立了自己的事务所，1955年任耶鲁大学建筑系教授。1956年底，40岁的他赢得了都柏林项目。他后来说：“在那之前我只做过住宅设计，或许我无法胜任这项工作，但咨询小组的建筑师委员肯定了我的才能，他们说既然你能设计出这么好的住宅，就一定能设计出好的使馆”。他认为自己之所以会被选中，是因为当时他正处于创作的“新古典主义风格阶段”。[10]

1956年11月，由谢普利、贝鲁斯基和贝内特组成的咨询小组推荐了约翰森，在1957年5月约翰森提交第一轮方案的时候，威廉斯已经取代了谢普利。这轮方案是带有开敞天井的方形平面，框架和玻璃结构，共四层，上部三层被处理成一整片简洁的体块，下部一层是实体。[11] 建筑咨询小组认为底层没有提供足够的办公空间，通道“局促”，开放式天井小而不实用，上部三层采用的双走廊浪费空间。另外，建筑咨询小组还认为长长的悬梁和粗大的柱子“会给人以比例笨重的感觉”，“通体的玻璃”和“弧线的吊顶”让人感觉是“舶来品”（也许是宇宙飞船），要求建筑师重新修改。

一个月后，约翰森带来了修改后的图纸和模型。会议纪要显示，“立面仍有很大修改空间”，“平面过于注重美学，牺牲了功能”。咨询小组再次提醒约翰森底层需要更多的空间用作领事和新闻办公室，还建议减少出入口以提高安全性。约翰森为他的方案辩护，解释说都柏林对建筑的多种限制和怪异的地形使他很难修改设计。会议纪要中出现了一些罕见的评论，贝鲁斯基表示对方案特别失望，休斯则“认为方案不合适……而且同周围建筑很不协调”。在后来被删掉的一段记录中，休斯甚至指责约翰森抄袭都柏林新建的“现代主义风格的公交终点站”。在一次行政会议后，休斯告诉约翰森，建筑咨询小组不会批准他的设计。与以往不同，他们建议建筑师“推翻整个设计”并提交一套全新的可解决问题的方案。[12]

9 月，约翰森提交了又一轮六边形的方案。建筑咨询小组肯定了这个两层建筑较之前的要好，但对突出的阳台和外部垂直的装饰带提出了严重质疑，他们对在都柏林需要这么多遮阳装置表示不解。约翰森解释说这些元素“是为了丰富立面造型”，而不是为了遮阳。他请求改进另外一个备选方案，虽然咨询小组成员有些犹豫，但还是同意他继续设计。

如何避免“博览会式”的建筑外观以及如何体现使馆的“庄重性”，是困扰谢普利、贝鲁斯基、内贝特以及约翰森的难题。同样在 1957 年，建筑咨询小组批评拟议中的墨西哥城使馆方案“缺乏使馆应有的庄严”，华沙使馆方案是“博览会式的建筑”。建筑咨询小组要求建筑师致力于“体现美国尊严以及更具外交代表性”的使馆设计。[13]

当约翰森带着他的三层六边形建筑的第四轮方案无功而返时，沙里宁已经接替了贝鲁斯基在建筑咨询小组中的职位。咨询小组似乎不知该如何评价这个新方案，他们做出了一些模棱两可的评价，如“还没完全达到要求”，“说不上是好是坏”，“做了很大努力但仍有待推敲”，“很有诗意但有些混乱”。[14]休斯的看法则比较具体，他告诉咨询小组，都柏林仍然是一个 18 世纪的城市，他“认为在那里建造一个设计过于极端的使馆很不合适，不论它是现代风格、乔治亚风格、文艺复兴风格或是其他什么风格”。咨询小组告诉约翰森他的设计不太合适，让他继续研究最新这轮方案，并提交

“与周边环境相协调的”建筑模型和图纸。

1958年1月，在审查了约翰森的设计模型后，建筑咨询小组转而又进行行政会议。当时的建筑咨询小组主席萨特斯维特大使表达了他对这个方案的不满，休斯则“告诉咨询小组他无法心安理得地批准这个方案”。咨询小组于是同意挑选另一位建筑师来承担设计工作。他们请约翰森回到会议上，说他的设计不符合要求，立面过于做作，当地气候条件并不要求遮阳装置，建筑缺乏稳重感——而这在都柏林要比玻璃笼子的设计风格重要得多。咨询小组并没有解雇约翰森，而让他自己选择是继续拿出全新方案还是退出。约翰森对此表示理解，并选择继续“新的设计”。[15]

一个月后，约翰森带来了另一套设计方案，但咨询小组反应平平。委员们反对开窗的设计、外部材料的比例以及底层全部采用玻璃的手法。方案再次被否定，他们认为约翰森需要建筑咨询小组建筑师的协助。虽然并不清楚建筑咨询小组在接下来的方案修改过程中发挥了多大作用，但5月份递交的方案却让咨询小组很满意。受凯尔特塔和都柏林其他一些标志性建筑的启发，约翰森提出了圆柱形的方案。[16]这个造型对于两侧邻街的三角形地皮还是有效的。约翰森对这个方案充满热情，咨询小组最终也认可了。

其他提出过类似设计主题的建筑师就没约翰森那么走运了。例如，桑顿·拉德就曾在1958年1月为尼亚加拉瀑布领馆办公楼提交过圆形方案，但建筑咨询小组当时却说圆形设计更适合教堂、机场或饭店。咨询小组告诫拉德不要把他的项目当作“个人展示的场所”，而应该是“简单而又庄重的建筑”，并且指出，对于使用传统长方形办公桌的办公室，圆形平面不合理。[17]建筑咨询小组担心的另一个问题是：圆形建筑很难扩建，而所有新使馆都应该是可扩建的。但他们对都柏林项目就没有考虑这些因素，也忽略了以前对“防御性外表”建筑的反对。安曼项目就被批评外观像“堡垒”，建筑咨询小组也曾因同样原因否决了喀布尔使馆方案。[18]尽管约翰森的方案至少看起来有些像中世纪的城堡，但还是被咨询小组审慎地通过了。虽然休斯在不同会议上表达了保留意见，但当该方案遇到海斯严厉抨击的时候，休斯还是力挺约翰森。

1959 年 8 月，在都柏林项目进入第三个年头后，外交建筑局已向约翰森支付了超过 3.5 万美元的设计费，但海斯在看了模型照片后，却要求休斯停止这个项目。[19]他觉得方案就像一个“现代派陵墓”。海斯的同僚，来自威斯康星州的民主党议员克莱门特·查布劳斯基把约翰森的方案比喻成“一摞烤饼上顶着一块黄油”，密歇根州共和党议员阿尔文·本特利则把它称作“史前巨石柱”。海斯不相信休斯所说的爱尔兰官员已满怀热情地接受了该方案，并断言这一定会损害两国关系。对于爱尔兰以前就有圆形及曲线形建筑的解释，他们根本听不进去。

休斯继续支持约翰森的方案，但他的上司——副国务卿帮办亨德森表示，如果海斯的小组委员会能递交一份书面报告明确表达对该方案的反对意见，并愿意承担取消该项目的全部责任，那么可以考虑放弃该项目。精明的海斯没有上这个圈套，他坚持该项目不应得到拨款，并要求对今后的项目享有“审查权”。他还煞有介事地辩白说，“上乘品味”并非建筑师才有。[20]

身在旧金山的沃斯特得知双方僵持的消息后，写信给休斯表达了对都柏林项目和休斯受到“煽动性攻击”的忧虑。1958 年底接替贝内特进入建筑咨询小组的沃斯特并没有要求休斯坚持立场。相反，他问是否有可能修改方案，哪怕支付双份设计费。沃斯特在信中写道：“这个方案可能会毁了外交建筑局全部的美好计划”。[21]其他人也同样关心外交建筑局未来的命运。一个月后，休斯向建筑咨询小组汇报了外交建筑局的预算问题以及国会对项目的反对意见，建筑咨询小组同意召约翰森回华盛顿汇报情况。

1960 年 1 月，亨德森会晤了建筑咨询小组成员并向委员们强调了“在此类事情上与国会保持良好关系”的重要性。[22]他对都柏林项目表示特别关切，要求咨询小组想办法修改方案以满足海斯的意见，他还建议咨询小组和海斯的小组委员会举行会议。与此同时，约翰森也对微妙的政治局势做出了反应，他重新做了方案——由两个相互交错的预制混凝土单元组成的双螺旋形建筑，它比上一轮方案更为复杂，造价也更高（图 109）。但海斯仍不同意该方案。海斯并不想做任何让步，而是坚持要从当时的形势中获取利益，因此该项目仍没能得到拨款。直到1961年初肯尼迪总统入主白宫的时候，这个被鲁尼戏称为“鼓”的设计方案仍在争论之中。[23]

海斯通过狠狠打压休斯来抬高自己的政治地位，声称只要休斯执掌外交建筑局，他就永远不会同意给外交建筑局拨款。他还散播毫无依据的谣言，诬蔑休斯从出售百慕大房产中牟利。他还非正式地告诉一些记者，国务院因一些“丑陋”和不恰当的使馆建筑而陷入麻烦。尽管并不情愿，但亨德森还是不得不解雇了休斯，把他派往拉巴斯的美国援外使团（后来休斯当了驻朱亚雷斯总领事）。1961年，詹姆斯·约翰斯东接手外交建筑局。约翰斯东掌权后，还额外担任了负责驻外建设的助理国务卿帮办一职，这一举动显示出已被认可的外交建筑局的重要性。在肯尼迪政府全面接管国务院并在要职安插自己亲信的1961年，亨德森也退休了（在离开国务院之前，亨德森做了最后一次海外旅行，当时艾森豪威尔总统派他前往非洲为10多个新使馆选址）。在政府改组中，鲁尼趁机让他的党羽克罗基特当上了负责行政事务的助理国务卿。

回顾这一事件，休斯对政治诉求的固执己见和傲慢态度令人感到费解。当已然有建筑咨询小组委员严厉质疑都柏林方案，并且几乎决定解雇约翰森的时候，休斯仍然拒绝做出修改，这或许是他固执个性的最鲜明例证。不了解外交建筑局历史的人后来赞赏休斯“使建筑远离政治”，他们过高评价了休斯作为建筑拥护者和政策改革者的作用，错误地认为是他建立了建筑咨询小组并挑选建筑师。[24]当然，休斯也的确极力袒护外交建筑局的建筑和设计审查程序，但他拒绝修改都柏林方案是因为他个人不愿与海斯合作，他认为这种合作是对行政特权的妨害。诚然，海斯也同样傲慢，但不同的是，他手里抓着外交建筑局的钱袋。

约翰斯东和克罗基特的到来标志着国务院同国会的关系更趋走暖。例如，当海斯形容马德里使馆是“丑陋的美国建筑”时，克罗基特也附和他，并承认马德里使馆是“最糟糕的美国现代建筑”。克罗基特和约翰斯东都宣称要和海斯密切合作，海斯也对他们的合作姿态表示赞赏。他对国务院出席听证会的人说，“坦白地讲，一般的国会议员对外交建筑项目毫无兴趣”；但他强调，不论什么样的项目，都必须能在众议院面前证明是合理的。他保证不会与国务院作对，愿意“公平友善地”对待国务院的利益。他还谴责国会中有些人“总是喜欢拿国务院当替罪羊”，同时也谴责国务院有些人看不到与国会合作的必要。他诚恳地表示，“我们做的其实是同一件事，那就是不断向前推进美国的世界利益”。[25]后来，当海斯在众议院赞扬克罗基特和约翰斯东时说，希望这不会“给他们在国务院造成不良影响”。他还说每当有国务院官员和国会友好合作的时候，国务院就会马上踢开他们。他再次重申不希望由于他对约翰斯东和克罗基特的赞扬使他们丢了工作。[26]

国务院和国会新型和谐关系的直接成果就是修改后的外交建筑局建筑政策，该政策于 1961 年 5 月由克罗基特在新一届政府任内的首次建筑咨询小组会议上宣布。他任命自己为建筑咨询小组主席，并明确表示要做一个参与实际工作的行政管理者。约翰斯东在会议记录中提到，他和克罗基特会晤了咨询小组成员安德森、拉尔森和沃斯特，并和他们讨论了“国务院有必要对建筑风格，建设和运营的经济性、实用性，以及安全性更加敏感”。新的建筑政策主要有如下关键要素：方案应该实用并且特别注重功能方面的需求，注重和环境相适应；方案不应具有争议性——既不能过于实验性也不能过于现代性（“为争取更稳重的建筑特征，应避免过分装饰和极端的建筑类型”）；方案应是对称的，建筑应和周围环境相和谐；建筑应被有效使用并易于维护；应考虑今后扩建的可能性；应“最大限度考虑”安全性（这是第一次在设计要求中提出安全问题）。[27]

克罗基特已经向海斯说明了这些新政策。他在记录中写道，“事实上，海斯表态说只要国务院能遵从这些政策，他的委员会就不会有任何问题”。约翰斯东的记录中则说，委员们要是能很快明白政治形势的含意并“接受新政策”，将是非常可喜的。[28]当然，委员们明白，如果他们不同意新政策，咨询小组就有可能被永远解散。他们认为，为一两个工程而损害外交建筑局的整个项目是非常愚蠢的。对他们而言，最重要的就是保护这项可能让许多建筑师受益的建设项目，并继续运作下去。

意识到国务院和海斯之间的妥协将使建筑咨询小组面临权威性被削弱的危险，美国建筑师协会加紧了游说工作。1961 年，美国建筑师协会主席菲利普·威尔致函新上任的国务卿鲁斯克，代表美国建筑师协会对外交建筑项目表示赞赏，并要求鲁斯克保留建筑咨询小组。威尔强调外交建筑项目取得的成功很大程度上归功于国务院使用了“高素质的建筑师”。他告诉鲁斯克，美国建筑师协会正在“向负责国内公共建筑的其他政府部门”推广外交建筑局的模式。与此同时，威尔还致函参与外交建筑局项目的建筑师，向他们征求强化这一模式的意见。[29]

巧合的是，威尔和新任命的副国务卿帮办罗杰·琼斯是老友，琼斯后来被要求在海斯的小组委员会上作证。他提到了与威尔的友谊，以及威尔作为美国建筑师协会主席向他提供了有益的建议，并坚决维护咨询小组和建筑师筛选程序。[30]约翰斯东也为新的建筑政策辩护，并否认建筑咨询小组成员在外交建筑局“做手脚”。

建筑咨询小组幸存了下来，但国会明确表示不希望再看到像 20 世纪 50 年代那样设计开放、但又常常不实用的建筑。新的建筑政策是对 1953 年肯沃西建筑政策的首次修改，是希望继续推进外交建筑项目的国务院官员同希望有更大发言权的国会议员间的政治妥协。

肯尼迪总统要处理的公务远比都柏林使馆重要，但他也确实对改善“爱美关系”抱有巨大热情，尤其是发扬光大他的爱尔兰传统。当时刚刚爆发了灾难性的古巴入侵事件，柏林危机还在延续，斯托克戴尔大使再次致信肯尼迪总统，说他听到国会可能会批准都柏林项目的传闻。“我想不到能有什么比建设使馆更有利于美国外交官和爱美关系的事了”。[31]政治和外交的紧迫形势都要求肯尼迪总统介入，这是因为都柏林人都热切期盼这一项目，它也是美国在海内外具有象征意义的重要工程。据约翰森讲，他和肯尼迪总统早在乔特中学和哈佛大学时就认识，虽然没有证据表明这层关系影响了都柏林项目，但休斯等人很可能因为约翰森与总统或真或假的特殊关系而对他格外关照。

只要海斯和国务院的对抗一直存在，都柏林项目就不会有进展。但9月份，事情出现了转机。国务卿鲁斯克写信告诉总统，如果总统能写信给海斯表示赞同设计方案，海斯将收回反对意见。[32]不久，就有白宫官员打电话给约翰斯东了解项目情况。约翰斯东马上带着图纸前往白宫向总统汇报。肯尼迪看了两个方案——一个单螺旋方案和另一个更具实验性、造价也更高的双螺旋方案，他选择了前者。

约翰斯东草拟了一封由总统签名的短信给海斯："我同意这个设计不会让所有人都满意，但考虑到重新设计会耽误时间和增加花费，不妨就采用现有的设计"。三天后，海斯回信对总统表示感谢，保证将遵从总统的意愿，并暗示他会建议约翰斯东按现有设计方案进行。[33]虽然海斯小组委员会的同事仍然强烈反对，但海斯很快说服了他们。

约翰斯东很自然地把这次逆转看作是外交建筑局和国务院的胜利，但海斯却把它视为对国会权威和个人力量的检验。在他看来，总统阁下亲自请他收回反对意见并允许工程开展下去，是对他非同寻常的重要性的认可，他赢得了这场胜利。[34]对于这位从俄亥俄州来的农民的儿子，这真是一次令人欣喜的成功。

都柏林新使馆最突出的特点在于它是圆形建筑，这使它在整个城市中鹤立鸡群，引人注目。在早期拍摄的，特别是建筑内部亮灯的夜景照片上，使馆显得非常虚幻。墙体表面波光粼粼，仿佛大楼围绕着轴心缓缓旋转（图110、图111）。虽然不是一个宏大的建筑，但在形状怪异的广场和星星点点的树木映衬下（现在又加上了安防用的路障），显得动感十足。使馆地下两层，为车库、商店和机械设备仓库；地上三层，中央是宽敞的圆形共享大厅，伸出屋面以上，带有高侧窗。使馆工作人员讲，这个直径50英尺的圆形大厅，白天自然采光非常充足，夜晚有点点星光，是再合适不过的接待和活动场所。走廊和楔形办公室沿圆形大厅周边布置（图112、图113）。

建筑外围环绕着一圈干涸的壕沟，来访者最初可以通过两条架在壕沟上的砾石路进入使馆（图114、图115）（现在，所有到访者只能通过带有安检的唯一入口进入）。主入口上方是华丽的金色美国鹰，虽不像伦敦使馆的美国鹰那么巨大可怕，却足以强调建筑的特殊用途（图76）。建筑底层采用粗花岗岩石块，加上吊桥式入口和布满石头的壕沟，将这个现代建筑同早期的爱尔兰纪念性建筑联系了起来。

根据建筑师的要求，机械雕琢的石灰石预制构件在荷兰加工，并被小心地海运到都柏林。垂直的支撑构件成90°角，间隔着镶嵌着大块的矩形平板玻璃和窄窄的、可开启的矩形窗（那个双螺旋的方案，支撑构件将会扭成180°，玻璃板也将是倾斜和弯曲的）。使馆虽然规模不大，但却为美国在都柏林树立了强烈的视觉标志。虽然有些人对它感到困惑而不是欣赏，但它还是成功的。建筑师也承认外交建筑局要求使馆“融入周围的砖质建筑中”，所以很难理解为什么他会有这样的创意。约翰森自己的解释是，都柏林优秀的建筑用的都是石灰石，而不是砖，他只是通过预制的手法重新使用了石灰石。圆形结构在当地早有先例，虽然皇家乔治亚学会反对他的设计，但都柏林人却希望看到创新，他们鼓励建筑师“不必拘泥，我们非常希望看到真正的美国建筑”。[35]约翰森运用新方法和材料做到了这一点。

尽管海斯认可了方案，但政治上的矛盾并没有完全化解。由于一再拖延，项目开支已经从88万美元攀升到110万美元。当约翰斯东向海斯的“死敌”鲁尼申请拨款时，遭到了拒绝。鲁尼说他已经给了都柏林项目拨款，不能再追加。虽然他先前对使馆选址颇有微词，但并不想阻挠使馆工程开工。但对海斯的强烈仇视使他想利用这个拒绝提供资金的机会显示自己的政治能量。

由于外交建筑局有权出售剩余的房产并用以资助外交建筑项目，所以约翰斯东出售了在巴黎和安特卫普的一些房产来填补都柏林项目的缺口。在1962年开工典礼前夕，斯托克戴尔大使致电白宫表示，“这或许是美爱关系史上最重要的、具有实质意义的事件。这主要归功于总统，他为这个历时十年的计划的启动付出了巨大努力”。[36]使馆于1964年5月竣工。

主流刊物普遍赞赏这一工程，弗尔诺·乔丹在《建筑评论》上评价其为“卓越之作”。1969 年，爱尔兰国家文物信托基金会授予使馆最高荣誉，称它“有效发展了位于城市主干道上的显要街角，建筑比例与周围环境和特征协调一致，又与周围建筑并不雷同，同附近的树木、街景相得益彰”。[37]

都柏林使馆或许是建筑师能够自由尝试使用混凝土和玻璃的最后一个项目。约翰森在最终的设计中把新技术的运用发挥到了极致，试图建造一个被其他建筑师推崇的创新卓越的典范。都柏林使馆是他第一个非住宅项目，他希望能引起关注。这个项目当然不是海斯要求的设计，也不符合外交建筑局 1961 年的建筑政策。但国会对都柏林项目的批评并没有影响最终方案。正如海斯早前说过的，大多数国会议员并不关心使馆项目，对建筑也无甚兴趣。

都柏林项目的解决并没有立即使外交建筑局摆脱财政上的窘境，相反，尽管获得了海斯的支持，国会还是未能通过一项价值 3 180. 6 万美元的两年期拨款法案，而这已是之前提出的 4 018 万美元四年期拨款的折中方案了。很自然，每当拨款数目被削减，就有项目被停滞或放弃。海斯的小组委员会已经一致通过了该拨款法案，把它当作对外交建筑局施加新制约的一种手段。法案规定根据地域分配资金，限制了外交建筑局在不同区域间，例如在欧洲和非洲间调拨款项。法案反对建造住宅或办公住宅综合体，因为这会造成美国人聚居而脱离当地生活，法案还坚持尽可能购买并使用美国产品。法案第一次规定了外交建筑项目的永久性拨款授权，并取消了外交建筑委员会的职能，因为在被外交建筑局取代后，它已经失去了实质意义。

众议院通过了以上的 1962 年拨款法案，但在夏秋之交提交参议院时，有两位议员提出了禁止在首都华盛顿住宅区建设外国使馆的修正案。[38]这反映出华盛顿地区的很多居民对使馆带来的交通问题和发射装置非常反感。说客们说服富布莱特对拨款法案附加修正条款。这些修改使得拨款法案必须再次提交参众两院联席会议协商。海斯和富布莱特都错误估计了修正案的影响，认为拨款法案无论如何都能通过。但结果相反，会期时间所剩无几，法案搁浅。外交建筑局由于没有筹得资金而损失了下一年的项目。

缺乏拨款使安德森、拉尔森以及沃斯特都很失望，建筑咨询小组的会议也被迫暂停，这还损害到一些已获得外交建筑局项目的建筑师的利益。但影响最大的是要在非洲、亚洲国家新建或改善美国使馆的外交官们。

这项影响了拨款法案的修正案是国会向国务院发出的强烈信号，即取消外国使团在华盛顿享有的特权。为帮助外国使馆在市区找到合适的地皮，国务院在华盛顿西北部、原国家标准局占用的一块 47 英亩的地皮设立了使馆区，足可容纳 22 个使馆。国务院鼓励各国建设反映本国特色的使馆——这多少与国务院对美国使馆的建筑政策相反（该使馆区目前已有奥地利、巴林、埃及、加纳、以色列、约旦、科威特和新加坡建馆*）。

1963 年，一项为期两年、总额 4 982.4 万美元的拨款法案再次被提交国会，其中 2 632.4 万美元是用来购买、建造和长期租用使馆，2 350 万美元用于使馆的运营维护。参众两院相关委员会都通过了该法案，但众议院有些人却表示反对，认为这是一项使外国人而非美国人获益的、没有必要的海外援助。批评者质疑为何要把本应拨给联邦调查局这样的机构、会有更好用途的资金转给了外交建筑局，甚至认为这些钱用在国内建设可以降低失业率，并谴责纳税人的钱被花在了“不稳定”的地方。阿尔伯特·沃森议员说，“我们建造的使馆可能被我们的反对者，例如卡斯特罗征用……明智的做法是在这些国家继续租用使馆，直到有稳定并负责任的政府”。[39]

沃森的担心并非没有道理，包括巴格达和摩加迪沙在内的一些美国使馆在建成后不久就在政治动荡中受到冲击（在海斯和众议院的反对声中，耗资 3 500 万美元的摩加迪沙使馆就在 1991 年美国被迫从索马里撤走后，被当地歹徒洗劫一空）。有理由质疑在这些“不稳定”地方斥资建造昂贵的使馆是否值得，但这些地方也正是最需要使馆的——不仅为了显示美国的存在，还为在那里工作的美国人提供便利和安全。

在中断了两年之后，建筑咨询小组成员在 1963 年 5 月又重新聚在一起

* 最新建馆的还有中国使馆。——译者注

讨论外交建筑局的项目。此次会议非常重要，不仅讨论了新建筑政策的实施等一些主要议题，而且还有包括海斯在内的一些特别来宾出席会议。不仅海斯参加了讨论，整个众议院外交事务小组委员会、建筑师委员、外交建筑局官员还一起出席了国务卿迪安·鲁斯克举行的午宴（图 116）。鲁斯克表示希望使馆建筑不要过于矫饰和惹人争议，他认为最好的使馆应该是简单而又经久耐用的。[40]克罗基特主持了会议并向咨询小组的三位建筑师委员表示，他将逐渐推动新的外交建筑项目，控制建设成本，同时表示避免有争议的建筑并不意味着不支持好的设计。他引用都柏林使馆作为坚持不懈追求好设计的例子，称都柏林使馆已经得到爱尔兰媒体的热情赞扬。他呼吁停止“无用的设计”，指出外交建筑局手头有价值约 100 万美元派不上用场的方案。最主要的，他强调需要避免国会的批评，希望国务院能一如既往地得到建筑咨询小组和建筑界的支持。他说，“我们政策的基础就是用最好的建筑师设计出最好的使馆”。[41]这次午餐会是一个里程碑，因为它为高层行政官员、国会议员（有一位女议员）和建筑师提供了一次难得的面对面交流的机会。

午宴过后，建筑咨询小组成员聚在一起讨论诸如蒙得维的亚、科伦坡和马德拉斯等被耽搁了的项目，也讨论了一些即将展开的项目，包括“急需的”西贡办公楼和喀布尔、大不里士项目。其中，沃内基的曼谷使馆方案引起了特别关注。1957 年，该方案一经提出便受到广泛赞扬（图 55）。[42]但六年后沃斯特却说它“太过戏剧化”，将其比作马戏团布景，称其“不适合美国外交代表性”。他甚至谴责运用当地主题，说外交建筑不应“贬低当地建筑”。约翰斯东认为环绕建筑的莲花状湖泊既不实用，又给安防造成了困难。方案所引发的宣传效应使许多人误以为使馆已经建成，甚至有人告诉沃内基，他们在曼谷见到了这座建筑并很喜欢它。但政治形势的发展及外交建筑局对建筑风格要求的巨大转变导致该项目终结并影响了此后的设计方案。

同样是在这次会议上，约翰斯东要求建筑咨询小组成员审查一些建筑师的资质，贝蒂就是其中一位。委员们说，贝蒂“平庸的作品”决定了他只能设计“学校或者小型项目”。委员们还讨论了提名密斯或者KMK公司设计布宜诺斯艾利斯新使馆的可能性。但约翰斯东和克罗基特以及第一次参加（也许是唯一一次）建筑咨询小组会议的海斯想的却是其他事情。海斯向建筑师委员们作了自我介绍，说他既不是建筑师也不是评论家，只是希望确保新的外交建筑实用且成本合理。他提到了媒体最近对新德里官邸（斯东设计）的负面报道，强调“面对媒体的如此报道，很难让国会通过拨款法案”。委员们表示理解他的难处，沃斯特代表小组发言，同意“建筑应该实用，花费也应与其目的相符合”，但他同时还提出“建筑应该美观”。海斯想让众人放心，审议中的拨款法案将得以通过，外交建筑项目很快就会恢复运转。他竭力用他的真诚去打动建筑师委员，随后又给每位委员写信表明他的合作态度。从沃斯特的反应来看，小组成员接受了海斯的保证并热切期待审查新项目。如果他们意识到自己是被政治力量所推动，就不会这样想了。[43]

国会最终于1963年7月通过了拨款法案，给予外交建筑项目新的生命。由于此举带来的积极效应，建筑咨询小组遂于1964年1月开会并为一些新项目推荐建筑师。这些项目包括布宜诺斯艾利斯（密斯·凡·德·罗或爱德华多·卡塔拉诺）、伊斯兰堡（GBQC）、马尼拉（查尔斯·克里斯特）和蒙特利尔（卡塔拉诺或乌利希·弗兰泽），出席会议的委员包括拉尔森、安德森及1963年取代沃斯特的帕森诺伊。

伴随着外交建筑项目重新恢复运转，两件事情的发生预示着烦扰将至。第一个有征兆的事件发生在1964年8月，约翰斯东向建筑咨询小组报告近来在使馆安全上的问题。他指出在新使馆四周安装围栏、减少使用玻璃以及保护开口的必要性，并表示希望这种改变“不冒犯驻在国或错误地表达我们的恐惧”。[44]他特别要求建筑咨询小组在审查新设计时考虑安全因素。副国务卿帮办克罗基特在一次有安德森、帕森诺伊、沃斯特和外交建筑局官员参加的午宴上重申了国务院对安全问题的关注。他建议小组成员考察驻外机构，以便更好地了解情况。接下来，克罗基特采取了一个有可能令委员们高兴（或不安）的行动，即“每位咨询小组委员任满后均可承担一项外交建筑

图 110

图 111

图 112

图 113

图 110—113：美国使馆，都柏林，爱尔兰。约翰森设计，1957—1964 年。前页上，1964 年完工时的夜景。前页下，1992 年增加的安全防护栏和窗户防护。
本页上，内庭院。本页下，大使办公室。

图 114

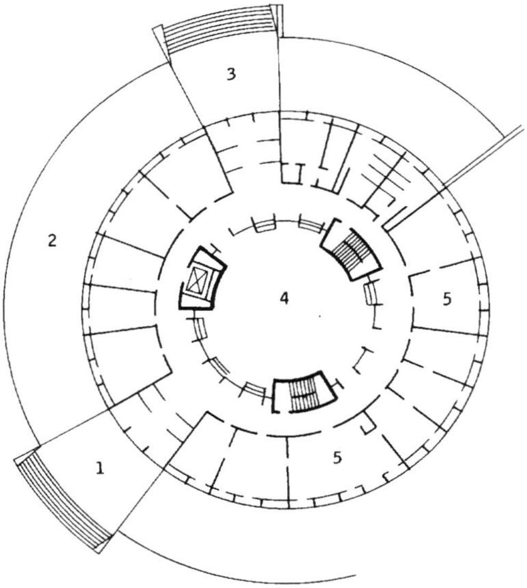

图 115

图 114、115：美国使馆，都柏林，爱尔兰。上图，鸟瞰图显示的壕沟和前美国新闻处入口。下图，平面。平面图源自 1964 年的《建筑论坛》。

1. 前美国新闻处入口
2. 壕沟
3. 主入口
4. 门厅
5. 办公室

图 116

图 116（上）：韦恩·海斯议员（右一）与众议院外交事务委员会国务院机构及外交项目小组委员会成员，建筑咨询小组成员，国务院官员在午宴前聚集在国务院的屋顶平台上，1963 年 5 月 9 日。由左至右：威廉·奥里克（负责行政事务的副国务卿帮办），E. 亚代尔议员，威廉·沃斯特（AAP），劳伦斯·安德森（AAP），迪安·鲁克斯（国务卿），爱德娜·凯利议员，罗伊·拉尔森（AAP），约翰·莫纳甘议员，海斯。

图 117（下页上）：美国使馆，尼亚美，尼日尔。罗伯特·贝蒂设计，1964—1970 年。

图 118（下页中）：美国使馆，惠灵顿，新西兰。罗伯特·贝蒂设计，1972—1977 年。正立面，从提那可里山上向南望。

图 119（下页下）：美国使馆方案，贝尔格莱德，南斯拉夫。雷蒙德和雷铎，1971 年，未实施。

图 117

图 118

图 119

图 120

图 121

图 122

图 120（左上）：美国使馆，科伦坡，斯里兰卡。兰迪设计，1961—1985 年。

图 121（右上）：美国使馆，达喀尔，塞内加尔。麦迪逊和麦迪逊国际公司设计，1972—1977 年。

图 122（下）：美国使馆，巴西利亚，巴西。HDR 公司设计，1971—1972 年。

图 123

图 124

图 123（上）：美国使馆，马德里，西班牙。门口的警卫。1991 年。

图 124（下）：美国使馆，雅加达，印度尼西亚。示威者翻越围墙。1994 年。

图 125

图 125：前美国使馆，阿克拉，加纳。1978 年建筑师维斯在中庭。在 20 世纪 50 年代曾是外交财富的使馆，其开放性在 70 年代为安防制造了麻烦。维斯重返使馆想研究是否有可能将其改造得能适应新的安全要求，但发现无计可施。使馆被迫重新选址。

图 126

图 127

图 126（上）：美国使馆，里斯本，葡萄牙。弗雷德里克·巴塞蒂设计，1978—1983 年。注意窗户上的护栏。

图 127（下）：美国使馆，吉隆坡，马来西亚。哈特曼—考克斯建筑师事务所设计，1980—1983 年。阳台装备了防弹设施。“它看起来友好”，建筑师说，“但它是按照堡垒建造的。”

图 128

图 129

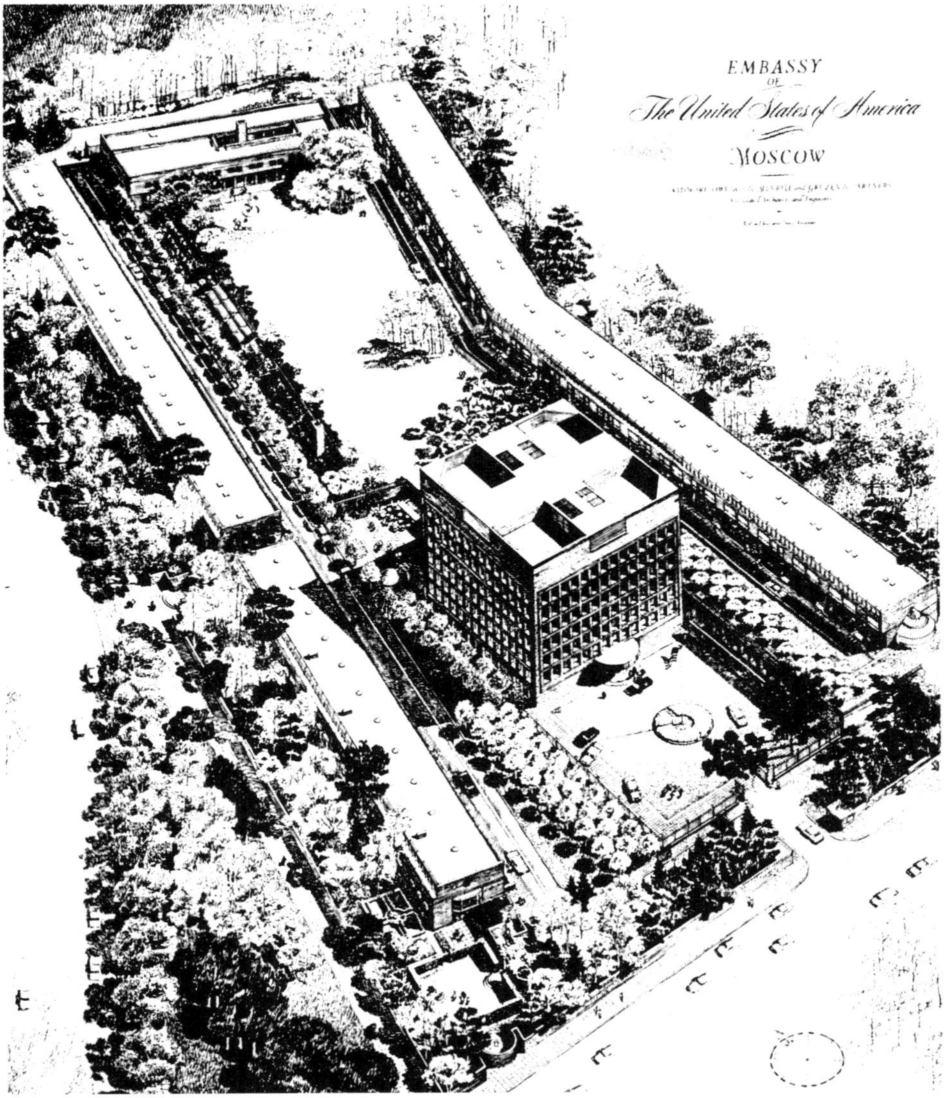

图 130

图 128（前页上）：美国使馆，达卡，孟加拉。KMW 设计，1983—1988 年。

图 129（前页下）：美国大使官邸方案，吉萨，埃及。麦卡夫设计，1982—1986 年。在发生施工丑闻后出售。

图 130（本页上）：使馆建筑群，莫斯科，俄罗斯。SOM 设计，1973—1985 年。1985 年部分完成。

图 131

图 131—134：前美国使馆，摩加迪沙，索马里。欧登斯—努普事务所设计，1984—1990 年。

上图，总图。

下页上，士兵守卫的主入口。下页左下，围墙。下页右下，国旗和花架。使馆在 1991 年被索马里暴徒袭击后废弃，之前，海军陆战队和海豹突击队展开了惊心动魄的营救行动，营救了美国外交人员。

图 132

图 133

图 134

图 135

图 136

图 135（上）：美国使馆建筑群，萨那，也门。CRS—西林公司设计，1986—1990 年。

图 136（下）：美国使馆建筑群，安曼，约旦。PDRP 公司设计，1988—1992 年。占地面积超过 6 个足球场，围墙高达 9 英尺。

图 137

图 137：美国使馆，安曼，约旦。庭院。

图 138

图 139

图 138（上）：美国使馆建筑群方案，科威特。RTKL 设计，1992 年。

图 139（下）：美国使馆，马斯喀特，阿曼。波尔夏克合伙人事务所设计。1981—1989 年。

图 140

图 141

图 140（上）：美国使馆，曼谷，泰国。KMW 设计，1994—1996 年。

图 141（下）：美国使馆方案，利马，秘鲁。Arquitectonica 事务所设计，1992—1996 年。

图 142

图 142：美国使馆，圣地亚哥，智利。里奥纳多·帕克尔公司设计，1987—1994年。室内。

图 143

图 144

图 143（上）：美国使馆方案，波哥大，哥伦比亚。Integrus 公司设计，1987—1996 年。

图 144（下）：美国使馆，乔治敦，圭亚那。谷口吉生设计，1983—1991 年。

图 145

图 146

图 145（上）：秘鲁士兵守卫美国使馆，1995 年。

图 146（下）：美国使馆，奥斯陆，挪威。沿建筑东南侧的停车位。建筑各面均临街，缺乏防护。

图 147

图 148

图 147（上）：尼古拉斯·萨哥大使（右一）1991 年在乌克兰基辅，与外交建筑局建筑师在一起。（从左至右）詹姆斯·高宾，玛丽·莫查利，约翰·席尔伯恩。

图 148（下）：美国使馆，里加，拉脱维亚（1991 年获得）。前建筑工程部大楼。

图 149

图 150

图 151

图 149（左上）：美国使馆，明斯克，白俄罗斯（1991 年获得）。

图 150（右上）：美国使馆，奇努，摩尔多瓦（1991 年获得）。

图 151（下）：美国使馆方案，比什凯克，吉尔吉斯斯坦。外交建筑局（凯文·萨林，项目建筑师）和顾问建筑师，1996 年。卡尔曼工业公司和 M. F. 马龙公司联合施工。

图 152（下页）：美国领馆，大阪，日本。大仓达也设计，1981—1987 年。它取代了山崎实 1954 年设计的神户领馆。

图 152

图 153

图 154

图 153（上）：模型，美国使馆，渥太华，加拿大。SOM 的大卫 · 恰尔德斯设计，1994—1998 年。麦肯齐大街立面，外交礼仪入口。

图 154（下）：美国使馆方案，柏林，德国。MRY 设计，1997 年。外交建筑局设计竞赛的中奖方案。领事入口。

设计任务”。[45]他的提议有点像换取委员们合作的“奖赏”。虽然没有证据显示这变成了正式规定，但至少后来该做法成为惯例。

一份对1981年外交建筑局设计合同的审计显示，尽管建筑政策要求“为每个项目物色不同的建筑师，以便在私人设计公司中扩展设计任务，避免局限于某一公司或某一地区的建筑师”，但审计结果表明，“1974年以后卸任的四位前咨询小组建筑师在1978财年、1979财年和1980财年共得到了11份合同，合同总额达230万美元，占全部设计合同总额（1 400万美元）的16%”。[46]审计报告并没有指出这其中有不当行为，但表示外交建筑局在记录建筑师选择程序时需要更加谨慎。在建筑咨询小组任职后获得外交建筑局项目的建筑师包括乔治·安塞里维科斯（比绍项目）、约瑟夫·埃谢里克（拉巴斯项目）、威廉·高迪尔（利雅得项目），除此以外，沙里宁（伦敦和奥斯陆项目）、沃斯特（香港项目）、安德森（台北项目）、里德（阿尔及尔项目）、维斯（阿克拉项目）、斯塔宾斯（丹吉尔项目）和乔治·哈特曼（吉隆坡项目）等人在加入咨询小组前已获得过外交建筑局的项目。同外交建筑局有过合作经验的建筑师当然非常有价值，但正如审计官员所说，这种设计委任方式产生了有利于“局内人”的质疑。

第二个有预兆的事件发生在1965年3月，咨询小组成员安德森、帕森诺伊受邀到国务院参加副国务卿乔治·鲍尔的午宴。鲍尔要求他们给予贝蒂一个项目，而早前委员们否定了贝蒂的资格。[47]贝蒂在俄亥俄州搞了30年建筑，并有所成就，更为重要的是，他是海斯的选民。海斯希望贝蒂能得到外交建筑局的项目，而国务院也愿意给他这个机会。约翰斯东决定将规模小而偏远的非洲国家尼日尔首都尼亚美使馆交给贝蒂（图117）。虽然安德森和帕森诺伊嘲笑聘请贝蒂的主意，但还是同意了鲍尔的要求。类似的要求接踵而来。贝蒂在1972年再次被选中设计惠灵顿使馆（图118）。如果不是尼克松总统在越战白热化时期停止所有新建项目，海斯的政治干预可能会更加深入。

1976年，海斯因与女秘书的丑闻以及腐败的指控不光彩地下台。他在国会的同事们对其个人的错误行为遭到揭露深表欢迎，有些人将海斯称作下流坯，将他描述成比国会山上任何人都吝啬和淫荡。尽管海斯在国会以众议院行政委员会主席的身份广揽大权，但有关其丑闻的报道很快导致了对其在任外交事务委员会下的小组委员会主席期间与外交建筑局关系的调查。报告详述了他和他的亲信欧兰·拉尔斯顿是如何“将外交建筑局当作其朋友和关系户的私人旅行社和就业服务社”。《华盛顿邮报》将外交建筑局描述为海斯的“私人公爵领地”，揭露了海斯的朋友——墨西哥建筑商马科斯·拉塞克的公司在五年内从外交建筑局获得了500万美元的建筑和房地产合同。拉塞克控制的公司在墨西哥城、萨尔瓦多和危地马拉城建造了使馆。在危地马拉城项目中，他在招标结束很久之后再递交高标，抢走了低标的生意。更过分的是，在没有竞标的基础上，他的公司赢得了美国驻墨西哥几个领馆的合同，总值250万美元。拉塞克因此致富，尽管没有证据显示海斯或拉尔斯顿从这些交易中获得了好处。[48]

1974年，被提名为外交建筑局局长的拉尔斯顿为海斯和他自己经常安排“视察”旅行。两人在1976年1月飞到多米尼加共和国时，并不是检查美国使馆的石墙，而是为了海斯尽快离婚。海斯想要离婚，以便能与一名助手结婚。该助手的姐姐也在为他工作，而她父亲由拉尔斯顿聘为外交建筑局的顾问。

虽然海斯被人讥笑行为无礼，被外交官和国务院认为是农民，但他并非批评者眼中的傻子。相反，即使他的直率有时令对手很不舒服，即使他谈吐粗野或“政治上不正确”，他还是有效代表了他的选民，并且对公共舆论判断准确。无论海斯的目的是什么，他为增加众议院在外交方面的影响力不知疲倦地工作。1975年，众议院将外交事务委员会更名为国际关系委员会的决定是在努力争取与受到高度尊重的参议院外交关系委员会相当的地位。[49]海斯将外交建筑局作为评论外交政策的平台，并尽其所能地影响外交政策。因此，在海斯处于权力巅峰的20世纪60年代及70年代早期，作为外交政策一部分的外交建筑项目不断受到政策辩论的影响。

地缘政治的转变（还不用提及战争和国内冲突）、海斯与国务院政策纷争导致的延误，对外交建筑局项目的规划、造价和实施都有实际影响。其中一个纷争集中在美国卷入非洲的目的上。国务院官员承认美国对非洲政策是为了鼓励前殖民地国家取得独立并培植新盟友，海斯则宣称新非洲国家并非美国的真正盟友，而仅仅是伪装成盟友以获得援助资金。在一次联合国投票决定美国是否应在加纳、几内亚和马里援助建房时，海斯表示这三个国家一直与苏联搞在一起反对美国，对这些国家的援助不能达到目的，因此是浪费。海斯不能控制援助资金的分配，但能控制国际开发署及其他附属于美国代表团的机构得到办公室和住房。当外交建筑局申请为中非共和国的美国武官建官邸时，海斯说没必要在一个没有明显战略价值的国家保留大使和 32 名工作人员。他投票反对此项建设并无情地宣称，“让他住在泥屋里吧！”[50]

海斯的一些观点是应该被提出和重视的，特别是当美国发现自己面对一个快速改变的世界版图，新兴国家不断增长，进一步卷入东南亚事务，那些引人注目的使馆建筑越来越不实用和个性张扬的时候。例如，当他问美国是否有必要在迁都就像下棋一样的国家建使馆时，他还是有判断力的。当巴西将首都从里约热内卢迁往巴西利亚时，美国必须在那里新建使馆。非洲国家达荷美共和国*将首都从波图努瓦迁往科托努，新首都缺乏一切基本设施，包括水和电。巴基斯坦也在美国建好卡拉奇使馆后不久将首都迁至伊斯兰堡。海斯也质询了在“不稳定”地区建设外交建筑的可行性，他警告说索马里作为独立国家存活不了 10 年。当外交建筑局 1962 年申请 130 万美元建设摩加迪沙使馆时，海斯否定了这个项目，并说，因为某些原因，“美国使馆将成为索马里最大的工业”。[51]

海斯的反对阻止了外交建筑局建设许多新使馆，并拖延了其他一些国务院认为很紧迫的项目。1963 年，外交建筑局局长约翰斯东到海斯的小组委员会要求在西贡（现胡志明市）建新使馆。尽管他将那里的美国使馆形容为“绝对是世界上最糟糕的建筑”，但海斯却认为在南越新建使馆是

---

* 现贝宁共和国。——编者注

“一场必输的赌博”。约翰斯东提醒小组委员会，柯蒂斯和戴维斯在1956年就被选中设计西贡新使馆，他们的设计已经完成，获得批准并得到了设计费，但因为等待建设资金而延误了四年多。海斯批评政府“将太多钱砸在西贡项目上”。两年后，当恐怖分子炸掉原来的使馆后，林登·约翰逊总统采取了出乎意料的行动，他给国会送去100万美元特别拨款，新建具备防御能力的西贡使馆，以确保九年来一直列为外交建筑局优先任务的项目不再被延误。

外交建筑项目经常被检查和总是进入谈判程序，这意味着外交建筑局在整个20世纪60年代和70年代初期，都是以一种走走停停的方式运转着。建筑咨询小组成员在最活跃的50年代中期几乎每月开会，而在60年代一年仅开一两次会，讨论少数项目。70年代开会要频繁一些，但许多向委员会提交的项目并未建成，包括金边（1960年由埃利奥特·诺伊斯设计）、贝鲁特（1971年由MBT设计）、台北（1971年由ABH和CAN设计）、贝尔格莱德（1971年由雷蒙德和雷铎设计）项目（图119）。其他延误了好几年的项目包括科伦坡（最初设计于1961年）和达喀尔（最初设计于1965年）使馆。罗伯特·麦迪逊设计的达喀尔使馆被推迟了七年。1972年，麦迪逊的公司获得了新合同，重新设计达喀尔使馆，于1977年完工。科伦坡使馆直到1985年才完成，距建筑师提交第一稿设计过去了24年（图120、图121）。

雷蒙德和麦格奈戈尔设计的优雅的东京使馆办公楼在20世纪60年代成为了牺牲品。1971年该办公楼被拆除，代之以一座更大的高层建筑（西萨·佩里和格鲁恩设计）。其他建成的项目则缺乏早期使馆设计的灵气和运气，受到了行政部门的优柔寡断、政治干涉，以及日益上升的安全因素的影响。例如，1960年蒙得维的亚使馆（贝聿铭设计）因不断进行修改而使规模和外观都受到了影响。不协调的比例和使用无遮掩的混凝土结构让建筑显得不够优雅，这对美国形象没有任何好处。

1971年，建筑咨询小组成员被要求批准HDR公司设计的巴西利亚使馆，委员们对此感到特别沮丧。[52]建筑咨询小组成员安德森曾于1967年与外交建筑局首席建筑师托马斯·波普一起到当地进行过视察。特别是有传言说法国请到了柯布西耶设计在那里的法国使馆，委员会希望外交建筑局也为美国使馆找到一位大师，因此推荐了密斯·凡·德·罗、格纳·伯克兹、卡尔曼—麦肯奈尔公司以及路易·康，他们特别看好路易·康。但外交建筑局局长沃劳要求咨询小组评估以 HDR 为首的一系列替代人选。安德森翻阅了一些简介后告诉沃劳，他认为 HDR 的作品不符合外交建筑局的要求。1965 年，约翰·利昂·里德取代了拉尔森在建筑咨询小组的职位，他多次强调和安德森意见一致。审查过 HDR 的资质后，他认为不应予以考虑。但沃劳控制了咨询小组，把任务交给了 HDR（图 122）。为抗议沃劳的决定，帕森诺伊递交了辞呈，他认为一些政治因素正在破坏建筑咨询小组。他在辞呈中写道："随着预算的日益紧张和对使馆安全要求的提高，建筑师的工作越来越困难。我在很多场合都强调过，安全性对建筑是有利的，但要在保证安全性的同时做到造价低廉又独具特色就非常困难，甚至是不可能的"。[53]帕森诺伊的辞职似乎并没有引起重视，也没有人响应他的主张。

回顾整个使馆建设的历史，1975 年鲁尼从国会退休标志着一个时代的结束，他控制国务院拨款长达 30 年。而海斯在众议院任职 28 年后，也于 1976 年 9 月向国会递交了辞呈。[54]海斯的离去是在国会批准设立外交建设资金的第 30 年，也是国会 1926 年第一次认识到政府需要建造使馆的第 50 个年头。不出所料，继海斯之后，拉尔斯顿随后也离开了。卡特总统任命城市规划师、美国建筑师协会前执行副主席威廉·斯雷顿为外交建筑局局长。1978 年 1 月，斯雷顿在接手外交建筑局后，带来了新的工作风气和工作态度。他致力于重新树立具有重要外交意义的划时代的使馆形象。但不幸的是，在斯雷顿任内，外交建筑项目的管理问题没有得到解决，相反，问题越积越多。规模更大、造价更高的工程可能会产生更多、代价更高昂的失误，对安全隐患的担忧也潜滋暗长。

注　释

1. "精妙的新使馆"，《生活》，1957 年 12 月 23 日，第 111 页；"美国的海外世界"，

《建筑论坛》107 期，1957 年 12 月，第 114—123 页；《外交建筑》——由《生活》、美国建筑师协会纽约分会、纽约建筑联盟及《建筑论坛》赞助的纽约建筑展（1957 年 12 月）上分发的小册子；“外交建筑项目收获了成果”，《外交通讯》，1957 年 8 月 15 日；《建筑新闻》，美国建筑师协会新闻公告，1954 年 2 月 5 日。

2. 亨利·谢普利致克里斯蒂安·赫脱的信，1958 年 6 月 4 日，谢普利文件。

3. 众议院外交事务小组委员会：《外交建筑法案修正案，1959 年》，1959 年 3 月 17 日，第 54 页。

4. 1954 年国会修改了 PL480 法案，允许在海外处置剩余的美国农产品换取外汇，供美国政府使用，1958 年法案再次修改，这些资金可供国务院建房项目专门使用。直到 1961 财年国务院才开始使用这些资金，那年的拨款是 450 万美元。这些资金非常有限，用在了印度、巴基斯坦、阿联酋、以色列、南斯拉夫、缅甸和波兰。在波兰，这些资金建设了华沙大使官邸（1967 年）。见众议院外交事务委员会国务院机构和外交项目小组委员会：《外交建筑法案修正案，1962 年》，H. R. 11880 听证会，87 届国会第 2 次会议，1962 年 1 月 31 日，第 54 页。

5. 众议院拨款小组委员会：《1958 年国务院拨款》，1957 年 1 月 29 日，第 880 页。

6. 众议院外交事务小组委员会：《外交建筑法案修正案，1959 年》，1959 年 3 月 17 日，第 81 页。听证会记录显示外交建筑局计划在 1962 年建造都柏林新使馆，投资估算是 50 万美元。

7. 沃克，欧洲之行的备忘录，1955 年 8 月 11 日，谢普利文件。

8. 格兰特·斯托克戴尔致约翰·肯尼迪的信，1961 年 5 月 16 日，约翰·肯尼迪总统文件，总统办公室档案，约翰·肯尼迪图书馆。

9. 斯托克戴尔致伊芙琳·林肯的信，1961 年 5 月 17 日，总统办公室档案，肯尼迪文件。

10. 约翰·约翰森致作者的信，1992 年 9 月 29 日，第 2 页。

11. 建筑咨询理事会会议纪要，1957 年 5 月 13 日，第 2 页。

12. 建筑咨询理事会会议纪要，1957 年 6 月 24 日，第 3 页。著名的爱尔兰建筑师迈克尔·斯考特设计了公交终点站，他在使馆设计中也与约翰森合作。

13. 建筑咨询理事会会议纪要，1957 年 9 月 23 日，第 1、3、5 页。

14. 建筑咨询理事会会议纪要，1957 年 11 月 4 日，第 5 页。

15. 建筑咨询理事会会议纪要，1958年1月21日，第3—4页。

16. 建筑咨询理事会会议纪要，1958年2月24日，第3页；1958年5月12日，第3页。

17. 建筑咨询理事会会议纪要，1958年1月21日，第6页。11月，约翰·利昂·里德也为阿尔及尔使馆办公楼提交过六边形的方案，但未曾实施。

18. 建筑咨询理事会会议纪要，1958年5月12日，第2页。

19. 众议院外交事务小组委员会：《外交建筑法案修正案，1959年》，1959年7月29日，第236—237页。

20. 众议院外交事务小组委员会：《外交建筑法案修正案，1959年》，1959年8月6日，第287、292页。

21. 沃斯特致休斯的信，1959年9月25日，外交建筑局杂项档案。

22. 建筑咨询理事会会议纪要，1960年1月29日，第3页。

23. 约翰斯东，私人回忆录，《都柏林、爱尔兰、美国使馆办公楼》，约翰斯东文件。

24. 简·怀特："批评者海斯暗示将对使馆采取行动；休斯的离去或将解冻海外资金"，《华盛顿邮报》，1961年1月8日。

25. 众议院外交事务小组委员会：《外交建筑法案修正案，1962年》，1962年5月15日，第171页；1962年1月1日，第46页；1962年1月30日，第5页。

26. 《国会记录》，众议院，1963年5月1日，第7500页。

27. 约翰斯东备忘录，《建筑咨询小组》，1961年7月24日。

28. 克罗基特：《外交建筑准则》，1961年7月6日，外交建筑局杂项档案；约翰斯东备忘录，《建筑咨询小组会议，1961年5月5日》，外交建筑局杂项档案。

29. 菲利普·威尔致鲁斯克的信，1961年1月26日。这是一封致所有参与外交建筑局项目的建筑师的正式信函。建筑师米尔顿·格里格详细记述了他设计堪培拉使馆的经历，并把这封信抄送给了约翰斯东（格里格致威尔的信，1961年5月23日，外交建筑局杂项档案）。

30. 众议院外交事务小组委员会：《外交建筑法案修正案，1962年》，1962年1月30日，第21—22页。

31. 斯托克戴尔致约翰·肯尼迪的信，1961年7月21日，肯尼迪总统文件，总统办公室档案。

32. 卢克斯致约翰·肯尼迪，《总统备忘录》，1961 年 9 月 9 日，白宫中心档案，肯尼迪总统文件。

33. 约翰·肯尼迪致海斯的信，1961 年 9 月 11 日，白宫中心档案，肯尼迪总统文件。海斯致肯尼迪的信，1961 年 9 月 14 日，白宫中心档案，肯尼迪总统文件。

34. 见约翰斯东的回忆录和访谈，及约翰森致作者的信，1992 年 9 月 29 日。

35. 约翰森致作者的信，1992 年 9 月 29 日。

36. 斯托克戴尔致麦克乔治·邦迪的信，1962 年 6 月 26 日，国家安全档案，肯尼迪总统文件。

37. 乔丹："都柏林的美国使馆"，《建筑评论》136 期，1964 年 12 月，第 420—425 页。

38. 参议院外交关系委员会：《1926 年外交建筑法案的修正案》，H. R. 11880 听证会，87 届国会第 2 次会议，1962 年 8 月 2 日和 1962 年 8 月 21 日。

39. 阿尔伯特·沃森：《国会记录》，众议院，1963 年 5 月 1 日，第 7500 页。

40. 建筑咨询小组会议纪要，1963 年 5 月 9—10 日。

41. 同 40。

42. 见《建筑论坛》107 期，1957 年 8 月，第 157 页；沃内基："美国驻曼谷使馆：设计的故事"，《美国建筑师协会会刊》，1958 年 11 月，第 36—41 页；"美国使馆、曼谷、泰国"，《建筑实录》124 期，1958 年 10 月。

43. 建筑咨询小组会议纪要，1963 年 5 月 9—10 日，第 4 页；海斯致沃斯特的信，1963 年 5 月 29 日；沃斯特致约翰斯东的信，1963 年 6 月 3 日，外交建筑局杂项档案。

44. 建筑咨询小组会议纪要，1964 年 8 月 13—14 日，第 2 页。

45. 同 44。

46. 沃特·肯尼备忘录，《外交建筑局采购项目审计》，国务院，1981 年 1 月 25 日，第 4—5 页，国务院公共事务局历史文献办公室。

47. 建筑咨询小组会议纪要，1965 年 3 月 24 日。

48. 关于海斯的描述，见罗伯特·亨特："海斯和他国会的敌人承认他并不友善但也并非最差"，《华尔街日报》，1972 年 7 月 24 日。关于揭露海斯利用外交建筑局为朋友牟利的情况，见伍德沃德和伯恩斯坦：《海斯的私人领地》。

49. 外交事务委员会更名时，海斯的小组委员会也更名了，1975 年以前它一直叫国务院机构和外交项目小组委员会，新名称是国际项目小组委员会。后来，委员会又两次更名。

50. 关于非洲项目的材料，部分摘自众议院外交事务小组委员会：《外交建筑法案修正案，1962 年》，1962 年 1 月 31 日，第 49 页；《外交建筑法案修正案，1963 年》，1963 年 2 月 27 日，第 18—20、22 页和 1963 年 3 月 6 日，第 84 页。

51. 众议院外交事务小组委员会：《外交建筑法案修正案，1963 年》，1963 年 3 月 4 日，第 57 页。关于索马里项目，见《外交建筑法案修正案，1962 年》，1962 年 1 月 31 日，第 147 页及 1962 年 2 月 28 日，第 137 页。

52. 沃劳致安德森的信，1970 年 5 月 5 日；沃劳致里德的信，1971 年 1 月 28 日；帕森诺伊致沃劳的信，1971 年 1 月 29 日，外交建筑局杂项档案；劳伦斯 · 安德森：《巴西利亚：美国使团馆舍的问题》，未发表的报告，1967 年 2 月，作者收集；作者对安德森的采访，1992 年 7 月。对路易 · 康的评论，见帕森诺伊致沃劳的信，1971 年 9 月 17 日，帕森诺伊私人文件。

53. 帕森诺伊致沃劳的信，1971 年 9 月 17 日。

54. 玛丽 · 拉塞尔：“海斯以健康、‘烦乱’原因退休”，《华盛顿邮报》，1976 年 8 月 14 日。鲁尼在 1975 年去世，海斯在 1989 年去世。

第十一章

恐怖袭击目标

美国驻外使馆代表着美国政府和人民，是美国国家权力和地位的象征，进而也成为了恐怖袭击的目标。增强使馆安全防范的代价是高昂的，这一点在建筑设施和预算两方面都有所体现，尤其是经济上的资金削减造成了建设预算吃紧。建筑师开始被要求按堡垒的标准设计使馆。与此同时，相关的购地、建房、维护费用与以往相比，已是举步维艰。设立新使馆，特别是过去六年间在苏联的14个加盟共和国增设使馆，更是进一步加剧了资金本已严重短缺的国务院的压力。冷战决胜期被视为宣传美国民主价值观的使馆建设项目，已难以满足民主原则胜出后的形势。例如，由于没有建设新项目的资金预算，如何为在统一后的柏林建设象征意义重大的美国新使馆筹措资金，国务院并没有把握。上述这些情况将对美国未来的外交走向带来何种影响，尚不得而知，但它却向外界传递出了含有疑惧、不确定、缺乏承诺感的信息，而这对美国及其国际利益都是不利的。

20世纪60年代中期，当美国深深卷入越南战争时，抗议者们四处攻击美国使馆。他们用石块袭击美国驻莫斯科使馆，砸碎了200多扇窗户；布达佩斯和索菲亚两处公使馆的所有底层玻璃被砸碎，悬挂在入口处的美国国徽也被摘掉了。恐怖分子于1965年袭击了西贡使馆并杀害了三名雇员后，暴力活动升级到新高度。这些事件激起了美国国会的愤怒与失望情绪，呼吁应更好地维护使馆的安全。西贡（现胡志明市）使馆事件首次出现人员死亡，促使国务院重新考虑驻外使馆设计中的安全隐患。

20 世纪 50 年代，向美国驻法兰克福领馆投掷石块的暴徒仅被当成小麻烦。即便是 1959 年 1 万多名玻利维亚示威者用石块攻击拉巴斯使馆，也只被看作是一次孤立事件。但安全问题已越来越引起关注。这一点在 1961 年外交建筑局否决维克多·兰迪的科伦坡使馆方案时已有所体现，该设计使用了开敞的阳台和玻璃幕墙。1965 年，有人在危地马拉城美军驻地外墙的格栅上放置燃烧弹，这更突显出外墙立面格栅的脆弱性，但当时很多美国使馆都使用此设计。西贡使馆雇员的死亡以及其他地方不断升级的暴力反美活动，促使国务院修建高大的围墙和栏杆以提高使馆外围的防范，并尝试使用防爆建筑材料，如夹层玻璃。与此同时，外交建筑局继续筹划潜在“热点”地区的建设项目，如圣萨尔瓦多、达卡、伊斯兰堡和摩加迪沙。

在整个 20 世纪 70 年代，恐怖分子将美国使馆作为袭击目标，其中在喀土穆（1973 年）、雅典（1974 年）和吉隆坡（1975 年）使馆发生了人员伤亡。1976 年，美国大使弗朗西斯·麦劳在贝鲁特遇刺身亡后，国务院升级了反恐事务特别办公室，以应对持续且呈上升之势的暴力威胁。在 1979 年伊朗人质危机中，伊朗政府未能有效保护美国人质一事表明，美国外交官已经无法依赖地方当局提供的安全保护。国务院增加了驻守使馆的海军陆战队；外交建筑局在一些敏感地区使馆外增建了警卫哨，并在使馆门厅增设了安检设备；在慕尼黑、马德里和布鲁塞尔加建了高高的钢围栏（图 123）。在 1994 年还曾有示威者翻越雅加达使馆缺乏安全防范的陈旧围栏，闯入了使馆院内（图 124）。外交建筑局重新加固了驻伦敦、奥斯陆、都柏林、海牙使馆，增设了监视设备和装饰成花坛的混凝土路障（图 111）。都柏林使馆的玻璃上加涂了金色防爆层。所有使馆原有的美国新闻处独立入口均被堵死，统一使用有安全防范的入口。为增强建筑防恐性能，外交建筑局禁止使用 20 世纪 50 年代现代主义常用的外墙格栅和首层架空等设计手法。

在维斯设计了阿克拉使馆 20 年后，他又重回加纳为外交建筑局评估他的这一标志性作品（图 125）。外交建筑局要求维斯想办法将首层封闭，但维斯发现改造并不可行。这是因为原设计的架空柱廊、开敞平面和中央楼梯等，都无法满足新的安全要求。于是，使馆被迫迁出，放弃了维斯的作品。

恐怖主义威胁改变了人们对使馆的根本理念——直至20世纪70年代，使馆还被认为应该是供美国公民和驻在国公众欣赏、使用、访问、推崇的，可进出的公共建筑。不仅如此，在伊朗人质危机发生之前，使馆都被认为是不会受到侵犯的。随着这些观念变得越来越不现实，使馆建筑在设计风格上逐渐变得越来越缺乏特色，平面越来越封闭，重防范，使馆的选址也越来越偏僻。曾作为设计范式的象征意义重大的玻璃盒子建筑已不再适用。另外，由于公共的安全和防卫变得至高无上，整个设计过程要求增强审核监督。但建筑师并不情愿与原先的设计风格分道扬镳。20世纪50年代，当宏伟的建筑风格受宠时，建筑师们曾享有极大的自由度。现在，他们却不得不开始与工程师和包括建筑使用者在内的其他人分享最终设计决定权，而建筑师对这些人的观点总是不屑一顾。过去可能会很快被批准的方案现在已不会被轻易接受，但一些建筑师仍继续坚持设计一些忽视实用性需求的方案。继斯雷顿担任外交建筑局局长并负责建筑咨询理事会后，有几十个项目在1980年处于设计阶段，其中两个项目可以显示出建筑师不愿考虑建筑实际功能的态度。1980年5月，在一次咨询理事会上，维斯介绍了他设计的东京使馆公寓，它包含一个很大的室外凉亭和水池——外交建筑局官员称之为“儿童溺水池”。他们提醒维斯，外交官的孩子们都在庭院里活动，因此水池很不安全。维斯说他对该空间的设想是一个安静的场所，“外交官可以去那里交流，提高谈判技巧”。他对孩子的存在则不以为然。[1]弗兰克·史勒辛格设计的太子港海军陆战队警卫公寓也同样不合实际，公寓之间由开敞的通道连接。在被问及使用者会在去洗衣房和就餐途中被倾盆大雨淋透时，建筑师说这种设计在热带地区度假村是很常见的。斯雷顿提醒他海军陆战队员公寓不是度假村。[2]

斯雷顿不是职业外交官，1978年他以局外人身份加入外交建筑局。城市规划和房地产开发的工作经历使他投身于城市改造的工作。1961—1966年，斯雷顿任职联邦城市改造署（HUD）署长，该署是住房和城市发展部的前身。1969 年他进入美国建筑师协会工作，负责决定建筑师能否加入协会。尽管斯雷顿既非建筑师亦非工程师，但他到外交建筑局时却和设计专业人士联系密切。他积极推动外交建筑局聘用高水平的设计公司，以求创造出高水平的设计作品，提高整个建筑师行业的成就。他非常支持国家建筑博物馆在开馆时推出外交建筑局使馆建筑展的计划（计划后因故取消）。因掌握大把的设计项目，斯雷顿在设计行业里的个人影响力不断扩大，这一势头直到 1983 年他的位置被一名职业外交官取代后才终止。1980 年，他手中的建筑师和项目有：弗雷德里克·巴塞蒂（里斯本），威廉·考迪尔（利雅得），阿莱多·科苏塔（索尔兹伯里/哈拉雷），斯拉·艾伦克拉特（布达佩斯），约瑟夫·埃谢里克（拉巴斯），弗兰克·盖里（大马士革），乔治·哈特曼（吉隆坡），罗伯特·马奎斯（圣何塞），理查德·迈耶（圣地亚哥），威廉·麦卡夫（开罗），乔治·诺特尔（赫尔辛基），詹姆斯·波尔夏克（马斯喀特），詹姆斯·瑞姆（莫尔兹比港），乔治·罗克莱斯（麦纳麦），谷口吉生（乔治敦），本杰明·汤普森（渥太华），哈里·沃尔夫（阿布扎比和多哈）。这 18 个项目中尽管有两个更换了建筑师，但仍有 10 个项目最终得以完成。[3]

弗兰克·盖里的项目即是其中未能完成的一个。它代表了艺术与功能性的冲突，更准确地说，是艺术家的个性与充满危险的当地环境之间的冲突。1980 年，盖里提交了大马士革使馆的初步方案，这是一个有宽大庭院式入口的现代建筑。建筑咨询理事会对方案的讨论集中在人们如何穿过开敞的宽阔区域而不成为恐怖分子袭击的目标；大使如何安全出入使馆；大使专车停放何处以及如何安全存放；室外就餐区域是否安全；是否有人愿意到室外用餐；如何将使馆与相邻的美国学校及运动场相结合等安全问题。建筑师对这些与设计美学毫无关系的讨论感到厌烦，而委员们对盖里在建筑界刚刚取得的名声也感到不适。有人建议增设一道金属栅栏以避免足球飞出，并开玩笑地问盖里，这样是否会“毁了你的设计”，盖里冷冷地回答，“你根本不懂我的设计”。[4]（金属栅栏是盖里的标志性手法，在其广受关注的住宅项目中有所使用。）盖里可能就像早期的路易·康一样，本可以设计出真正代表美国独创精神的使馆，但两人却都无法接受与使馆项目要求妥协。

随着控制公众通行成为使馆安全的首要考虑因素，里斯本使馆外窗上增设了带尖刺的护栏。1983 年开馆后不久，便有恐怖分子用迫击炮袭击了使馆，但建筑未受损伤（图 126）。同样也是在 1983 年，外交建筑局完成了由哈特曼—考克斯设计的吉隆坡新使馆。建筑距地面 15 英尺范围内没有开窗，整个使馆由 9 英尺高的围墙封闭，阳台也用了防弹护栏（图 127）。乔治·哈特曼说，使馆实际上是伪装成住宅的钢筋混凝土碉堡，“看上去很友好，但实际上是座碉堡”。[5]

1983 年的自杀式爆炸袭击事件造成美国驻贝鲁特使馆几十人死亡，这标志着暴力活动的大大升级，也成为促使美国改变对恐怖袭击态度的转折点。1975 年到 1985 年的 10 年间，针对美国外交机构共发生了 243 起攻击及攻击未遂事件。贝鲁特攻击事件，再加上美国使馆、工作人员和情报的整体脆弱性，促成了外交建筑局的重组以及对外交机构安全的全面检查。1984 年，国会授权一项对外交建筑局和未来使馆设计的专题研究，由国家研究委员会（NRC）及其建筑研究委员会完成。研究报告批评国务院未能将电子信息控制和办公自动化领域的技术进展应用到使馆安全措施的更新和使馆设计上。[6] 该专题研究警告说，恐怖行动、间谍和破坏活动带来的威胁，加上操控复杂通讯系统的要求以及非国务院机构派出人员的增加，将使未来使馆的人员组成更为复杂、规模更为庞大。在国家研究委员会将调研建议整理成报告时，另一个机构——海外安全咨询小组，也在 1985 年 6 月提交了一份报告。

国务卿乔治·舒尔茨任命退休海军上将鲍比·英曼领导海外安全咨询小组，即日后为人们所熟知的“英曼小组”。英曼曾任国家安全局局长和中央情报局二把手。英曼小组的报告要求国会大幅增加用于安全系统更新和新建项目的拨款。它提出了全新的、更严格的安全标准，所有美国驻外使馆都要执行，不受地域限制；同时确认了 100 多个需要进行重点安全检查或更新安全设施的使馆。此外，它还建议设立隶属于国务院的外交安全局，负责处理与安全相关的新事务。[7]

这两个报告导致国会立刻采取相应的立法行动，由于贝鲁特使馆爆炸攻击这一严重事件，国会对此类问题的态度已不再带有政治色彩。国会批准了一项 21 亿美元的五年计划，对使馆进行安全升级，国家研究委员会提出的新安全标准和英曼的名字联系在一起，虽然他本人并没有起草这些标准。

在这些标准完全制定和实施前，使馆设计就已显示出了对安全问题的高度重视。建筑师不再像以前设计里斯本或吉隆坡使馆那样，力求将建筑与当地景观融合或将安全设施尽量隐藏起来，而是开始设计巨大、雄伟的建筑，突出于周围的建筑和环境。在达卡（KMW 设计，1983—1989 年，图 128）和圣何塞（TBM 公司设计，1985—1989 年）就建成了这样的使馆。

对公众的通行进行管控已经不够了，电子锁、钢制门和其他缓冲设施可以阻止愤怒的暴徒和入侵者，但对炸弹的抵挡功效却很有限。新的英曼标准要求建筑应退后街道至少 100 英尺，并且要按防爆要求来设计。以前使馆多在邻近主要政府建筑的市中心选址，新规定则建议在远郊选址，地皮最好占地 15 英亩。其他新规定包括围墙、电动车障、电子锁、摄像机和监视器等。建筑距地 15 英尺范围内不能设计任何扶手（这样人就不能攀爬或在外墙放置物品），外墙和外窗需防范爆炸（外窗面积不能超过外墙面积的 15%）。标准要求必须提供使馆全体人员和外国公民使用的避难所。尽管新标准并未要求建筑能抵抗导弹或空袭，但已足以抵御过去发生过的地面袭击。新标准重点应用在新建项目上，截至 1986 年年底，已有 61 个投资达 9.48 亿美元的项目在建。

如果完全实施英曼标准的话，意味着需要大规模更换美国使馆建筑。尽管看上去过于苛刻，但国会还是支持了这项耗资巨大且很难实行的一揽子新标准。标准制定过程中发生的一些事件有助于解释这一现象。1985 年曝出的两起丑闻严重影响了外交建筑局的信誉，并且也给国会足够的理由来质疑国务院能否称职且安全地管理美国的海外利益。其中一起丑闻涉及吉萨大使官邸的劣质施工问题；另一起是美国驻莫斯科新使馆的“技术渗透”事件。

1975 年，外交建筑局聘用华盛顿建筑师威廉·麦卡夫设计位于开罗附近的吉萨大使官邸（图 129）。应大使本人的要求，为了充分利用地皮邻近尼罗河的优美环境，麦卡夫设计了漂亮的两层别墅式建筑，他自称设计灵感来自于密西西比河边的住宅。麦卡夫本人在密西西比河边长大，非常欣赏官邸的环境，但却对工程结果颇感失望。工程于 1979 年开工，但当地的承包商却经验不足，外交建筑局的监理代表也并不称职。尽管建筑师提出了严肃警告，但外交建筑局局长斯雷顿却未能控制住工程预算，未对工程进行足够的监管。1982 年，因发现工程中的大量问题而导致停工，但当时很多豪华的装修材料，包括定制的镶花地板和羊毛地毯等，已经获得批准。受低素质的人工和劣质材料影响，建筑已无法使用，更不值得修缮。其中一个承包商被解雇，另一个则躲起来逃避起诉。外交建筑局面对的是一个花费了 360 万美元的烂摊子。总审计局公布了对吉萨项目措辞强烈的批评报告，杰克·布鲁克斯议员主持了国会听证会。尽管国务院事后还是将该房产卖掉并赚了钱，但它的声誉却因此遭受打击，一处绝佳的地皮也被浪费了。

比起莫斯科使馆带来的耻辱，吉萨官邸的尴尬也就算不了什么了。尼克松总统在 1969 年促成了莫斯科使馆项目的启动。作为“缓和”政策的一部分，美国和苏联在莫斯科和华盛顿互换了使馆地皮。在美国专家们尚未意识到地皮的战略价值时，白宫已将一块位于高坡上、可俯瞰全首都的大地皮给了苏联人。作为交换，美国在莫斯科得到了一块受限制很多又缺乏价值的地皮。由于苏联人一直坚持全权控制其在华盛顿的工程，又要求对美国在莫斯科的使馆工程保有相当大的控制权，双方谈判进展缓慢。在白宫的压力下，美国大使于 1972 年和苏联签订了协议，最终允许苏联工人承担美国驻莫斯科使馆的大部分施工。

SOM 事务所旧金山办公室的查尔斯·巴塞特领导了莫斯科使馆的设计团队，建筑师和工程师分别来自 SOM 及格鲁森合伙人事务所。设计任务书要求建造一个配套齐全的综合性建筑群，包括134套公寓、一个学校、一个购物中心、一个海军陆战队营房和一幢办公楼（图130）。为使设计带有美国特色，建筑师选用了一种红砖外墙。苏联工人在美方的监督下砌砖。当时没有人觉察到后面将要发生的麻烦。就在斯雷顿刚刚离开外交建筑局、苏联人安装在使馆办公楼中的窃听器尚未被发现的1984年，斯雷顿在一篇文章中还骄傲地声称施工合同的谈判归功于他的努力。他甚至吹嘘说用美国工艺技术和美国工具来教“苏联人怎样砌砖”是英明的决策。[8] 一年后，美方检查人员发现整个办公楼外墙布满了苏联“窃听器”。苏联工人被禁止进入工地，工程被迫停工。虽然公寓楼在1987年完工并入住，但耗资2300万美元的办公楼却无法使用。批评者怒斥国务院官员的失职和幼稚，工程规划人员则为如何完成这项耗资巨大又急需使用的工程伤透脑筋，一些国会议员干脆要求国务院将使馆设计和建设工作移交给陆军工程兵团。这一努力并未成功，国务院保留了使馆项目的控制权，但成立了独立的建设部门负责莫斯科使馆的后续工作。1998年该工程仍在施工，办公楼被拆掉三层，换成了由HOK事务所新设计的四层。[9] 根据对施工材料新的安全要求，所有材料均需在美国专门包装并运至现场，加上由美国引进工人的费用及工程延期的影响，莫斯科使馆无疑是美国使馆中单位造价最高的。

若要落实英曼标准，国务院将不得不放弃包括伦敦、巴黎、罗马在内的位于市中心的使馆，而换至远离政府和商业中心、远离市区的更安全的位置。即便说这样大规模迁移美国驻外机构是有道理的，但其耗资之巨，根本无法实施。为避免再发生“贝鲁特攻击事件”，加上人们坚信恐怖主义是可以防范的地区性问题，所以20世纪90年代早期建设的使馆还是全面实施了英曼标准。

摩加迪沙使馆综合建筑群是第一个实施新安全标准的项目，那段时间被外交建筑局的建筑师称为“黑暗的英曼年代”。1984年，外交建筑局聘用欧登斯—努普事务所完成摩加迪沙项目（项目已在1959年启动，但因索马里政局不稳而中断多年）设计，这家公司早前曾参与过首尔大使官邸和外交建筑局的其他项目。整个使馆区占地达50英亩，旁边是另一块用于建高尔夫球俱乐部的50英亩地皮，但当时还只是荒地。建筑师设计了办公楼、美国新闻处图书馆、医院、餐厅、商店，并为军事合作办公室以及海军陆战队建设营房等。使馆于1989年完工启用。建筑师在大门、外墙、格栅等细部引用了很多当地的设计主题和样式，但所用材料都是钢筋混凝土和钢材，而不像以往那样选用混凝土砌块或铸铁材料。建筑师形容围墙“巨大无比”（图131—图134）。景观设计中保留了自然的生态环境，增加了耐旱灌木和可遮阳的藤蔓。可在植物还没来得及生根发芽时，绿化工程再次因政局动乱和地方冲突而中断。在1991年惊心动魄的营救行动中，海军陆战队和海豹突击队用直升机将使馆人员撤离到关岛号军舰上，刚刚完工的使馆被迫放弃。死里逃生的美国大使詹姆斯·毕夏普痛心地回忆了当时的情景，在最后一架直升机起飞后，索马里暴徒翻过院墙，用火箭弹炸开了使馆大门，将使馆洗劫一空，并杀害了留下的当地雇员及其家人。[10]

萨那使馆是又一个实施英曼标准的早期项目（图135）。该使馆于1986年由CRS—西林公司设计，1990年完工，造价2 800万美元。它厚达1英尺的外墙基本没开窗户，相对于20世纪50年代的玻璃幕墙风格，这是根本性的转变。它是个典型的综合建筑群，办公楼、公寓、学校和娱乐设施都在一个院子里。该公司还以同样手法设计了利雅得和圣萨尔瓦多使馆。在安曼，PDR公司设计了又一个综合建筑群，包括门房、办公楼及附楼、大使官邸、俱乐部、海军陆战队营房、服务楼和停车库。建筑的色彩和生动的立面，包括精美的石雕工艺是设计的重要特色，可是没有几个约旦人能有机会走近使馆来欣赏建筑的精细工艺（图136、图137）。整个馆区比6个足球场还大，由9英尺高的围墙包围，非常显眼。在尼科西亚（KPF公司设计，1987—1992年）和科威特（RTKL公司设计，1992—1996年，图138）也建设了类似的大型综合建筑群。

很难想象如此规模和体量的使馆如何恰当融入异国的环境景观。但是由于安全风险和对各种设施的需要，国务院很容易为选择相对偏僻的大地皮做出解释。多年来一直有人批评这种做法，海斯就曾指出这种综合建筑群使馆是“少数人的聚居区”，它将美国外交官同本需要沟通交往的当地人民隔离开来。国会一直敦促外交建筑局将美国使馆建成亲切的、易接近的建筑，让当地人对美国的存在产生好感。可是想把大象藏起来并不是件容易事。新的选址要求导致了大尺度的建筑，新的设计标准则让使馆更加气势宏大，甚至令人生畏。

虽然不是每个新使馆都是综合建筑群，但就连独立的新办公楼也变成了高墙围合的堡垒，包括麦纳麦（ROMA，1981—1990 年）、马斯喀特（詹姆斯·波尔夏克，1981—1989 年）、曼谷（KMW，1994—1996 年，图 139）、乔治敦（谷口吉生，1983—1991 年）、比勒陀利亚（爱德华多·卡塔拉诺，1982—1992 年）、拉巴斯（约瑟夫·埃谢里克/里奥·A. 戴利，1980—1994 年）、圣地亚哥（里奥纳多·帕克，1987—1994 年）、加拉加斯（格纳·伯克兹，1991—1995 年）、利马（Arquitectonica，1992—1996 年，图 140）、波哥大（Integrus, 1987—1996 年）、新加坡（斯塔宾斯，1994—1997 年）等。另外，开罗使馆在办公塔楼（威廉·麦卡夫，1982—1989 年）旁边新建了办公附楼和大使官邸（TAC，1987—1995 年）。

按英曼标准实施的项目，不论是综合建筑群还是单独的建筑，与以往项目的最大区别就在于它们体积巨大、相对孤立封闭以及造价高昂。根据国务院安全专家的要求，所有建筑的内核基本上都是一样的，不同的部分仅仅是外部的“装饰”。这就给建筑师留下了很小的设计余地，就算是再好的建筑师也没法将碉堡设计得讨人喜爱。就建筑的大小和立面处理来说，利马使馆是最大胆的一个，它没有根据使用者的标准来确定建筑的大小，而是呼应了更广阔的秘鲁山地景观。建筑师设计的使馆办公楼很像是广告牌，更适合从远处欣赏，更适合被当作环境艺术品（图 141）。建筑立面是虚实交错的外窗网格，顶部是由三角形组成的颜色鲜亮的饰带，与远处群山的轮廓呼应。设计虽然不是那么吸引人，但还是富有生动的表现力。由于受限于设计上可发挥的空间，一些建筑师转而选择更华丽、更昂贵的材料来装饰公共空间，以使方案脱颖而出。里奥纳多·帕克事务所设计的圣地亚哥使馆内部选用了抛光大理石墙面和地面，与冷峻的建筑外表形成强烈对比（图 142）。

无论是承担哪个使馆项目的建筑师都遇到了如何将新的英曼标准与强调尊重当地环境、结合当地建筑条件和材料的原有建筑政策相协调的挑战。Integrus 公司设计了波哥大使馆办公楼，这个项目还包括停车库、海军陆战队宿舍楼、网球场、掩蔽的通讯机房及领事接待处（图 143）。外交建筑局只向 Integrus 公司提了两个设计要求：一是遵守英曼标准，二是设计出一个代表开放、自由的美国精神的建筑。前一个要求有详尽的说明，后一个要求则完全取决于建筑师的理解了。该公司的建筑师吉罗德·温克勒说："设计是依照英曼标准而来的，但我们还是试图创造一个友好的建筑"。[11]设计中的一个不同寻常之处就是让签证申请人在室外的遮阳花架下等候办理签证。人们并没有进入使馆，而是在类似银行出纳窗口的室外环境里办理申请手续。建筑师认为这种设计是实用有效的，当然下雨的时候除外。很难说封闭了大多数公众通道的高墙壁垒的使馆如何做到"开放"，毕竟建筑师是在给定的条件下工作。在石头院墙内，建筑物按规定要求有序布局。在哥伦比亚，金属探测器随处可见，使馆内使用安全检查措施是常见的，建筑师精心设计的广场庭院给使馆增色不少。

谷口吉生在乔治敦使馆设计中拥有更多的灵活性，这是因为他的项目规模更小，可知安全风险更低（图 144）。谷口吉生遇到的问题是如何将一个三层高、4 万平方英尺的建筑放入相对较小、建于英国殖民统治时期的、已成为历史保护区的地皮中。谷口吉生曾任得克萨斯大学建筑系主任。1981 年，他第一次去现场评估了地皮、气候（炎热潮湿）、土壤和排水条件（都很差），以及当地景观。在英曼标准实施之前，该项目的设计已经相当深入了，因此国务院同意该项目不必满足 100 英尺的退后要求。但建筑师仍需修改设计。为了反映当地建筑特色，他最初设计了带格栅的、可通往办公室的走廊，走廊的门为法式玻璃门。在修改后的设计中，他保留了木格栅走廊和维多利亚式的细部，在格栅内侧增加了 12 至 16 英寸厚的防御性混凝土墙，取消了法式玻璃门，并在防爆墙上开"舷窗"采光。木格栅是按当地风格设计的，掩盖了里面的实墙，活跃了立面。建筑师说，这使建筑"人性化了"。[12]使馆于 1991 年完工，耗资逾 1200 万美元。有人对这种掩盖建筑真正用途和使用假窗的手法持有异议，但这些批评却没有看到使馆并非单一功能建筑这一点。完全按英曼标准设计的使馆看上去就像是发电厂一样。

要求使馆建在偏远地区的英曼标准造成了好坏参半的结果。例如，在安曼，使馆从原来位于市中心的拥挤地段迁到了位于荒漠中的几英亩大的地皮。但新使馆一经落成使用后，该地区随即又吸引了新的开发热，兴建了很多公寓、豪华别墅、商场、公交站点，如此一来就将原来的“荒地”变成了高档区。在波哥大也出现了类似现象，新使馆周边也吸引了办公楼和公寓的开发，使这块原本有待开发的区域兴盛起来。这并不意味着安曼和波哥大的新使馆又重回闹市区，但却说明在一些地区，“偏远”或许仅仅是暂时的问题。

在利马，为了躲避危险，人们尽量避开美国使馆所在的那段闹市街区，那里由秘鲁坦克和武装部队严加把守，防范炸弹与袭击（图 145）。[13]（不幸的是，1997 年发生游击分子占领日本大使官邸并绑架人质危机时，现场既没有坦克也没有部队。）谁会愿意在这样的建筑里工作？谁会愿意到这样的建筑来参观？为躲避恐怖袭击的危险和市区的拥挤，国务院在利马市郊购买了一处足够大的马球场地，周边居民都反对美国使馆迁址，担心新搬来的美国使馆会给他们的社区带来拥挤和危险。居民们对此进行抗议，认为这是一种入侵，但他们却无力回天。新的使馆选址政策毫无疑问地改变了美国使馆集聚在中心地段的观念。但具有讽刺意味的是，位于市郊的新使馆戒备森严、由重兵把守，并没有比原来市中心的使馆更令人感到友好和亲切。从某些方面看，在市郊建使馆的选择可能是个改善，但在其他方面，显然并非如此。

意识到任何使馆都无法完全满足安全要求，加上缺乏足够的资金，这迫使国务院重新评估英曼标准。私下里，一些国务院官员形容这一新的安全标准“过分了”，但他们仍准备落实。国务院在意识到完全落实英曼标准根本不可能也不现实后，开始逐渐改变做法，由强制执行改为针对每个项目的个案式评估。外交建筑局对这一减轻限制的决定终于松了一口气。

在某些特定要求上的松动意味着象征意义重大但又“易受攻击的”使馆，如罗马、海牙、奥斯陆，仍可保留在原有的市中心地段，那些使馆的办公楼都是邻街设置，根本无法满足退后要求（图146）；这也意味着如果新建使馆不可行的话，国务院仍可租用或改造房产——例如前苏联各国的新使馆。同时还意味着渥太华市中心的新使馆仍可继续，柏林市区的新使馆设计竞赛可以进行。

1991年夏天苏联突然解体时，没有人知道那些新成立的国家能存在多久，几天？几周？还是几十年？美国已经在莫斯科设有使馆，但却面临新的挑战，即在三个波罗的海国家和其他11个新的独联体国家建立使馆。国务院希望尽快行动以显示美国对这些新独立国家的支持，并阻止共产主义的复苏。国务卿詹姆斯·贝克选派前美国大使尼古拉斯·萨哥负责在独联体国家选购新使馆。最初，曾有新建使馆或将预制构件空运至各使馆现场组装的提议，但萨哥和其他一些熟知当地情况的人都认为已有房源是合适的，比起具有现代外观的预制建筑或需耗费数年设计建造的新使馆更为合适。在这些前苏联国家，尚没有购买土地或房屋的法律先例。据美国前驻白俄罗斯大使肯尼斯·雅洛维茨回忆，掩藏在使馆购置计划背后的政治战略是“尽快到位，承认这些新独立国家，要让他们知道我们对其非常重视”。[14]有鉴于此，“租房也是选项之一”。租赁已有房源而非建设新使馆也使国务院绕过了专门针对新建和重要改造项目的严格的英曼标准。租房是带有风险的决定，但从旅馆迁进使馆办公楼的需求超过了对安全风险的担心。

带着国务卿贝克“昨天就该出发!”的命令和微薄的预算，萨哥在1991年秋天飞赴波罗的海，开始寻找像样又便宜的可用作使馆的房产，尽可能立刻入住（图147）。[15]萨哥本人对传统建筑的喜爱对其选租有关键影响。他选择了至少四处前共青团总部——塔林（爱沙尼亚）、维尔纽斯（立陶宛）、基辅（乌克兰）和埃里温（亚美尼亚）。塔林的房产在1940年以前就是美国公使馆。据外交建筑局一位在场的建筑师讲，看到美国国旗重新飘扬在老公使馆上的情景足可以“让年岁大的人落泪”。基辅的房产规模比起当时美国对使馆的需求显得过大了，但到了1996年这一房产却已经不够用了。像莫斯科一样，基辅使馆建馆时预计的规模已经比其他使馆大得多，但人员还是由预计的40人增加到100多人。其他新使馆原计划都是30人以内的小使馆，后来这些使馆几乎一夜间就迅速扩张为“职能齐全的综合性大使馆”。

在里加（拉脱维亚），萨哥选择了前建筑工程部大楼，这是当地一栋历史最悠久也最受市民喜爱的建筑（图148）。在明斯克（白俄罗斯），他找到了一处典雅的、带有门廊的古典式建筑。这简直就是白宫的翻版，但它没有被漆成白色，而是天蓝色（图149）。萨哥向拟在华盛顿建使馆的新成立国家提供了一些互惠支持，但无力提供资金协助。他说，时间是非常关键的，抢先到达的“结果完全不同”。因为合适的房产不多，当其他国家纷至沓来时，房价便会暴涨。在明斯克，俄罗斯和德国紧随美国而来，在美国使馆两侧分别设立使馆。

萨哥随后又去了奇努（摩尔多瓦）（图150）、阿拉木图（哈萨克斯坦）、巴库（阿塞拜疆）、第比利斯（格鲁吉亚）和埃里温。巴库的使馆原先是医学图书馆，之前是赌场，再早曾是妓院。在埃里温，当局将五个反对党从前共青团大楼里赶走，供美国使馆使用。格鲁吉亚总理帮助萨哥在第比利斯租借了一处建于19世纪的建筑精品，接待厅装饰有金叶和大理石。但当萨哥的小组继续东行至比什凯克（吉尔吉斯斯坦）、塔什干（乌兹别克斯坦）、杜尚别（塔吉克斯坦）、阿什哈巴德（土库曼斯坦）时，条件就没有这么好了。外交建筑局决定在阿什哈巴德和比什凯克用预制材料建使馆。

并不是每个人都支持萨哥对市中心标志性建筑的偏好。前外交建筑局局长约瑟夫·塞克斯就认为老房子的条件不令人满意，整个租房过程是受“政治驱动”。[16]但塞克斯也承认，时间不允许进行更细致的筛选。令人奇怪的是，国务院并没有利用前苏联解体的时机，像20世纪50年代那样，以使馆建筑作为彰显美国民主的手段。冷战已不再是决策的驱动依据，比起从旅馆搬进使馆的急迫感，展示民主也就不占优先地位了。不仅如此，国会还不得不为新建使馆拨款，而新使馆建设过程又旷日持久。虽然多数人已经不记得了，但国务卿贝克仍对 20 世纪 60 年代很多非洲国家独立、国务院计划新建大批使馆的情况记忆犹新。一些国会议员对地区稳定问题提出了质疑，认为在班吉（中非共和国）和摩加迪沙这样的地方投资建设是不明智的。在国会公开听证会上，议员们对国务院的每项申请都进行了详细质询。随后发生的事件，包括摩加迪沙使馆被洗劫一事，更加深了这些疑虑，国务院不希望前苏联加盟国的使馆问题再引发类似的质疑。哈萨克斯坦总统那扎尔巴耶夫突然决定迁都一事再次说明了在这类地区投资的巨大风险。1997 年 12 月，那扎尔巴耶夫要求所有政府和国家机构必须在六个月内迁到 700 英里以北的新都，包括刚刚在阿拉木图建立的外国使团。

租用的使馆反映的是历史，但比什凯克使馆则是面向未来的（图 151）。使馆由卡尔曼公司生产的不锈钢预制构件建成。卡尔曼公司和建造商马隆公司合作施工，两家设计公司与外交建筑局建筑师共同设计。为使这种外来的建筑形式与当地环境相结合，美国大使还特意向当地艺术家征询了可用来装饰建筑立面的装饰图样。因为建筑规模相对较小，而且新建筑带来新的道路、给排水管线等市政设施，可带动该地区的发展，这个在比什凯克建造的第一个使馆将成为美国的外交财富。不锈钢立面势必会引人注意，但在比什凯克，这应该不会让人联想到路边餐厅。

这些独联体和波罗的海国家的使馆新设计和翻修方案并未提交给建筑咨询理事会审批。总的来说，设计/建造项目绕过了审批程序，连塞克斯都不知道这是为什么。也许是因为开发商和建造商提供了设计服务；也许是外交建筑局觉得没必要为了一个项目而召集专家评审；或者干脆就是图省事。美国新建的驻大阪领馆（1981—1987 年）就是一个设计/建造项目，由京都建筑师大仓达也设计（图 152）。长久以来，外交建筑局一直尽量避免评审小项目或偏远地区项目，但大阪项目既不小也不偏远。由于该项目涉及到房产交换（交换现已废弃的、由山崎实在 20 世纪 50 年代设计的神户领馆），外交建筑局明确要求投标商提供包括地皮、设计、投资、建设在内的方案。中标方案提供了最好的地皮、最佳的造价和曾在哈佛大学学习、

TAC 工作的建筑师大仓。值得注意的是，建筑咨询理事会的作用正在衰落，尽管塞克斯说，建筑咨询理事会是外交建筑局重要的财富和强大的“政治防波堤”。另外值得注意的是，因建设项目不断复杂化，外交建筑局在几年间已经演变成一个拥有近 800 名员工的庞大官僚机构。

20 世纪 80 年代中期，出于对安全因素的考虑，新实施的英曼标准迫使国务院叫停了渥太华使馆项目。当时设计方案已获得外交建筑局的批准，建筑师本杰明·汤普森的图纸已近完成，但由于位于加拿大议会旁的建馆地皮太小，无法满足 100 英尺的退后要求，项目被迫中止。从 20 世纪 60 年代开始，外交建筑局就一直在寻找新地皮，以取代 20 世纪 30 年代按17 人编制建设的、已根本无法满足使用要求的老使馆。外交建筑局中止了汤普森的设计工作（已耗资近 200 万美元）并开始寻找更大地皮时，200 多名使馆人员被分散在九个不同地点办公。经过深入研究，国务院反对在市区外建使馆，并决定放弃英曼标准的后退要求，工程得以在原来的 2.2 英亩邻街地皮上继续进行。但外交建筑局改用了 SOM 的建筑师大卫·蔡尔德斯重新设计。相对原方案，新设计增强了安全措施，与环境也更为协调。方案确定后，两国政府在 1996 年互换了房产，国务院获得了新地皮和 450 万美元，将老使馆交给了加拿大政府。

像在安曼、波哥大、比什凯克等地的新使馆一样，加拿大政府把耗资 5450 万美元的美国新使馆看作对当地经济的强心剂，认为该项目可以带动当地不景气的建筑业并吸引更多美国游客到使馆所在地区（图 153）购物参观，增加新活力。和英曼标准下的安曼等使馆不同，渥太华使馆设计特别注重建筑与城市文脉的融合。设计没有把使馆孤立在高墙大院里，而是尽量融入现有街道和景观。透过玻璃入口，苏塞克斯街上的行人可以看进建筑内部，甚至可以一直看到后面的议会大楼。建筑师形容使馆为“桥梁”，而非障碍，是可以将位于使馆一侧的政府建筑与另一侧的市场连接起来的“桥梁”。建筑师将礼宾入口设在了麦肯齐大街，领事入口设在苏塞克斯街，对两侧立面做了不同的处理。

麦肯齐大街立面以钢骨架玻璃幕墙为特征，传达出类似于 20 世纪 50

年代玻璃幕墙所具有的开放性，但幕墙背后其实是有窗洞的防爆混凝土墙。外交建筑局建筑师迈克尔·明顿认为“网格幕墙”是活跃立面的发光镜面。相反，苏塞克斯街立面是等距设置大窗的实墙。整个船形建筑的中央是带天窗的中庭。玻璃的使用虽然增加了建筑受攻击的危险性，但也使四层建筑内的工作人员有机会接触自然光，这在早期的英曼式建筑中十分罕见（该建筑还有助于提高外交官的效率和工作满意度）。

如果说渥太华使馆在设计上不同寻常，那么其涉及面广泛的审批过程也同样不同寻常。方案不仅要得到国务院建筑咨询理事会的批准，还需获得一个由建筑师、景观设计师和规划师组成的加拿大审查小组的批准。SOM 最初较高的建筑方案就没能得到加拿大的批准。最终方案于 1995 年 4 月 19 日提交给加拿大当局，这一天恰逢美国发生了俄克拉荷马城联邦大楼爆炸案，事件导致国务院重新评估渥太华使馆的安全措施，进一步推迟了项目进展，直到 1997 年才开工。

渥太华遇到恐怖威胁的风险比柏林要小，但国务院还是计划在柏林建设新使馆。尽管英曼标准要求使馆远离市区，但一处极具象征意义的柏林市中心地皮还是成为了使馆所在地。国务院选择了邻近勃兰登堡门的巴黎广场，曾经将城市一分为二的柏林墙就伫立于此。该地段不仅是柏林的历史中心区并靠近主要政府建筑，而且还是二战前美国使馆的所在地。美国政府试图以重新确认旧使馆地皮的方式来显示德美关系的连续性。使馆若建在柏林郊区的高墙大院，则将会传递另一种完全不同的信息（尽管 1989 年还有这样的计划）。“美国使馆建在巴黎广场将具有重要的政治意义”，塞克斯说，“美国使馆就该属于那里，建在任何其他地段都将是个错误”。[17]

为了推进这个历史地段的项目，1995 年国务院举办了设计竞赛，这是自 1956 年伦敦使馆后首次举行的设计竞赛。外交建筑局安排波兰建筑师唐纳德·斯塔斯特尼作为评审顾问，评委会由建筑咨询理事会的四位成员——托马斯·毕比、乔治·哈特曼、威廉·特恩布、辛西亚·维斯，以及前美国大使琼·克拉克、前西柏林市长克劳斯·舒茨和建筑评论家罗伯特·坎贝尔组成。最终有六家公司入围：VSBA，BCJ，KRJDA，罗伯特·

斯特恩建筑师事务所，KMW，MRY。

竞赛中最引人注目的是在任务书中强调了“美国”风格，这在MRY和格鲁恩合伙人公司的中标方案中得到了充分体现。外交建筑局在任务书中对新使馆的设想是“弘扬美国当代建筑设计风格——向路人和访客展示美国精神”。任务书进一步要求使馆“应向公众展示一个开放的、可接近的国家面貌，同时以不引人注意的、不影响建筑整体风格的方式满足安全需要”。[18]中标方案饱含了美国历史感，这在以往的项目中被（严重地）忽视了（图154）。

作为城区整体改造规划的一部分，德国政府制定了严格的设计控制要求，新使馆建设必须遵守。外交建筑局的任务书也要求设计必须尊重历史广场，强调“广场不能被误用作建筑实验”。美国建筑史中，古希腊和罗马建筑代表了民主或共和理想，而在德国，古典主义却经常被和纳粹历史联系在一起，因为希特勒本人特别反感现代建筑，愿意用古典形式表达他的极权统治。[19]参赛建筑师需要在古典元素的多种含义里做出艰难抉择，在历史与现代的矛盾中寻找妥协。有的设计方案突出了古典的宏伟主题；有的误以为大胆的设计就是空泛的探索，设计了舞台布景式的外墙，暗示轰炸的废墟。BCJ设计了一些尖角的混合体，包括一个巨大的金属“浮云”，称这些组合为“花园”。VSBA设计了一个巨大的室外电视屏，用来展示美国文化，这是个新奇的想法，但太过探索性了。

20世纪50年代初，邦夏为外交建筑局设计德国领馆时，玻璃和钢构成的极少主义建筑美观优雅，透明而开放，但德国评论家反对这些没有归属感的现代建筑。MRY明智地避开了现代极少主义和古典主义的负面影响。与SOM早期设计的德国领馆不同，MRY中标的设计充满了复杂性和坚固感。建筑围绕一个花园式庭院，外交入口在位于巴黎广场的北立面，领事入口在埃伯尔特大街的街角。建筑师称设计表达了“民主原则”的思想（如开放、平等、多样化），并引用了一些典型的美国元素：穹顶标志“美国政府在外国土地上的存在”；花园小屋代表了经典的“美国住宅”；花园代表了美国人的后院（有人们喜爱的草坪）；还有常青植物、杨树和柏树。[20]20 世纪 50 年代的建筑师可能会将花园小屋设计成瑞士雪地木屋或巴伐利亚小木屋，更多使用当地石材，而不是美国花岗岩。但现在的政治气候允许并鼓励建筑师大胆使用美国主题。

20 世纪 50 年代，建筑师仅能用美国国旗和国徽（偶尔使用鹰的形象）来宣示使馆的重要象征地位。与那个时代使馆不同的是，柏林使馆设计中以雕刻形式引用了《独立宣言》等来反映美国民主传统。和其他使馆相比，它带有更多的说教性，也更富有内涵。

尽管德国政府从波恩迁都柏林后，美国急需在 2000 年相应完成新使馆的建设工作，但国会对该项目的拨款却非常缓慢。国务院将不得不出售在德国的现有房产，以为新使馆建设筹集资金。虽然筹措资金需以时日，但只要有足够高的政治紧迫性，钱总是能筹到的。但安全则是另外一个问题了。方案中，外墙都进行了充分加固，内部也设有多处通道保护屏障，外交和领事入口分开设置，并有监控设施。当地规范要求开更多的窗保证使用者舒适及节能，超过了英曼标准所允许的范围，而且建筑也无法满足退后的要求。这些因素导致外交建筑局放弃了英曼标准，但这些标准随时可以被重新启用。从近期在波罗的海和独联体国家建使馆的经验看，只要白宫认为项目的政治意义足够大，便可以忽略潜在的安全问题。否则，项目仍会被修改或放弃。

英曼计划要求新建一大批使领馆，但十年前规划的项目中有 1/3 以上被放弃了，包括阿比让、阿尔及尔、安卡拉、巴格达、北京*、贝鲁特、科托努、大马士革、吉布提、多哈、日内瓦、广州、伊斯坦布尔、伊兹密尔、喀土穆、金斯顿、仰光、汉城、上海和突尼斯项目。外交建筑局现在的租房项目远大于建设项目，当然柏林项目会改变这种状况。美国驻外机构的代表性并不必然取决于新使馆的建成——如果有足够资金进行修缮和维护——但如果“新建”有助于提高美国使馆的形象，那么削减使馆项目就

---

* 美国驻北京新使馆已于 2008 年建成并启用。—译者注

有损于美国的海外利益。如果冷战的结束意味着形象已不再是有价值的考虑因素，如果外观平庸的前共产党总部大楼可以代替优雅现代的美国使馆，那么很难为新建使馆找到合适的理由。使馆建筑是否还有意义，这是一个值得考虑的问题。

建筑可能会激起一些评论家的强烈感情，但建筑本身很少因设计原因而遭到攻击。幸运的是（或者说不幸的是），建筑本身对大多数人来说是无所谓的。但当像使馆这样的公共建筑通过其设计形式引起公众的注意，当建筑成为文化诉求、经济利益以及政治优先的综合体时，它就不再是无所谓的了。任何针对使馆或其周围事件的评估都应包括对建筑本身的评估，既要将使馆作为美国存在的象征，又要作为美国公民和外籍人员安全的工作场所。

尽管早期人们希望美国使馆能够模仿美国的象征性建筑，例如白宫，但这种想法从未实现。由于二战后德国、瑞典、巴西、古巴新建的现代主义使馆遭到了批评，国会向国务院施压，要求使馆设计应更像古典式宫殿，但外交建筑局仍忠实于既定的现代建筑政策。自 1954 年该建筑政策首次公布以来，其重点一直放在让美国使馆对驻在国显示“友好”并与当地环境文脉相协调上。这种做法很不同寻常，仅仅只有美国对此非常关注。其他国家并没有类似的设计要求，也没有想在华盛顿建造“美国化”的使馆。[21]华盛顿使馆区的各国使馆都没有借用白宫或韦斯托沃宅邸，没有借用理查森或赖特的建筑，也没有使用美国的砖石结构。就像主题公园一样，所有使馆的建筑风格都反映其本国的建筑母题，以色列和约旦使馆采用了半月形的拱窗；加纳使馆运用了非洲的象形文字图形；埃及使馆用了凯旋拱门；奥地利使馆则是维也纳现代主义风格。这并不是意外。国务院一直认为视觉联系是一种强化国家识别性的有效方式。

从定义上说，外国存在是带有侵入性的，使馆就是权力的象征。虽然侵入性可能代表帝国主义倾向，但它不一定就是入侵的前奏。没人会说挪威和芬兰驻华盛顿使馆展示出入侵性的姿态。没人在意前者是传统宫殿式的砖石建筑，而后者是现代的玻璃幕墙。没人怀疑意大利将其在华盛顿分散的办公室集中起来，在使馆区新建宏大的使馆是有扩张企图。但意大利是不是在努力扩大对华盛顿的影响呢？是的。它是不是戏剧性的文化展示呢？绝对是。美国驻外使馆也是一样。一些美国使馆被视为浮华和轻佻，而另一些被视为可怕和难以接近。谷口吉生评论他设计的乔治敦使馆是“友好的入侵”，这是对整个美国外交建筑意图的准确概括。

建筑师既忠实于现代主义，又要按外交建筑局的要求尊重当地传统和习俗。他们面临着既要寻找传统根源，又要以现代形式加以表现的两难境地。早期的现代主义建筑师回避了对历史的参照，但到了20世纪50年代，在探索创新的道路上，他们开始对“外来”文化感兴趣，并热情地加以借鉴。但要把庞大的使馆办公建筑融入当地环境是很难的，不论当地历史和传统是否能提供有用的参考。建筑师为此伤透脑筋。为了增加新建筑的地域真实性而在设计中引入当地建筑主题，反而可能把传统世俗化，甚至伤害当地人的感情。常常是“来自美国的”观众为探索和表达“异国情调”的努力叫好，而不是驻在国的人们。有时两方都很满意，例如新德里的美国使馆。但在其他地方，“本地化”的尝试并不合适，也不被接受，或不被认为是真诚的。

1992年，RTKL事务所承担了庞大的科威特使馆建筑群的设计。建筑师没有把使馆设计成庞大的单体建筑，而是设计了一系列由带篷的室外通道连接的小型建筑单元。建筑师真正想让设计呼应当地建筑风格，建筑布局取自当地村落，帐篷式结构来自传统集贸市场。但科威特人崇尚高科技建筑和奢华材料，以反映他们的富足和高贵，美国建筑师的这种努力能得到当地人的欣赏吗？乔治敦使馆推翻了在前殖民地国家借用殖民时期传统形式会招致反感的理论。也许圭亚那是个不寻常的国家，也许圭亚那报纸对“殖民时期建筑遗产”的喜爱并不常见，但这仍是一个有趣的案例，使馆因以现代形式反映了历史传统而备受当地人喜爱。

斯东将新德里使馆的设计手法又运用了多年，但并不再提泰姬陵的主题；斯塔宾斯将丹吉尔公使馆的格栅又运用到罗伯戏剧中心；塞尔特在设计中也反复使用巴格达使馆的裸露混凝土和色彩明快的垂直装饰板，只是不再将其归结于受中东建筑风格的影响；布劳耶在海牙使馆设计前后一直在探索梯形预制构件的使用；路易·康设计的卢安达使馆则以其多年研究的创作主题为基础。承担使馆任务对许多建筑师的职业生涯有重要影响，建筑师们反复运用自己的标志性手法，把使馆项目当作了练兵场。这说明很多使馆的设计理念并不像建筑师声称的那样与当地环境要求有太大关系。

比设计理念的真实性更令人头痛的是使用功能问题。任何建筑都有缺陷，建筑师也只是众多参与项目的人员之一，但令人惊讶的是建筑师总能轻易逃避建筑弊病的责任。这也许是因为建筑师行业低调的特征，除了少数标志性建筑外，很少有人知道建筑的设计者是谁。还有可能是人们关注艺术创造和建筑师的个性才能，而忽视了建筑中的其他问题。另外，业主和建筑师也尽可能把责任推给承包商。斯东设计了广受赞誉的新德里使馆之后名声大噪，业主们争相聘请他进行设计。但使馆办公楼和官邸都需做进一步改造才适合使用。大使官邸里没有实体隔墙，缺乏私密性；卧室衣柜太窄，没法挂大衣和西装；办公楼中庭把雨水引到了走廊上，经常把工作人员淋湿；玻璃幕墙被密实的格栅遮挡，办公室内阴森恐怖。在很多使馆都有类似问题。

萨莉·卡特勒夫人抱怨大不里士官邸因设计不周而问题严重。她的丈夫 1965 年被派驻这个伊朗北部城市，她一家四口也随之搬进了刚刚建成的官邸。建筑师巴恩斯参考当地风格设计了精巧的拱形吊顶，但室内“声学效果极差”，卡特勒说，“低声商谈的外交机密在 30 英尺外都可以听到”。[22] 其他问题包括没有佣人房，而在很多国家佣人是必不可少的（他们没有地方休息、吃饭，没有卫生间）；客厅和餐厅之间没有隔离，佣人们的活动都可以被客人看到；对外区域没有主人专用卫生间，大使夫妇得和数百位来宾共用卫生间；没有小孩游戏场地；厨房里没有抽屉；没有存放桌布的橱柜；没有存放行李箱、小孩玩具的地方；去卧室必须经过客厅，早上佣人拖着墩布、水桶去打扫卧室时，会影响正在客厅喝咖啡的客人；选用白色地毯简直就是“灾难”，因为伊朗到处尘土飞扬。

当然也不能什么事都责怪建筑师，地毯的选择就不是建筑师的主意。

外交建筑局制定任务书，批准方案，因此应承担主要责任；而驻外机构未能向建筑师准确介绍当地气候和习俗，也应负有责任。不管如何分担责任，很多人还是质疑设计缺陷是“对功能需求的刻意否定或置之不理”。卡特勒夫人的话其实很有道理，“外交官配偶们（当时都是夫人）没有机会参与设计决策过程，而她们才是最了解官邸功能要求的人”。[23]伊朗革命爆发后，大不里士领馆被放弃使用。

达卡新使馆非常不受外交官欢迎，而外交建筑局对外交官的意见又不闻不问，于是当外交建筑局准备拍摄使馆照片参加评奖时，遭到了外交官的抵制。外交官们希望此举可以引起外交建筑局的注意。对达卡使馆，以及新德里、阿克拉、特古西加尔巴、大不里士等项目的批评，让人们认为使馆设计是建筑师“追求自我满足”的行为。外交官作为使馆的真正使用者没能充分及时地参与规划和设计决策。从上面的例子可以体会到他们对此是怎样的感受。

在安全风险和外交形象之间找到平衡点，对建筑师来说一直是个进退两难的事情，这在 20 世纪 60 年代以后表现得更为突出。英曼标准是试图解决安全问题的一种尝试，但正如前负责外交安全事务的助理国务卿谢尔登·克莱斯指出的，“完美的安全就意味着使馆里根本没有人”。[24]英曼标准的本意是想创造无风险的工作环境。国务院现在已经意识到有些风险是不可避免的，英曼标准只能用来减轻风险。建筑师面临的问题不再是如何设计代表美国民主和理念的外交建筑，而是如何将混凝土碉堡设计成还看得过去（甚至外观优雅）的多功能办公建筑。具有讽刺意味的是，1960 年外交建筑局解雇了路易·康，因为他设计的罗安达使馆方案太像中世纪城堡。外交建筑局局长休斯告诉路易·康，使馆建筑应该是吸引人，而不是排斥人的，“我们不想把公共建筑设计成没有窗户的堡垒”。[25]在路易·康的方案被否决后的第 25 年，国务院不情愿地接受了堡垒式使馆这一无可奈何的建筑形式。尽管英曼标准肯定不会像人们起初担心的那样广泛蔓延，但这种结果是出于经济或实践操作的原因，而非出于美学考虑。

随着设计/建造项目、预制构件项目及改造项目不断成为重点，在曾经是建筑行业展示台的外交建筑项目中，建筑师的首要地位有所下降。很多并非最大或最知名的、规模不等的设计公司都开始参与外交建筑项目。在斯洛文尼亚的卢布尔亚那，仅有21个雇员的欧登斯—努普事务所负责将一幢旧公寓扩建成使馆办公楼。有近600名员工、八个国外办事处的RTKL公司承担了雅加达、拉各斯和内罗毕使馆的安全升级改造设计。对历史保护的不断重视以及对维护改造现有使馆的需求，意味着国务院仍需要建筑师的协助来应对新挑战。

使馆建筑如何提高美国利益或提升美国存在是另一个问题。纵观整个外交建筑历史，友善和自由一直被等同于那些开敞和吸引人的建筑。建筑师吹嘘说玻璃幕墙代表着开放意识，尽管它们经常不够实用，而且自雷蒙德和邦夏之后没有使馆真正做到开放透明。贝鲁斯基在1954年曾说，体现"美国风格"的最好方式不是引用人们熟知的美国建筑主题，而是研究当地环境，让设计适应当地环境。出于政治考虑，外交建筑局把驻在国当成事实上的业主，而不是美国外交官、建筑的使用者或是拨款的国会。美国使馆突出的特征是新颖宏大（而不是庄严），以及建筑师的创造性。最为重要的是，赋予使馆建筑美国特性的是每个项目的独创性和对个性的颂扬。这一点同冷战时期的苏联千篇一律、枯燥无味的使馆建筑形成鲜明对比，但现在它们已没有什么区别了。

注　释

1. 作者在建筑咨询理事会的记录，1980年5月6日。
2. 作者在建筑咨询理事会的记录，1980年5月12日。
3. 外交建筑局在里斯本、利雅得、拉巴斯、吉隆坡、开罗、马斯喀特、麦纳麦和乔治敦建造了使馆。埃谢里克的拉巴斯方案因安全要求的改变而做了重大调整，里奥·A. 戴利公司加入了设计团队。里奥纳多·帕克后来被选中设计圣地亚哥使馆。汤普森的方案被搁置后，SOM事务所的大卫·蔡尔德斯赢得了渥太华使馆项目。
4. 作者在建筑咨询理事会的记录，1980年5月6日。

5. 乔治·哈特曼，引自卡尔顿·奈特："为防卫而设计"，《华盛顿邮报》，1985 年 11 月9 日。

6. 国家研究委员会：《未来的使馆》，国家科学院出版社，1986 年版，第 22 页。

7.《国务院安全咨询小组关于海外安全的报告》，1985 年 6 月。小组成员包括：海军上将鲍比·英曼（主席），参议员沃伦·鲁德曼，众议员丹尼尔·米卡，大使劳伦斯·伊格尔伯格，大使安妮·阿姆斯特朗，海军陆战队中将格雷，以及罗伯特·麦奎尔。除了确立建筑安防标准外，根据英曼标准，1986 年国务院还成立了外交安全局。

8. 威廉·斯雷顿："联邦建筑，第二部分：探寻好设计：挑选建筑师"，《国内建筑师》，1984 年 3/4 月，第 33 页。

9. 一位艺术家为新使馆所做的效果图刊登在"揭开美国驻莫斯科使馆方案"，《建筑》，1996 年 4 月，第 27 页。

10. 詹姆斯·毕夏普："逃离摩加迪沙，1991 年"，收录于《受到围攻的使馆》，约瑟夫·苏利文编，BRASSEY'S 出版社，1995 年版，第 149—166 页。

11. 作者对吉罗德·温克勒的电话采访，1997 年 5 月 2 日。

12. 作者对谷口吉生的电话采访，1997 年 4 月 10 日。英德拉妮·迪奥埃尔："乔治敦的哥特式魅力影响了新使馆设计"，《圭亚那记事》，1991 年 4 月 20 日。

13. 凯文·西姆斯："光辉道路叛军加快了秘鲁的恐怖运动"，《纽约时报》，1995 年 3 月 20 日。

14. 作者对肯尼斯·雅洛维茨的电话采访，1997 年 4 月 11 日。

15. 作者对尼古拉斯·萨哥的电话采访，1997 年 4 月 23 日。

16. 作者对约瑟夫·塞克斯的采访。

17. 同 16。

18. 外交建筑局：《柏林新使馆办公楼设计指导》，1995 年 4 月，第 3 页。

19. 另见迈克尔·维兹：《首都的窘境》，普林斯顿建筑出版社，1998 年版。

20. MRY/格鲁恩合伙人事务所，美国驻柏林使馆设计说明和图纸，国务院外交建筑局，1995 年 8 月 15 日。

21. 加拿大使馆是个例外，宾夕法尼亚大道上的加拿大新使馆遵守宾夕法尼亚大道重新开发的控制要求，这条大道是美国的"主街"。建筑的体量，甚至呼应街道另一侧联邦建筑的古典细部，在开发规划中都有一定程度的事先规定。

22. 萨莉·卡特勒致帕特里夏·韦迪的信，1990 年 9 月 25 日；萨莉·卡特勒致作者的信，1990 年 11 月 23 日。

23. 萨莉·卡特勒致作者的信，1997 年 7 月 13 日。

24. 作者对谢尔登·克莱斯的采访，1992 年 5 月 8 日。

25. 休斯致路易·康的信，附在 1960 年 8 月 19 日建筑咨询理事会会议纪要后面，信的日期为 1960 年 8 月 26 日。

后　　记

外交建筑局及其外交建筑项目的不确定性和缺乏承诺，直接影响了大范围的美国利益。正如克雷格·约翰斯东大使指出的，国务院的外事预算旨在促进经济发展、民主和市场改革、环境改善、国际和平、人道主义援助以及国际交往。[1] 在经济全球化背景下，上述目标的实现都有赖于美国的驻外代表及外交建筑，即使馆及相关办公机构。约翰斯东说，美国外交政策的首要目标是确保美国繁荣，而推进自由贸易和扩大出口是实现该目标的最好手段。为此，商务部于 1981 年成立了驻外商务处（FCS），由使馆为其提供办公空间和人力支持，作为国务院的分支来协助美国出口商与当地商人和官员会谈、主持贸易项目、发现商机、提供建议。驻外商务处的办公室有的设在使馆内，有的在外租房。维也纳、布拉格和华沙的驻外商务处就设在使馆外，这便于当地人办事，但设在使馆内的优点更多，如巴黎、伦敦和马德里。据驻外商务处欧洲部主任阿兰·萨兰介绍，商务处设在使馆内能“给外国人留下更深刻的印象”，使他们对美国感觉更好。作为当地永久性标志的美国使馆具有“影响氛围”，对美国商人及他们接洽的当地重要人士有很大的吸引力。[2]

大型公司通常可以自给自足，而小企业则可更多受益于驻外商务处的服务。例如，甲骨文软件公司当年准备在北欧地区拓展业务时，驻外商务处协助其在美国驻瑞典和挪威使馆举办了展览和推广会。当国会威胁要取消驻外商务处时，驻外商务处分别向议员们游说，强调来自他们选区的美国商人正越来越多地依赖驻外商务处，从而使驻外商务处得以幸存，预算得以保留。对萨兰等鼓励出口的人来说，美国使馆“现代活跃的形象”是一笔可以用资产负债表来衡量的有形资产。

其他外交政策目标则更难阐释，其后果也更难衡量。正如前国务卿玛德琳·奥尔布赖特所言，美国外交“资金短缺，人员不足，超负荷工作”。[3]奥尔布赖特一直在争取必要的资金，可就在她为国务院那仅占联邦预算1%的资金斗争时，柏林等项目却因资金不足而无法进行，一些领馆为节省资金而关闭，一些有价值的房产被交换或出售以偿还高额账单，国务院因此正在丧失一些重要的历史资产。例如，波尔多领馆建于1790年，在美国外交史上占有重要地位，但1996年被迫关闭。前总领事罗伯特·凯内曾指出，“领馆的存在对波尔多市的自身形象来说是非常重要的”，附近的福特汽车厂和摩托罗拉芯片厂是“当地的支柱工业”。[4]他说难以向美国人和法国人解释“为什么美国会关闭历史最悠久的领馆”，没有领馆如何保护美国和法国的利益。在1920年鼎盛时期，美国领馆有320个，到1997年仅剩77个，与1820年的水平一样。

为获得建设渥太华新使馆的地皮，国务院卖掉了由卡斯·吉尔伯特设计、虽然过时但仍旧出众的老使馆。加拿大政府正在考虑如何最好地利用这栋建筑。同时，外交建筑局正在通过出售剩余房产来筹集新项目的资金，而20世纪50年代的标志性使馆也逐渐显出了岁月的痕迹。冬天的冷风不断吹袭着伦敦使馆的单层玻璃窗，但使馆哪有资金来改善建筑的节能措施呢？更糟糕的是，沙里宁设计的外墙石板有的都快掉下来了，但仍需等待修缮资金。在1996财年，国务院出售了价值800万美元的房产，而在1997年上半年，就出售了价值3700万美元的房产。

面对使馆改造经费的不断削减，一些大使开始自己想办法了——当然，有时结果并非预想中的那么理想。由于对自己在伯尔尼的官邸不满，1994年，拉里·劳伦斯大使向美国在瑞士和瑞士在美国的公司筹资修缮官邸。瑞士媒体看到大使的筹款信后，把它刊登出来并嘲讽了一番。劳伦斯本人是个富有的民主党捐款人，他认为捐款应该得到“恰当的承认”，[5]他这个考虑欠周的筹款请求并无成效。但劳伦斯并不是唯一对其住房状况不满的人，其他希望改善住所条件、办公设施的外交官们的愿望也落空了。1995年，《华盛顿邮报》曾报道说，国会准备进一步削减外事经费和外交建筑项目，这在国务院及外交官间“近乎引起一片恐慌”。[6]三年后，在前白宫人事主管帕特茜·托马森接掌外交建筑局局长后，国务院仍感到前途茫然。

1995年的俄克拉荷马爆炸案更是带来了额外的忧虑——国内的政府建筑同国外使馆一样易受攻击，这超出了人们的预想。英曼标准是否能应用在国内建筑上呢？显然，它并没有用在波士顿新联邦法院大楼上，该建筑仍采用了大面积玻璃幕墙，从建筑内可俯瞰波士顿港。英曼标准显然对非重要项目不适用，而且这些项目的预算也不允许应用该标准。但新的安全风险及相应的额外开支肯定会影响未来国内联邦政府建筑的设计与施工。大约十年前，国务院曾测算，如果在华盛顿按英曼标准建造办公楼，造价要比一般建筑高出一倍。[7]就连曾被很多使馆当作模仿对象的白宫，也开始参照使馆的安全措施，试图在象征性的开放形象和保护建筑、总统、工作人员安全的实际需要间找到平衡。

动乱、大规模迁徙、宗教狂热、犯罪、恐怖活动以及大屠杀等给“艰苦地区”带来新的含义，保持一张准确的世界格局地图变得愈发困难，更不用说维护海外使馆的安全和效率了。孤立的使馆建筑群可能很安全，但却无法传递乐观、平易近人的美国形象——人们沿宾夕法尼亚大道经过白宫时看到的形象，自由女神这样的标志物深刻表达的形象。这种形象深深植根于美国历史，当它褪去时，我们所珍视的一些东西也随之消失。新的替代形象会是什么样的呢？在这个拥挤而又常常令人感到迷惑的世界里，美国也许不愿意，甚至也不想再表现得吸引人。在反对外来移民情绪不断高涨的同时，许多领馆被关闭、使馆被迁至更孤立的地段，或许这并不是巧合。国会的孤立主义情绪不断上升与外事经费预算被削减也绝不是巧合。不管国会是否愿意承认，作为其他国家的贸易伙伴、维和部队，以及这个脆弱且资源有限的世界的一员，美国的利益已经与其他国家深深交织在了一起。对驻外机构的需求从没像现在这样明显。

通讯技术的革命使得一台装备了交互软件的计算机终端就可能履行使馆的职能，也许有一天互联网会取代外交官。但只要经济发展和文化交流仍然列在政治日程的前列，强化了安全措施的使馆建筑就仍将是重要的。

只要人们还将美国看作是世界的领导者，只要使馆仍然反映美国的形象和对他国的承诺，外交建筑就仍将举足轻重。

注　释

1. 雷格·约翰斯东：“廉价的外交政策：你可以得到你支付的一切”，《国务院快报》13 期，1996 年 3 月 25 日，第 146—149 页。
2. 作者对阿兰·萨兰的电话采访，1997 年 4 月 15 日。
3. 玛德琳·奥尔布赖特在外交学会 50 周年大会上的主旨演讲，1997 年 4 月 9 日。
4. 罗伯特·凯内：“美国最古老的领馆最后一次合上它的大门”，《国务院》，1996 年 4/5 月合刊，第 22—23 页。
5. 埃尔·卡曼：“联合国首脑的创意并不受欢迎”，《华盛顿邮报》，1994 年 6 月 6 日。
6. 托马斯·利普曼：“国务院准备应对国会的预算压缩”，《华盛顿邮报》，1995 年 4 月 1 日。
7. 《海外安防建设》，外交建筑局，1996 年。另见罗纳德·斯皮尔斯：“关于外交安全的立法提案”，《国务院公告》，1986 年 1 月，第 47—48 页，翻印自在众议院外交事务委员会国际项目小组委员会上的证词，1985 年 11 月 13 日；本杰明·福格：“我们能建造防爆建筑吗?”，《华盛顿邮报》，1995 年 4 月 22 日；“奥克拉荷马的建筑为抵抗炸弹而建”，《纽约时报》，1995 年 4 月 25 日；“建筑师看着他的作品变为瓦砾”，《华盛顿邮报》，1995 年 4 月 24 日。关于封闭宾夕法尼亚大道的评论，见杰弗里·史密斯：“信件显示嫌犯事先已做好牺牲准备”，《华盛顿邮报》，1994 年 10 月 31 日；帕米拉·康斯坦布尔：“封闭部分‘大道’的景象引发激烈争论”，《华盛顿邮报》，1994 年 11 月 1 日。

附录 A

助理国务卿帮办和外交建筑局局长，1946—1998 年

人名	职务	任期
弗雷德里克·拉金	外交建筑局局长	1946—1952 年
利兰·金	外交建筑局局长	1952—1953 年
尼尔森·肯沃西	外交建筑局代理局长	1953—1954 年
大卫·休斯	外交建筑局局长	1954—1961 年
詹姆斯·约翰斯东	外交建筑局局长	1961—1965 年
拉尔夫·斯卡里特	外交建筑局局长	1965—1966 年
欧内斯特·沃劳	外交建筑局局长	1966—1973 年
欧兰·拉尔斯顿	助理国务卿帮办兼外交建筑局局长	1974—1977 年
威廉·斯雷顿	助理国务卿帮办兼外交建筑局局长	1978—1983 年
哈维·布法罗	助理国务卿帮办兼外交建筑局局长	1983—1985 年
理查德·德塔迪安	助理国务卿帮办兼外交建筑局局长	1985—1991 年
杰罗姆·托尔森	助理国务卿帮办兼外交建筑局局长	1991—1995 年
约瑟夫·塞克斯	助理国务卿帮办兼外交建筑局局长	1995—1997 年
帕特茜·托马森	助理国务卿帮办兼外交建筑局局长	1998 年

附录 B

1954 年皮特罗·贝鲁斯基备忘录上列出的建筑师人选和后来委托的设计任务

建筑师/事务所	委托项目
理查德·埃克	无
安德森和贝克威茨	台北使馆办公楼
哈里斯·阿姆斯特朗	巴士拉领馆办公楼
埃尔弗莱德·爱德洛特	马尼拉使馆办公楼
威尔顿·贝克特	华沙使馆办公楼
马塞尔·布劳耶	海牙使馆办公楼

(附录 B 续)

建筑师/事务所	委托项目
亚历山大·科克伦	名古屋领馆办公楼、外交官公寓
加德纳·戴利	马尼拉外交官公寓
弗农·德·马尔斯	无
查理斯·古德曼	雷克雅未克使馆办公楼
沃尔特·格罗庇乌斯	雅典使馆办公楼
迈克尔·黑尔	特古西加尔巴使馆办公楼、大使官邸
唐纳德·赫弛	太子港使馆办公楼，卡拉卡斯使馆办公楼
亨利·希尔	维也纳外交官公寓
霍拉伯德和鲁特	无
罗伯特·哈钦斯	达喀尔使馆办公楼、外交官公寓、官邸
约翰·斯托布	无
爱德华·斯东	新德里使馆办公楼、大使官邸、外交官公寓
休·斯塔宾斯	丹吉尔公使馆办公楼、官邸
罗兰·万克	无
罗伯特·威德	利奥波德维尔总领馆办公楼、外交官公寓，拉各斯总领馆办公楼、外交官公寓
路易·康	罗安达领馆办公楼
罗伯特·肯尼迪	无
莫里斯·凯彻姆	拉巴特使馆办公楼、大使官邸
凯斯-史密斯-萨特利	亚松森使馆办公楼、大使官邸
沃尔特·基尔汉姆	喀布尔使馆办公楼
卡尔·科赫	贝尔格莱德外交官公寓
欧内斯特·坎普	首尔外交官公寓、大使官邸
威廉·莱斯卡兹	无
梅纳德·林登	无
乔治·松本	无
弗朗西斯·麦卡锡	无
理查德·诺伊特拉	卡拉奇使馆办公楼
约翰·里德	阿尔及尔使馆办公楼
约翰·雷克斯	无
乔治·罗克莱斯	福冈领馆办公楼
保罗·鲁道夫	安曼使馆办公楼
约瑟夫·塞尔特	巴格达使馆办公楼、大使官邸、外交官公寓

(附录 B 续)

建筑师/事务所	委托项目
哈里・维斯	阿克拉使馆办公楼
塞缪尔・维纳	无
威廉・沃斯特	香港总领馆办公楼
山崎实	神户领馆办公楼

附录 C

外交建筑局的建筑顾问，1954—1998 年

顾问	任期
皮特罗・贝鲁斯基	1954 年 1 月—1957 年 6 月
亨利・谢普利	1954 年 1 月—1957 年 1 月
拉尔夫・沃克	1954 年 1 月—1956 年 2 月
理查德・贝内特	1956 年 3 月—1958 年 6 月
埃德加・威廉斯	1957 年 1 月—1959 年 2 月
埃罗・沙里宁	1957 年 7 月—1960 年 5 月
威廉・沃斯特	1958 年 7 月—1963 年 8 月
罗伊・拉尔森	1959 年 3 月—1964 年 9 月
劳伦斯・安德森	1960 年 6 月—1970 年 9 月
约瑟夫・帕森诺伊	1963 年 9 月—1971 年 10 月
约翰・里德	1964 年 9 月—1967 年 4 月
查尔斯・摩尔	1971 年 2 月—1976 年 3 月
乔治・安塞利维克斯	1972 年 9 月—1975 年 6 月
约瑟夫・埃史莱克	1976 年 3 月—1979 年 2 月
哈里・维斯	1973 年 7 月—1977 年 3 月
威廉・考迪尔	1976 年 3 月—1980 年 12 月
弗朗西斯・莱斯布里奇	1977 年 3 月—1980 年 12 月
奥尼尔・福特	1978 年 4 月—1981 年 12 月
唐・埃蒙斯	1979 年 2 月—1982 年 12 月
查尔斯・贝塞特	1981 年 1 月—1982 年 12 月
休・斯塔宾斯	1980 年 11 月—1984 年 12 月
雷夫・雷普森	1983 年 1 月—1985 年 12 月
诺曼・弗莱彻	1984 年 1 月—1986 年 12 月

（附录C续）

顾问	任期
安东尼·拉姆斯登	1985年1月—1987年12月
比尔·莱西	1986年1月—1989年6月
查尔斯·格雷夫斯	1987年1月—1990年12月
查尔斯·摩尔	1989年1月—1991年12月
托马斯·毕比	1990年1月—1994年12月
乔治·哈特曼	1991年
威廉·特恩布尔	1992年1月—1997年7月
辛西娅·维斯	1995年1月—1997年1月
弗朗西斯·哈尔斯邦德	1998年4月
杰克·哈特雷	1998年4月

附录D

获任命的建筑咨询委员会/小组主席

主席	其他职务	任期
哈里·麦克布莱德	前驻外事务处官员	1954年1月—1956年4月
雷蒙德·黑尔	驻外事务处主任	1956年4月—1956年7月
约瑟夫·萨特斯维特	驻外事务处主任	1957年6月—1959年1月
瓦德玛·高尔曼	驻外事务处主任	1959年1月—1961年5月
威廉·克罗基特	助理国务卿	1961年5月—1963年6月

附录E

美国政府建造的部分使馆和其他外交建筑

CGOB＝总领馆办公楼；CGR＝总领事官邸；COB＝领馆办公楼；CR＝领事官邸；DCMR＝使团副馆长官邸；ER＝大使官邸；L＝公使馆；OBC＝使馆办公楼；OBCX＝使馆办公楼附属建筑；SAT＝财政部建筑监督员办公室；SH＝外交官公寓；* 代表可能由SAT设计

地点	项目	建筑师或机构	设计时间
阿克拉	OBC/SH	哈里·维斯	1956
安曼	OBC（综合体）	PDRP	1988
厦门	COB	埃利奥特·哈沙德	1931
安卡拉	OBC	埃格斯 & 希金斯	1948
安特卫普	COB	利昂·斯泰宁	1950
阿什哈巴德	OBC	外交建筑局和顾问建筑师	1995
亚松森	OBC	凯斯-史密斯-萨特利	1954
雅典	OBC	沃尔特·格罗庇乌斯/TAC	1956
巴格达	OBC（综合体）	约瑟夫·塞尔特	1955
曼谷	OBC	KMW	1994
巴士拉	COB/CR/SH	哈里斯·阿姆斯特朗	1956
北京	L（综合体）	SAT	1905
贝尔格莱德	SH	卡尔·科赫	1956
柏林	OBC	MRY①	1997
比什凯克	OBC	外交建筑局和顾问建筑师	1996
波哥大	OBC	米切尔和朱尔戈拉事务所	1967
	OBC	Integrus	1987
布洛涅	SH	雷普森和默伦	1952
巴西利亚	OBC	HDR	1971
不来梅	COB/SH	SOM②	1952
布鲁塞尔	OBC	外交建筑局巴黎办公室（艾伦·雅各布斯）	1948
布达佩斯	SH	弗莱—韦尔奇合伙人事务所	1978
布宜诺斯艾利斯	OBC	爱德华多·卡塔拉诺	1970
开罗	OBC（一期）	麦卡夫与合伙人公司	1982
	OBC（二期）	TAC	1987
堪培拉	ER	外交建筑局（保罗·雅克）	1941
	OBC	外交建筑局（保罗·雅克）	1946
	OBCX	米尔顿·格利格	1957
卡拉卡斯	OBC	唐纳德·赫弛	1957
	OBC	格纳·伯克茨	1991

(附录E续)

地点	项目	建筑师或机构	设计时间
特鲁希略城	ER	SAT	1945
科伦坡	OBC	维克多·兰迪	1961
哥本哈根	OBC	雷普森和默伦	1951
达喀尔	CGR	摩尔和哈钦斯	1954
	OBC	麦迪逊和麦迪逊国际公司	1972
达兰	CGOB（综合体）	外交建筑局	1948
达卡	OBC	KMW	1983
都柏林	OBC	约翰·约翰森	1957
杜塞尔多夫	COB	SOM和阿佩尔	1952
法兰克福	CGOB	SOM和阿佩尔	1952
福冈	COB	乔治·罗克莱斯	1958
日内瓦	OBC	OMNIPLAN，哈雷尔和汉密尔顿	1973
乔治敦	OBC	谷口吉生	1983
吉萨（开罗）	ER	麦卡夫与合伙人公司	1982
危地马拉城	OBC	RTBM	1970
汉堡	COB（附属建筑）	SOM和阿佩尔	1956
哈瓦那	ER	外交建筑局（保罗·雅克）	1939
	OBC	哈里森和阿伯拉莫维茨	1950
赫尔辛基	OBC	哈里·林德伯格	1936
香港	CGOB	WBE	1954
伊斯兰堡	OBC（综合体）	GBQC	1966
雅加达	OBC	雷蒙德和雷铎	1953
	SH	威克斯和福克纳	1978
吉达	综合体	外交建筑局	1952
喀布尔	OBC	奥康纳和基尔汉姆[3]	1958
卡拉奇	OBC	诺伊特拉和亚历山大	1955
金沙萨	CGOB/SH	WRJ	1954
神户/大阪	CGOB/SH	HYL	1954
吉隆坡	OBC	哈特曼—考克斯	1980
科威特	OBC（综合体）	RTKL合伙人公司	1992
拉各斯	CGOB/SH	WRJ	1954

(附录 E 续)

地点	项目	建筑师或机构	设计时间
拉巴斯	OBC	EHDD④	1980
勒阿弗尔	COB/SH	雷普森和默伦	1952
利马	ER	外交建筑局（保罗·雅克⑤）	1945
	OBC	凯斯和莱斯布里奇	1956
	OBC	Arquitectonica 事务所	1992
里斯本	OBC	弗雷德里克·巴塞蒂	1978
伦敦	OBC	埃罗·沙里宁	1956
马德拉斯	CGOB	BLL	1961
	CGR	GCCN	1965
马德里	OBC/ER	加里奎斯—米德赫斯特⑥	1952
马那瓜	OBC	外交建筑局	1952
麦纳麦	OBC	ROMA	1981
马尼拉	SH	奥尔登·道尔	1956
	OBC	埃尔弗莱德·爱德洛特	1956
墨西哥城	OBC	J. E. 坎贝尔	1925
	OBC	西南建筑师事务所	1957
摩加迪沙	OBC（综合体）	HEWC	1964
	OBC（综合体）	欧登斯—努普事务所	1984
蒙罗维亚	L	SAT	1938
蒙得维的亚	ER	外交建筑局（保罗·雅克）	1940
	OBC	贝聿铭	1960
莫斯科	OBC（综合体）	SOM 和格鲁恩合伙人公司	1973
慕尼黑	CGOB	SOM 和阿佩尔，后来和塞普·拉夫	1952
马斯喀特	OBC	波尔夏克事务所	1981
那不勒斯	COB/ER	乔治·豪与马里奥·蒂·伦兹	1947
名古屋	CGOB/SH	考兰—斯蒂芬森—颖	1956
内罗毕	OBC	A. 爱泼斯坦公司	1971
纳伊	SH	雷普森和默伦	1952
新德里	OBC/SH	爱德华·斯东	1954
	ER	爱德华·斯东	1957
	SH	GCCN	1965

(附录 E 续)

地点	项目	建筑师或机构	设计时间
尼亚美	OBC	罗伯特·贝蒂	1964
尼科西亚	OBC（综合体）	KPF	1987
大阪	COB	大仓达也	1981
奥斯陆	OBC	埃罗·沙里宁	1955
渥太华	OBC	卡斯·吉尔伯特	1928
	OBC	SOM	1994
巴黎	OBC	德兰诺和阿达奇	1929
太子港	ER	SAT 或外交建筑局（保罗·雅克）	1945
	OBC	唐纳德·赫弛	1955
西班牙港	COB	M&M	1953
	CGR	M&M	1954
比勒陀利亚	OBC	爱德华多·卡塔拉诺	1987
基多	OBC	文森特·克林	1955
拉巴特	OBC/ER	KGS	1956
里约热内卢	CGOB⑦	弗兰克·派卡德	1922
	OBC	哈里森和阿伯拉莫维茨	1948
利雅得	OBC	CRS	1980
西贡	OBC	柯蒂斯和戴维斯	1965
萨那	OBC（综合体）	CRS—西林	1986
圣何塞	OBC	TBM	1985
圣萨尔瓦多	L	SAT *	1920
	OBC	HOK	1961
	OBC（综合体）	CRSS—J. A. 琼斯	1987
圣地亚哥	ER	保罗·赛瑞	1957
	OBC	里奥纳多·帕克合伙人事务所	1987
首尔	SH	欧内斯特·孔普	1955
	ER	Zo Za Yong 和欧登斯—努普事务所	1974
塞维利亚	COB	SAT*	1930
新加坡	OBC	琼斯和埃蒙斯	1957
	OBC	斯塔宾斯合伙人事务所	1994
斯德哥尔摩	OBC	雷普森和默伦	1951

(附录 E 续)

地点	项目	建筑师或机构	设计时间
斯图加特	COB	SOM 和阿佩尔	1952
大不里士	CGOB/CGR	爱德华·巴恩斯	1958
丹吉尔	CGOB/CGR	休·斯塔宾斯	1956
特古西加尔巴	OBC/ER	迈克尔·黑尔	1954
德黑兰	OBC	外交建筑局	1948
	ER	霍姆塞和霍姆塞公司	1956
海牙	OBC	马塞尔·布劳耶	1956
地拉那	L (综合体)	惠氏和苏立文	1929
东京	OBC/ER/SH	雷蒙德和麦格奈戈尔	1926
	SH（佩里公寓）	雷蒙德和雷铎	1949
	SH（哈里斯公寓）	雷蒙德和雷铎	1952
	OBC	西萨·佩里和格鲁恩合伙人公司	1971
	SH	哈里·维斯	1978
维也纳	SH	亨利·希尔	1955
华沙	OBC/SH	威尔顿·贝克特合伙人公司	1957
	ER	外交建筑局	1967
惠灵顿	OBC	罗伯特·贝蒂	1972
横滨	COB/CR	杰伊·摩根	1932

注：①与格鲁恩合伙人公司合作。
②与阿佩尔共同设计。
③由巴林杰公司最终完成。
④与里奥·A. 戴利合作完成。
⑤与利兰·金合作。
⑥与外交建筑局巴黎办公室共同设计。
⑦设计为展馆。

译者后记

使馆是特殊类型的建筑，它是时代的产物，也是政治的产物。不同时期，美国使馆的建筑形态随着美国政治利益、外交政策的变化而变化。

使馆是复杂的建筑。尽管规模往往不大，功能看似简单，无怪乎办公楼、大使官邸、外交官公寓等（有的使馆还有行政楼、附属综合楼），面积小则数千，大不过几万平方米，无论建筑规模、功能组织、技术含量，都要比时下众多公共建筑逊色许多，但其诞生过程却极其艰辛，充满戏剧性。美国使馆是政治、经济、社会、文化等多重作用下妥协的产物，使馆的业主纷繁庞杂，国会议员、国务院官员、美国纳税人、驻在国政府、大使（包括大使夫人），都可以不同程度地左右使馆建设的方方面面，从建筑外观直到建筑内部的楼梯扶手。

使馆建筑的社会影响力和宣传效应是不言自明的，美国使馆从来不乏大师的参与。几乎所有我们耳熟能详的建筑巨匠，从沃尔特·格罗庇乌斯、密斯·凡·德·罗、马塞尔·布劳耶、埃罗·沙里宁、路易·康、贝聿铭，到保罗·鲁道夫、休·斯塔宾斯、西萨·佩里、弗兰克·盖里，顶尖的建筑事务所 SOM、KPF、MRY 等，都设计过美国使馆（尽管由于种种原因，使馆很少成为他们的代表作品）。他们看中的显然不是微不足道的设计费，而是使馆建筑特殊的地位和历久不衰的影响力。在这一点上，希望越来越多的中国优秀建筑师早日奋起直追，更多地投身中国使馆设计。

使馆建筑的未来究竟走向何方？面对日益严峻的安全形势，保障使馆建筑和外交人员安全成为美国使馆设计的第一要务，在安全需求（实用）面前，建筑形式（美观）只得退而求其次。曾几何时，美国使馆注重展示友好、开放的对外形象，在关注使馆所在地环境特征、尊重历史文脉的同时，鼓励新形式、新技术、新材料的运用，特色鲜明、充满活力，大胆迎合建筑潮流。而如今，它们大多被壁垒森严、士兵守卫的“城堡”所取代，逐渐丧失了特色。即便有的使馆仍戴着象征开放的玻璃“面具”（如美国在渥太华和北京使馆办公楼使用的玻璃幕墙），但“面具”后面其实是坚固封闭的防爆混凝土实墙。

21 世纪的第一个十年，中美两国在对方首都建成了各自的新使馆，这是双边关系中的一件大事。北京的美国使馆是集办公楼、行政综合楼、领事签证楼、海军陆战队营房等于一体的综合性建筑群，简洁的现代建筑汲取了中国传统的城墙、壕沟等元素，意在突出使馆不容侵犯和防卫特性，建筑之间的联系采用了中国传统的院落、园林和水系，意在向中国文化致敬（见图 155）。华盛顿的中国使馆同样是简洁凝练的现代造型，展现了与周围环境和睦共生的姿态，中西结合的造园手法和色调纯净的石材墙面铸就了宁静感和安全感，传递了包容并蓄、构建和谐世界的大国风范（见图 156）。也许，使馆建筑的未来方向就在它们当中产生。

本图由 OBO 提供。

图 155　美国驻中国新使馆

不得不承认，翻译是一件苦差事，尤其对于非英语专业出身的我而言。本书的翻译是我工作之余的点滴积累和延续，众多错误和不当之处，还望读者指正。由于原著中的信息资料仅截止到 1998 年，近年来部分国家

本图由 PPA 提供。

图 156 中国驻美国新使馆

首都变迁或易名，个别美国驻外机构的馆舍现状、级别和名称也有变化，但为尊重原著，基本维持原文，希望不会对读者造成误导。我始终记得母校建筑学院一位老先生的故事，“文革”期间，身处牛棚的他，左手捧原著，右手翻词典，硬是将建筑领域一部经典著作译成中文教科书，并且沿用至今。比起先生的境遇，我的条件要好得多。“兴趣中开始，习惯中坚持”，这恐怕是支撑我完成翻译工作的信念。

翻译和出版过程并非一帆风顺，但有众多朋友的热情期盼、积极肯定和鼎力协助，译稿日臻完善与丰满，终于无需寂寞地躺在我的笔记本里了。衷心地向朋友们鞠躬致谢。

最真挚地感谢 CHIN RAI 的陪伴与鼓励，感谢 DD 的微笑和无声的支持。

袁海滨

2010 年 3 月于北京